Las Soluciones de Antaño

de la Abuela Putt
con VINAGRE, AJO, BICARBONATO y 101 RECURSOS MÁS

www.jerrybaker.com

Otros libros de Jerry Baker:

Jerry Baker's Solve It with Vinegar!
Jerry Baker's Speed Cleaning Secrets!
America's Best Practical Problem Solvers
Jerry Baker's Can the Clutter!
Jerry Baker's Homespun Magic
Jerry Baker's Supermarket Super Products!
Jerry Baker's It Pays to be Cheap!

Jerry Baker's Top 25 Homemade Healers
Healing Fixers Mixers & Elixirs
Grandma Putt's Home Health Remedies
Nature's Best Miracle Medicines
Jerry Baker's Supermarket Super Remedies
Jerry Baker's The New Healing Foods
Jerry Baker's Amazing Antidotes!
Jerry Baker's Anti-Pain Plan
Jerry Baker's Oddball Ointments, Powerful Potions, and Fabulous Folk Remedies
El Gran Libro de Alimentos Curativos de Jerry Baker

Jerry Baker's The New Impatient Gardener
Jerry Baker's Supermarket Super Gardens
Jerry Baker's Dear God…Please Help It Grow!
Secrets from the Jerry Baker Test Gardens
Jerry Baker's All-American Lawns
Jerry Baker's Bug Off!
Jerry Baker's Terrific Garden Tonics!
Jerry Baker's Backyard Problem Solver
Jerry Baker's Green Grass Magic
Jerry Baker's Great Green Book of Garden Secrets
Jerry Baker's Old-Time Gardening Wisdom

Jerry Baker's Backyard Birdscaping Bonanza
Jerry Baker's Backyard Bird Feeding Bonanza
Jerry Baker's Year-Round Bloomers
Jerry Baker's Flower Garden Problem Solver
Jerry Baker's Perfect Perennials!

Para solicitar cualquiera de estos libros o más información sobre
los fabulosos consejos, trucos y tónicos para su hogar, salud y jardín de Jerry
Baker, escriba a:

**Jerry Baker, P.O. Box 1001
Wixom, MI 48393**

O visite a Jerry Baker en:
www.jerrybaker.com

Las Soluciones de Antaño

de la Abuela Putt

con VINAGRE, AJO, BICARBONATO y 101 RECURSOS MÁS

2,500 Soluciones Eficaces para
Su Casa, Salud y Jardín

de Jerry Baker
America's Master Gardener®

Publicado por American Master Products, Inc.

Editor Ejecutivo: Kim Adam Gasior
Gerente Editorial: Cheryl Winters-Tetreau
Editora de Producción: Stacy Mulka
Redactora: Vicki Webster
Correctora de Estilo: Nanette Bendyna
Diseño y Maquetación Interior: Sandy Freeman
Diseño de Tapa: Kitty Pierce Mace
Indexación: Nan Badgett

Catalogación de la Publicación por la Editorial (A cargo de Quality Books, Inc.)
  Baker, Jerry.
   [Grandma Putt's old-time vinegar, garlic, baking
  soda, and 101 more problem solvers. Spanish]
   Las soluciones de antano de la Abuela Putt con
  vinagre, ajo, bicarbonato y 101 recursos mas : 2,500
  soluciones eficaces para su casa, salud y jardin / Jerry Baker.
   pages cm
   Includes index.
   "A Jerry Baker living well book."
   ISBN 978-0-922433-72-8

   1. Home economics. 2. Health. 3. Gardening.
  I. Translation of: Baker, Jerry. Grandma Putt's old-time
  vinegar, garlic, baking soda, and 101 more problem
  solvers. II. Title.

  TX158.B29418 2013   640
         QBI13-1583

Publicado por American Master Products, Inc. / Jerry Baker

Impreso en los Estados Unidos de América
4 2 3 5 edición en tapa dura

CONTENIDOS

INTRODUCCIÓN

Imagino que soy un hombre clásico. No veo el atractivo de todos los objetos exhibidos en las góndolas de las tiendas. Es decir, ¿cuántos tipos diferentes de medicamentos para la tos son necesarios si un simple jarabe de cebolla es tan eficaz como cualquiera de ellos? Lo mismo puede decirse de los costosos quitamanchas: ninguno de ellos es más eficaz que las tradicionales tabletas para la limpieza de dentaduras postizas. ¿Y qué puedo decir de estos elegantes tratamientos de spa? Con un poco de suero de mantequilla o frutas frescas del jardín, se puede preparar la crema facial más nutritiva que su piel haya probado y, ¡a una fracción del precio!

Una de mis actividades preferidas es descubrir los sorprendentes usos de los productos comunes del hogar, por ejemplo, usar alcohol para limpiar los cromados de los electrodomésticos o transformar una funda de almohada en una bolsa para ropa sucia para mi nieto que estudia en la universidad. Ya he escrito un par de libros sobre mis descubrimientos y les encantaron a todos. Ahora, a cualquier lugar al que voy, la gente se acerca a preguntarme: "Jer, sé que eres un jardinero con mucha experiencia, pero te has convertido en un artista del reciclaje. ¿De dónde sacas tantas ideas?".

Les diré: de una mujer extraordinaria llamada Ethel Grace Puttnam, mi abuela Putt. Cuando me crié en su casa, no abundaba el dinero y, con la Segunda Guerra Mundial haciendo estragos en el exterior, tampoco abundaban otras cosas. ¡Pero estas vicisitudes no detuvieron a la abuela! ¡Para nada! Mediante el tradicional ingenio estadounidense, encontró las formas de preparar cualquier cosa que necesitara recurriendo a las propiedades naturales de todos los productos que tenía a la mano. ¡A usted también podría serle útil!

En estas páginas, dará un paseo por cada uno de los cuartos del laboratorio de la abuela: su casa y jardín. A lo largo del libro, descubrirá montones de secretos facilísimos para ahorrar dinero, por ejemplo:

▶ Remedios, tratamientos, tónicos y ponches tradicionales para curar cualquier molestia suya o de sus seres queridos, sin efectos secundarios desagradables.

▶ Los asistentes de higiene y tratamientos de belleza de la abuela que mantendrán prolijos a cada uno de los miembros de su familia por una fracción del costo de las modernas versiones comerciales.

▶ Consejos, trucos, delicias y juguetes que seguramente deleitarán a sus hijos, nietos y mascotas, ¡y a usted, también!

▶ Simples soluciones de limpieza no tóxicas y organizadores superfáciles que mantendrán su casa limpia y ordenada sin esfuerzo.

▶ Soluciones eficaces, fórmulas fabulosas e ideas geniales que lograrán que el exterior de su casa luzca tan impactante como el de la abuela.

¡Y eso no es todo! Debido a que el espíritu aventurero de la abuela perdura, observaremos docenas de productos que aparecieron después de que la abuela dejara su casa terrenal, y que seguramente harán maravillas en su casa. Aprenderá mil usos excelentes, propios de la abuela, para todo: desde la secadora para el cabello del cuarto de baño hasta los filtros para café de la cocina y los paños suavizantes del cuarto de lavado.

Nuestro paseo finaliza, como es debido, en el desván: ese álbum tridimensional de recortes que guarda tantos tesoros de la abuela y nuestros. Pero no tienen que permanecer allí juntando polvo. En el capítulo 8, le contaré sobre un montón de entrañables objetos usados que encontré en el desván de la abuela Putt y las formas en que mi familia y yo los usamos hoy. Con un poco de suerte, estos consejos lo inspirarán a recuperar objetos de su propio pasado para volverlos a colocar en un lugar en donde los pueda disfrutar a diario, ¡como lo hacía la abuela!

¿Qué está esperando? ¡Pase y disfrute del paseo por nuestra tradicional casa!

CAPÍTULO UNO

En el

CUARTO DE BAÑO

Alcohol (para frotar)

Aspirina

Bálsamo labial

Bolas de algodón

Champú

Crema de afeitar

Enjuague bucal

Esmalte de uñas

Esponjas

Hamamelis

Hilo dental

Jabón

Laca para el cabello

Leche de magnesia

Paños

Sales de Epson

Tabletas de antiácidos

Tabletas para la limpieza de dentaduras postizas

Toallitas húmedas

Vaselina

 y más...

¡A su
SALUD!

Cuando tenga un padrastro que lo vuelva loco en alguna uña, calme el dolor con este remedio favorito de la familia Putt: agregue 4 tazas de **ACEITE DE BAÑO** (de cualquier clase) a 2 tazas de agua caliente y remoje la punta del dedo que le duele en la solución durante aproximadamente 15 minutos.

CONSEJO ¡Hace frío afuera! ¿Cómo salir a realizar alguna diligencia si no puede ir con los guantes puestos? Proteja la piel al descubierto masajeando las manos con **ACEITE PARA BEBÉ** antes de dirigirse a la puerta. Cerrará los poros y evitará los daños a la piel por el aire helado.

CONSEJO Como muchos, la abuela Putt usaba anteojos (espejuelos, como los llamaba). Pero a diferencia de la mayoría, nunca se condensó la humedad en sus lentes. ¿Cómo lo lograba? Porque cada mañana los limpiaba con unas cuantas gotas de **AGUA DE COLONIA** sobre un suave paño de algodón. (Advertencia: nunca use pañuelos desechables ni toallas de papel en lentes plásticos; les ocasionará diminutos rayones).

CONSEJO Cuando era jovencito, tuve mi cuota de protuberancias, magulladuras y esguinces. Pero el dolor nunca duraba mucho, porque la abuela Putt sabía exactamente qué hacer: corría al congelador y sacaba un paquete reutilizable de hielo que siempre mantenía a mano. Así lo hacía ella (y usted también lo puede lograr): mezcle 1 parte de **ALCOHOL** de isopropilo (para frotar) con 2 partes de agua; luego

TÓNICOS & PONCHES
BAÑO DE BURBUJAS PARA LEVANTAR EL ÁNIMO

¿Se siente deprimido? Pruebe uno de los infalibles vigorizantes de la abuela: un buen baño de burbujas. Esta era su receta favorita (alcanza para un baño).

½ taza de Dr. Bronner's Peppermint Soap®*
1 cucharada de azúcar
1 clara de huevo

Mezcle todos los ingredientes. Abra el grifo hasta la temperatura de su elección y vierta la mezcla cuando esté corriendo el agua. Métase en la tina, recuéstese y diga: "¡Qué placer!".

* O reemplácelo por ½ taza de jabón líquido para manos y unas cuantas gotas de su aceite esencial favorito.

vierta la solución en una botella con agua caliente (pero no la llene: deje espacio para que el contenido se expanda). Apriete para expulsar todo el aire, coloque la tapa y ponga la botella en el congelador. Debido a que el alcohol no se congela, el contenido se escarchará, en lugar de ponerse duro como piedra; y esto permitirá que sea más agradable en la parte adolorida del cuerpo. (Si desea modernizar este proceso, puede usar una bolsa plástica para congelador, resistente para uso intenso y con cierre de cremallera en la parte superior).

CONSEJO La erupción cutánea por contacto con hiedra venenosa nunca resulta divertida, por decirlo suavemente. Pero la abuela me enseñó que si se actúa rápidamente, se pueden disminuir los efectos de la erupción cutánea o hasta eliminarla por completo. Pase un hisopo con **ALCOHOL** para frotar en la piel afectada a fin de diluir el aceite tóxico de la planta e interrumpir los efectos. Luego lave el área con jabón y agua.

CONSEJO ¿Los nuevos zapatos de vestir le quedan muy apretados? Esta es la solución de nuestros

En la Época de la Abuela

¿Puede imaginarse la vida sin la **ASPIRINA**? La abuela vivió sin ella. Este potente analgésico entró en escena cuando la abuela era apenas una niña y casi no tuvo éxito en un primer momento. En 1853, el químico francés Charles Gerhardt inventó la sustancia, pero perdió interés en su descubrimiento después de unas cuantas pruebas. Cuarenta años después, Felix Hoffman, un joven químico que trabajaba en el Laboratorio Farmacéutico Bayer de Alemania, descubrió la fórmula del Sr. Gerhardt y se le ocurrió una idea: la aspirina podría aliviar el dolor que sufría su padre por la artritis. Preparó un poco y se la dio a su padre. ¡Y fue más eficaz que cualquier otro medicamento! En 1899, Bayer preparaba aspirina en polvo. Las tabletas actuales aparecieron en 1915.

abuelos para evitar las dolorosas ampollas: sature una bola de algodón con **ALCOHOL** para frotar y frótela en el interior de cada zapato en los puntos donde aprieta. Luego salga y baile toda la noche. Para un alivio permanente, lleve ese calzado a un zapatero para que lo estire.

SOLUCIONES RÁPIDAS

Toallitas Húmedas

Las toallitas húmedas llegaron a las góndolas de los supermercados en 1980 y fueron un éxito aun en las casas sin bebés. Estas toallas húmedas desechables tienen muchos usos. Estos son algunos de mis favoritos.

En la Casa

▶ *Limpie derrames.* Seque café, bebidas carbonatadas u otros líquidos derramados en alfombras o en la tapicería de muebles.

▶ *Borre la "decoración artística" de las paredes.* Cuando la joven Georgia O'Keefe use las paredes como pizarra, borre las marcas con una toallita húmeda.

▶ *Limpie el baño rápidamente.* Pase una toallita húmeda, y repase con un paño seco.

De Un Lado Para el Otro

▶ *Desengrásese las manos.* Límpielas después de bombear gasolina o después de cambiar el aceite del automóvil o de la cortadora de césped.

▶ *Desengrase el vehículo.* Limpie la suciedad con una toallita húmeda. Hace magia en vehículos, bicicletas, motocicletas, embarcaciones y remolques, sin dañar la pintura.

▶ *Mantenga sus plantas saludables.* Evite que se propaguen las enfermedades de las plantas: límpiese las manos cada cierto tiempo cuando trabaje en el jardín.

▶ *Evite el óxido.* Lustre ocasionalmente las herramientas metálicas para mantenerlas sin óxido.

Para Usted y los Suyos

▶ *Las dolorosas hemorroides en los bebés.* Use toallitas húmedas en lugar de papel higiénico (y tírelas en el cubo para residuos, ¡no en el inodoro!).

▶ *Limpie las heridas menores.* Use una toallita húmeda en lugar de jabón y agua para rasguños y raspones.

▶ *Limpie las patas del perro.* Después de una caminata invernal, limpie las patitas de su perro para eliminar la sal y otras sustancias químicas que se derriten en el hielo.

▶ *Perfume las manos.* Frótelas con una toallita húmeda después de picar ajo o cebolla.

▶ *Retire el maquillaje.* (¡Aleje la toallita húmeda de los ojos!).

▶ *Sáquele brillo a los zapatos.* Páseles una toallita húmeda y lústrelos con un paño seco y suave.

▶ *Alivie quemaduras.* Alivie el dolor de una quemadura solar y otros ardores menores con una suave toallita húmeda.

¡No se Olvide las Cajas de Toallitas Húmedas!

Las cajas son tan útiles como las toallitas. Eche un vistazo a estas posibilidades:

➡ *Bloques.* Colecciónelas para que los niños construyan torres, puentes y hasta sus propias ciudades.

➡ *Recipientes para limpiadores.* Cuando prepare una fórmula de limpieza casera (como las docenas de sofisticadas soluciones de los capítulos 4 y 5), guarde la poción restante en una caja limpia de toallitas.

➡ *Cazadores de desórdenes.* Úselas como minigabinetes para toda clase de pequeñeces: objetos coleccionables, manualidades, elementos de costura, piezas eléctricas de repuesto y pequeños artículos de oficina.

➡ *Cajillas de seguridad.* Déjele puesta la etiqueta, inserte sus joyas u otros pequeños objetos de valor y guarde la caja en el baño. Ningún ladrón pensaría en "romperla". (No tengo que aclarar que este truco no reemplaza a una caja de seguridad del banco, ¿no?).

➡ *Alcancías.* Corte una ranura en la tapa y meta sus monedas o cambio al final de cada día. ¡Puede juntar mucho dinero!

➡ *Blancos para practicar lanzamiento de béisbol.* Apílelas afuera, y lance la pelota. ¡Tres *strikes* y usted gana!

➡ *Bandejas para almácigas.* Plante semillas en recipientes individuales con agujeros de drenaje y coloque dos macetas en cada caja.

➡ *Trampas para babosas y caracoles.* Hunda los recipientes en la tierra y deje aproximadamente $1/8$ pulgada sobre la superficie. Introduzca la carnada de su elección (encontrará algunas muy sofisticadas en este libro). Estos seres alargados se arrastrarán hasta el interior y morirán felices.

➡ *Gabinetes para tesoros.* Dele una caja a un niño que coleccione diminutos tesoros (todos los niños lo hacen en algún momento). Desde luego, usted querrá ayudarlo con algunos sellos, canicas, animalitos de juguete o cualquier cosa que pueda interesar al futuro curador del Instituto Smithsonian.

CONSEJO Deshágase de las callosidades: triture cinco tabletas de **ASPIRINA** y agregue partes iguales de agua y jugo de limón (lo suficiente para preparar una pasta espesa). Aplique la mezcla en la zona de la molestia. Envuelva el área con una toalla caliente, coloque una bolsa plástica sobre el pie y déjela actuar durante 10 minutos. Retire los envoltorios y raspe con piedra pómez.

CONSEJO Tener conjuntivitis no tiene gracia, especialmente con ese flujo asqueroso que hace que las pestañas se peguen. Mezcle 1 parte de **CHAMPÚ** para bebé con 10 partes de agua caliente, sumerja una bola de algodón en la solución y limpie para retirar esta sustancia viscosa de las pestañas.

CONSEJO ¿Se cortó al afeitarse? Detenga la hemorragia con lo que tiene más cerca: **CREMA DE AFEITAR**. Tome la gotita que siempre queda en la boquilla y colóquela sobre el rasguño. Déjela secar y enjuague para retirarla. (Parece magia con cualquier cortada pequeña, no solo con las cortadas de la hoja de afeitar).

CONSEJO Cuando las picaduras de mosquito le causen mucha comezón, compre una botella de **ENJUAGUE BUCAL** antiséptico. Humedezca un pañuelo desechable, sosténgalo sobre la picadura durante unos 15 segundos y dígale adiós a esa comezón.

CONSEJO Vierta **ENJUAGUE BUCAL** antiséptico sobre cortadas y raspones. Mata los gérmenes de la piel además de los de la boca.

CONSEJO La abuela Putt no tenía que controlar la sal en su

SOLUCIONES REFRESCANTES PARA QUEMADURAS

Cuando permanezca mucho tiempo bajo el sol y su piel adquiera una dolorosa tonalidad rosada, prepare este refrescante y curativo remedio.

2 cápsulas de vitamina E
½ taza de aloe vera en gel*
1 cucharadita de vinagre de sidra
½ cucharadita de aceite de lavanda

Con la ayuda de tijeras afiladas, abra la punta de cada cápsula de vitamina E y exprima el aceite en un tazón. Mezcle los otros ingredientes. Aplique directamente esta mezcla con mucho cuidado y aliviará la piel. Hasta que desaparezca el dolor, aplique la cantidad necesaria para sentirse fresco y cómodo.

* La abuela tomaba el aloe de las plantas del sillar de la ventana, pero puede comprarlo en la farmacia y tenerlo en el botiquín.

dieta, pero muchas personas sí deben hacerlo. Si usted es una de ellas, esta es una forma sencilla de reducirla: cubra algunos de los orificios de un salero vacío con **ESMALTE DE UÑAS** transparente. Asegúrese de dejar que el esmalte se seque por completo antes de llenar el salero.

CONSEJO Si usa aretes de plata para orejas perforadas, pinte la parte que se inserta en la oreja con **ESMALTE DE UÑAS** transparente a fin de evitar que pierdan su capa lustrosa y eso cause molestas infecciones.

CONSEJO Cuando esté trabajando o jugando intensamente bajo un sol ardiente, deles a sus adoloridos músculos un trato suave y refrescante. ¿Cómo? Mezcle 2 tazas de **HAMAME-LIS**, 2 cucharaditas de jarabe de maíz claro y ½ cucharadita de aceite de ricino en un frasco con tapa hermética. Agregue algunas gotas de su aceite esencial favorito, si lo desea. Agite bien y masajee con el aceite en las partes adoloridas para obtener un alivio casi inmediato.

CONSEJO Si tiene problemas para conciliar el sueño por las noches, esta es la solución. Tome dos **PAÑOS** del baño y cósalos por tres de los lados, frente con frente. Voltéelos hacia fuera y rellene la bolsa que se formó con cantidades iguales de hojas secas de menta de gato (conocida también como

hierba gatera o, Gnaphalium obtu via. Cosa el cuarto bolsa y coloque esta de su cabeza por las noc para los viajeros que padec en su próximo viaje, prepare hadilla adicional para conciliar y métala en la maleta).

CONSEJO Cuando esté batallando con un dolor de garganta, recurra al conocido **PERÓXIDO DE HIDRÓ-GENO**. Haga gárgaras (¡no lo trague!) tres veces al día hasta que sienta

En la Época de la Abuela

Cuando esté batallando contra un feroz resfriado, pero necesite ir de un lado para el otro, pruebe esta solución de la abuela: sumerja una bola de algodón en un frasco de **UNGÜENTO MENTO-LADO** para que se embeba bien. Coloque esta bola en un frasco limpio de pastillas, tápelo firmemente y llévelo en su bolsa o cartera. Cuando se sienta congestionado, retire la tapa e inhale profundamente.

PONCHES

Tónico Contra la Hemorragia Nasal

Cuando de niño tenía hemorragia nasal, la abuela Putt me hacía sentar y me daba este remedio infalible.

2 cucharadas de hamamelis
6 gotas de aceite esencial de ciprés (se vende en las tiendas de alimentos naturales)
bolas de algodón

Vierta el hamamelis en una botella limpia con tapa de ajuste hermético. Agregue el aceite de ciprés. Etiquete la botella con el contenido y guárdela. Luego, cuando la necesite, agite bien, humedezca una bola de algodón en la poción e insértela suavemente en la fosa nasal que sangra. Siéntese derecho, con la cabeza levemente inclinada hacia delante. En dos o tres minutos, la sangre debería dejar de fluir. Para acelerar el proceso, apriete el tejido blando de la nariz firmemente, pero con suavidad (con los dedos pulgar e índice).

alivio, lo cual puede suceder mucho antes de lo previsto.

CONSEJO ¿Tiene problemas para sacarse una astilla de un dedo? Vierta 2 cucharadas de **SALES DE EPSON** en una taza de agua caliente y remoje el dedo adolorido en la solución. Las sales expulsarán de inmediato el fragmento invasor. (Debería demorar apenas unos cuantos minutos, lo que dependerá de la profundidad a la que esté la astilla).

CONSEJO Los pies sudorosos y las ampollas suelen ir de la mano (¿o debería decir "del pie"?). Mi tío Art tenía ese problema a gran escala, pero la abuela le enseñó a deshacerse de ambas molestias. Usted también puede hacerlo. Antes de irse a dormir, disuelva aproximadamente 1 taza de **SALES DE EPSON** en una palangana de agua caliente y remoje los dedos cinco minutos. Luego séquelos cuidadosamente y deles las buenas noches.

CONSEJO Aun los insectos beneficiosos pueden propinar desagradables mordidas o picaduras. Cuando ello ocurría en nuestra casa, la abuela disolvía dos **TABLETAS DE ANTIÁCIDO** en un vaso de agua. Luego humedecía un paño suave con la solución y lo sostenía sobre la zona afectada durante 20 minutos.

CONSEJO Antes de cortar madera o de excavar en el jardín, frótese un poco de **TALCO** en las manos. Absorberá el exceso de transpiración y evitará que se formen ampollas.

CONSEJO Una noche de buen descanso es importante para su salud, pero en las agobiantes noches húmedas del verano, conciliar el sueño no es tan fácil. ¿Qué debe hacer? Espolvoree **TALCO** entre las sábanas. Absorberá la humedad y se sentirá más fresco.

CONSEJO El clásico **UNGÜENTO MENTOLADO** que se ha usado para aliviar resfríos de pecho también es un excelente repelente de insectos. Aplique el ungüento sobre la piel para ahuyentar a esos horribles bichos que esparcen enfermedades. Si sufre asma, el alivio está en el cuarto de baño. Abra la ducha y deje que la temperatura del agua llegue a su máxima expresión. El cuarto se llenará de vapor: siéntese y relájese de 10 a 15 minutos. El VAPOR diluirá la pegajosa mucosidad que obstruye las vías respiratorias.

CONSEJO ¡Ay! Se escuchó el timbre y cuando fue a contestar, se golpeó con la mesita para servir café.

No se enfade por su torpeza (como decía la abuela: lo hecho, hecho está). En lugar de ello, mezcle 5 partes de **VASELINA** con 1 parte de pimienta picante molida, luego derrita la vaselina en una sartén y agregue la pimienta. Deje que el gel se enfríe, viértalo con la ayuda de una cuchara en un frasco de vidrio limpio y aplíquelo al área magullada una vez al día. (Asegúrese de usar guantes de hule o plástico cuando aplique el gel, porque estará caliente).

CONSEJO ¿Qué es más molesto que el goteo posnasal? ¡No hay mucho de lo que pueda acordarme! Así que les dejo una fórmula sencilla que terminará rápidamente con ese fastidio. Derrita ¼ taza de **VASELINA** en una sartén pequeña. Retírela del fuego y agregue 10 gotas de cada uno de los siguientes aceites esenciales: menta, eucalipto y tomillo. Cuando la mezcla haya alcanzado la temperatura ambiente, viértala con una cuchara en un frasco de vidrio limpio y almacénela. Aplique un toquecito en cada fosa nasal, de una a tres veces al día. El secreto para este truco: la vaselina evita

UNA VEZ MÁS

 Las botellas usadas de agua de colonia y de perfume eran excelentes recipientes para muchas de las pócimas y lociones de la abuela. Pero algunas veces el aroma original no desaparecía. Antes de darse por vencido, intente este truco infalible: lave la botella con agua y jabón, enjuague bien y llénela con **ALCOHOL** para frotar. Déjela reposar durante un par de días, luego vacíe el alcohol y enjuague con agua limpia. Espere a que la botella se seque, luego vierta su nueva creación clásica.

que los aceites se absorban en la piel, por lo que puede inhalar su esencia para detener el goteo durante un periodo prolongado de tiempo

CONSEJO Tener una astilla en el dedo (o en cualquier otro lugar) es doloroso, y también es frustrante cuando ni siquiera puede encontrarla. La próxima vez que le suceda, aplique una gota de **YODO** en toda la zona en general. ¡Ubicará la astilla responsable del dolor en un santiamén!

Para Su
BUEN ASPECTO

CONSEJO Calme las cutículas y los padrastros adoloridos y agrietados: frote **ACEITE DE RICINO** alrededor de las uñas cada noche antes de acostarse. Notará el alivio de inmediato.

CONSEJO ¿Tiene predisposición a la sudoración en los pies y al aroma que la acompaña? Entonces este remedio de nuestra familia es ideal para usted. En 1 taza de agua, mezcle una cucharadita de alumbre (disponible en farmacias y tiendas de alimentos naturales) y 1/4 taza de **ALCOHOL** para frotar. Vierta la mezcla en una botella con rociador y aplíquela en los pies mojados según sea necesario.

CONSEJO Para la abuela, "la higiene y la virtud van de la mano" era más que un refrán, ¡era su estilo de vida! ¡Mantenía los peines tan limpios que podías comer con ellos! De vez en cuando, les pasaba un cepillo de dientes sumergido en **ALCOHOL** para frotar.

CONSEJO Si la abuela viera los precios de algunos de esos sofisticados champús para la caspa, ¡brincaría del susto! Para mi bolsillo, este fácil tratamiento los supera a todos. Triture cinco tabletas de **ASPIRINA** y colóquelas en una botella con 1 taza de vinagre de sidra y 1/3 taza de hamamelis. Tape la botella y agítela hasta mezclar los ingredientes.

Después del champú, peine la solución por todo el cabello. Espere 10 minutos y enjuague con agua caliente.

CONSEJO ¿Quién dice que los **CEPILLOS DE DIEN-TES** solo sirven para cepillar los dientes? Esas cerdas diminutas sirven para: deshacerse de la suciedad debajo de las uñas de las personas que trabajan arduamente, preparar las uñas de los pies para la pedicura y embellecer cejas testarudas.

CONSEJO Este es un consejo de belleza que le permitirá ahorrar espacio y que podrá usar en el próximo paseo o excursión al gimnasio: en lugar de empacar champú y su jabón favorito, lleve **CHAMPÚ** para bebé. Úselo por todo el cuerpo para quedar limpio y suave desde la punta de la nariz hasta la punta de los dedos.

TÓNICOS & PONCHES

SIMPLE ELIMINA-DOR DE ARRUGAS

Como todos sabemos, la vida tiene sus altibajos. Y después de un tiempo, las sonrisas y los ceños fruncidos dejan su marca. Pero no salga corriendo a desembolsar grandes cantidades por sofisticados cosméticos o dolorosos tratamientos con Botox®. Borre esas líneas con esta tradicional fórmula.

jabón suave
agua caliente
leche de magnesia
¼ taza de aceite de oliva virgen
hamamelis (refrigerada)

Lave el rostro con agua y jabón, séquelo y espere 10 minutos. Con la ayuda de una almohadilla de algodón, aplique una delgada capa de leche de magnesia sobre el cutis (no la acerque a los ojos) y deje que se seque. Aplique una segunda capa de leche de magnesia: disolverá a la primera. Límpiela con un paño húmedo y tibio. Luego, en un recipiente pequeño, caliente el aceite de oliva a fuego lento hasta que esté tibio. Aplíquelo en el rostro con una almohadilla de algodón, déjelo cinco minutos y límpielo con hamamelis. Repita este procedimiento dos veces por semana. En un par de semanas, lucirá más joven.

CONSEJO No gaste dinero en champús anticaspa, use **ENJUAGUE BUCAL**. Mezcle 1 parte de enjuague bucal de menta en 10 partes de agua y aplique en el cabello después de lavarlo con champú. Masajee el cabello y el cuero cabelludo, pero no enjuague. Logrará tener el cabello reluciente, sin caspa y con aroma a menta.

CONSEJO ¿Se va de viaje? Antes de empacar los cosméticos líquidos, selle los bordes de las tapas con **ESMALTE DE UÑAS** para evitar que el contenido se derrame por todo el estuche de maquillaje. Recuerde empacar el esmalte de uñas, de modo que pueda resellar las botellas para el viaje de regreso.

CONSEJO Para evitar que las joyas de fantasía dejen marcas verdes en la piel, aplique **ESMALTE DE UÑAS** transparente en la zona de contacto con la piel.

CONSEJO ¡Depende de usted que no le cobren un ojo de la cara por exfoliantes! Siga el consejo de la abuela: masajee la piel húmeda con un puñado de **SALES DE EPSON**; empiece con los pies y suba hasta el cuello. Luego enjuague con una ducha o un baño.

UNA VEZ MÁS

 Cuando se hace un **PERMANENTE CASERO** y le queda un puñado de esos papelillos, no los deseche. Métalos en el bolso. Son perfectos para secar lápiz labial o absorber el exceso de aceite del rostro sin alterar el maquillaje.

CONSEJO Lave el exceso de aceite que haya quedado en el cabello, con las ancestrales **SALES DE EPSON**. Mezcle 1 taza de sales y 1 taza de jugo de limón en 1 galón de agua y deje reposar durante 24 horas. Vierta la solución en el cabello reseco, espere 20 minutos y lave con champú.

CONSEJO Antes de afeitarse las piernas con una afeitadora eléctrica, aplique **TALCO PARA BEBÉ**. Así evitará el doloroso (y poco atractivo) ardor por fricción.

CONSEJO En los tiempos de la abuela, se sabía cómo lidiar con las emergencias (incluso las menores), como quedarse sin lápiz labial. Para sustituir el lápiz labial, coloque una cucharadita de **VASELINA** en un plato pequeño y agregue un poco

En la Época de la Abuela

Hoy las tiendas venden tantas clases de **ANTI-TRANSPIRANTES** que la abuela quedaría impresionada. ¿Puede creer que tomó más de 5,000 años crear una fórmula para evitar la sudoración? Los sumerios hicieron el primer intento del que se tenga registro cerca del año 3500 antes de Cristo. En 1888, llegó al mercado la primera marca, Mum®, aunque sin bombos ni platillos. De hecho, los muchachos se sentían tan avergonzados por la transpiración, y mucho más por el olor corporal (¡Dios los perdone!), que pedían antitranspirantes en las farmacias en el mismo tonito de "que quede aquí entre nosotros" que usaría un compañero de estudios hoy para "ya sabe qué". No fue sino hasta 1914 que los fabricantes comenzaron a ofrecer su poder secador a la venta en las revistas nacionales.

de colorante rojo comestible (cuánto dependerá de qué tan oscura quiera que sea la tonalidad).

CONSEJO Si se tiñe el cabello en casa, para evitar que el tinte vaya a los ojos, aplique una línea de **VASELINA** por encima de las cejas. (Este truco también funciona para evitar que entre champú en los ojos de un bebé o un perro a la hora del baño).

Familia y
AMIGOS

CONSEJO Ayude a que el perro mantenga las orejas sin infecciones; para ello, límpielas todas las semanas con una mezcla de ¼ taza de **ALCOHOL** para frotar y 10 gotas de glicerina (se vende en la farmacia). Agite bien la solución, humedezca un hisopo de algodón y limpie suavemente la suciedad y el cerumen. Precaución: si el perrito sacude la cabeza, retire de inmediato el hisopo para evitar dañar el tímpano.

CONSEJO Después de haber sacado alguna garrapata de la piel de un perro o de un niño (o de usted mismo), coloque el bicho en un frasco con **ALCOHOL** para frotar y así lo matará de inmediato. No use el viejo truco de ponerle un poco de alcohol o cualquier otra sustancia a la garrapata

UNA VEZ MÁS

 Cuando se le termine el desodorante **A BOLI-LLA,** saque la esfera, lave minuciosamente la botella y llene el frasco con pintura tipo témpera (para afiches) o tinta para pintar tela. Vuelva a insertar la esfera y déselo a los niños, o úselo en sus propios proyectos de manualidades.

antes de extraerla. Eso puede causar que el bicho regurgite gérmenes en la piel de la víctima.

CONSEJO Adhiera en la mochila escolar de un niño **APLICACIONES PARA LA TINA DEL BAÑO**, de modo que nadie la tome por error. (Este mismo truco hará que en los aeropuertos sus maletas resalten en la banda transportadora de equipaje).

CONSEJO Para un niño pequeño, cerrar la cremallera de la chaqueta puede ser una tarea de enormes proporciones. Haga que este trabajo resulte más fácil (como hacía la abuela conmigo) colocando un **ARO PARA CORTINA DE BAÑO** al gancho de la cremallera.

CONSEJO Aun en la época en la que la abuela era una jovenzuela, no había fiesta de cumpleaños infantil que estuviera completa sin

el juego de ponerle la cola al burro. Pero si los asistentes a su fiesta son muy pequeños para las alfileres, esta es una forma más segura de jugar: prepare colas de **BOLAS DE ALGODÓN** con una pulgada de cinta de doble adherencia. (Si cree que un burro luce demasiado extraño con una cola inflada, pueden jugar a ponerle la cola a un conejo).

CONSEJO ¿Se les ha acabado a sus jóvenes artistas la pintura para aplicar con los dedos? Coloque en pequeños tazones un poco de **CREMA DE AFEITAR** y agregue unas cuantas gotas de colorante comestible a cada uno (cuanto más use, más oscura será la tonalidad).

CONSEJO ¿Quiere que el momento del baño resulte más divertido para los niños? Consiga una **ESPONJA** en forma de barco, o del animal favorito, y corte una hendidura por un extremo. Luego inserte una barra diminuta de jabón (del tamaño de las de los hoteles) o algunas lascas sobrantes de jabón. ¡Adivinó! ¡Un jabonoso juguete para la tina!

CONSEJO Si la chiquilla de la casa se va a disfrazar con pelo (un gatito o un conejo) para Halloween, aplique un poco de **LÁPIZ LABIAL** en tono rosa pálido sobre la nariz.

CONSEJO En esos días poco afortunados en que mi perro tuvo un lío con el extremo equivocado de una mofeta, la abuela usó esta fórmula exitosa. En una cubeta, mezcle 1 cuarto de galón de **PERÓXIDO DE HIDRÓGENO** al 3%, 1/4 taza de bicarbonato y 1 cucharadita de jabón líquido para manos (cualquier jabón líquido para manos o para lavar platos que no sea detergente). Luego encierre a su amigo y empápelo cuidadosamente con la solución. Enjuague bien y seque con una toalla. ¡Listo! ¡Solucionado el problema!

CONSEJO En algún momento, todos los chicos parecen pasar por la etapa de "juguemos a los espías". Así que ayúdeles a mezclar un lote de tinta invisible Triture una **TABLETA LAXANTE** en un tazón, agregue 1 cucharada de alcohol para frotar y mezcle hasta disolver la tableta. Entregue la preparación a los agentes secretos, que pueden escribir mensajes con un pincel pequeño y delgado o una pluma fuente tradicional (todavía se venden en las tiendas de útiles de oficina y en tiendas de descuentos). Cuando se seque la solución, desaparecerá la escritura. Para que reaparezca, humedezca una bola de algodón en amoníaco y pásela ligeramente sobre el área del texto.

LAS FÓRMULAS SECRETAS DE
la Abuela Putt

EL PALACIO DE CRISTAL DE LA ABUELA

Cuando era un niño, la abuela me ayudaba con centelleantes tesoros. Este era uno de mis proyectos favoritos para los días lluviosos y mis nietos aún se mueren por crear sus propios cristales.

½ taza de agua
¼ taza de sales de Epson
1 esponja
un tazón poco profundo

Hierva el agua en un recipiente. Retírela del fuego y agregue las sales de Epson hasta disolverlas. Coloque la esponja en el fondo del tazón y vierta la solución de sales de Epson. Lleve el tazón a un lugar soleado y obsérvelo. Cuando se evapore el agua, aparecerán cristales por toda la esponja y se formará un palacio de hielo en miniatura. Lo mejor es que no hay dos cristales parecidos, así que siempre disfrutará de uno nuevo.

En los Alrededores de la
CASA

CONSEJO Cuando sea momento de darles un remozamiento a sus tablas para cortar de madera, use

ACEITE MINERAL. A diferencia del aceite vegetal, no se pondrá rancio y tampoco atraerá molestas plagas.

CONSEJO ¿Hay papel pegado sobre una mesa de madera? ¡No hay problema! Humedezca el papel con **ACEITE PARA BEBÉ**, deje que se absorba algunos minutos y ya podrá desprenderlo.

CONSEJO Para evitar que se acumule el jabón en la puerta de vidrio de la ducha, frótelo una vez a la semana con un paño húmedo embebido en **ACEITE PARA BEBÉ**.

CONSEJO La abuela mantenía brillantes las hojas de sus plantas; para ello, colocaba un poco de **ACONDICIONADOR PARA EL CABELLO** sobre un paño de algodón y limpiaba suavemente las hojas con él.

CONSEJO Cuando la pantalla del televisor o la computadora se ensucie, no aplique una solución limpiadora con rociador (si el líquido se filtra por los bordes, puede causar graves daños en el funcionamiento de las partes internas). Coloque ½ taza de **ALCOHOL** para frotar, 1 cucharada de bicarbonato y ½ taza de agua fría en un frasco con tapa hermética (uno de mayonesa es perfecto). Mezcle los ingredientes, luego sumerja un paño suave y limpie la pantalla. Guarde la solución limpiadora restante en un

LAS FÓRMULAS SECRETAS DE
la Abuela Putt

EL LIMPIADOR MULTI-USO DE LA ABUELA

Mucho tiempo antes de que estos limpiadores en aerosol llegaran al mercado, la abuela usaba esta eficaz poción para mantener la casa impoluta.

- **2 tazas de alcohol para frotar**
- **1 cucharada de amoníaco**
- **1 cucharada de detergente para vajilla**
- **2 cuartos de galón de agua**

Mezcle todos los ingredientes en una cubeta, y vierta la solución en una botella con rociador manual. Este brebaje servirá para limpiar vidrio, baldosas, cromo y casi cualquier otra superficie rígida. (Cuando tenga dudas, pruebe antes en un lugar poco visible).

lugar fresco.

CONSEJO El cromado causaba furor en la época de la abuela: tanto en la cocina como en los accesorios y aparatos electrodomésticos. La abuela mantenía impecable ese acabado brillante con un paño suave sumergido en **ALCOHOL** para frotar. (Este truco también es útil en los aparatos electrodomésticos de acero inoxidable de la actualidad).

CONSEJO Para eliminar la acumulación de almidón de la plancha (del tipo que tiene el acero inoxidable en la parte inferior, no las planchas con capa antiadherente), humedezca un paño de algodón con **ALCOHOL** para frotar y limpie la suciedad. Luego repase suavemente la superficie con lana de acero (virulana) extrafina en un paño suave.

CONSEJO Prepare un excelente limpiador de vidrios que no manche: mezcle en una botella con rociador manual partes iguales de **ALCOHOL** para frotar y amoníaco que no haga espuma.

CONSEJO ¿Acechan los pulgones, las cochinillas u otros bichos a las plantas de su casa? Con la ayuda de un hisopo de algodón, toque cada bicho con un poco de **ALCOHOL** de frotar y despídase de ellos.

CONSEJO Coloque **AROS PARA CORTINA DE BAÑO** en la varilla del armario para colgar cinturones, bisutería y bolsos de mano.

CONSEJO Cuando los dedos de la abuela comenzaron a perder agilidad, le costaba tomar los diminutos tapones de hule de los drenajes. ¿Qué hizo? ¡Pensó en grande! Colocó un **ARO PARA CORTINA DE BAÑO** en el pequeño aro de cada tapón. ¡Y no más tanteos!

CONSEJO La abuela tenía las plantas más felices y saludables. Su secreto: las alimentaba una vez al mes con una **ASPIRINA** para cada una disuelta en 1 taza de agua.

CONSEJO Si está cansada de que sus largas uñas se rompan a través de los guantes de hule, pruebe con este truco: antes de ponerse el próximo par, empuje una **BOLA DE ALGODÓN** (o un trozo) en cada dedo.

CONSEJO Un **CEPILLO COSMÉTICO** grande se convierte en un sofisticado sacudidor para los

En la Época de la Abuela

La abuela tenía una bella silla antigua de cuero que su papá le había dejado. ¡Cómo la cuidaba! Para mantenerla tan suave como la piel de un bebé, la frotaba con **ACEITE PARA BEBÉ** cada mes más o menos. Si desea probar este truco, aplique una capa muy delgada con un paño de algodón (como un pañal de los antiguos) y luego pase un segundo paño de la misma clase. No se incline por la teoría de que más es mejor, porque el exceso terminará en su ropa.

equipos de oficina. Es perfecto para limpiar los recovecos y las rendijas de la máquina de fax y del teclado de la computadora, así como la cubierta del ventilador de la computadora y esa jungla de cables.

En la Época de la Abuela

Cuando usa los **GUANTES DE HULE** para limpiar el baño o cualquier otra parte de la casa, ¿se pregunta alguna vez quién inventó esta práctica protección para las manos? La abuela lo sabía y ahora se lo cuento. Fue el Dr. William Halstead, jefe de cirugía del Hospital Universitario Johns Hopkins de Baltimore, allá por 1890. Su jefa de enfermeras instrumentistas, Caroline Hampton, desarrolló una erupción cutánea en las manos que aparecía cada vez que se las frotaba al lavarlas antes de una operación. Para resolver el problema, el doctor hizo moldes con yeso de sus manos, los llevó a un fabricante de productos de hule y le pidió que modelara guantes delgados. Fueron tan prácticos y tanto más estériles que las manos mejor lavadas que todos los cirujanos comenzaron a pedir estos guantes. Los pacientes, al ver la novedad, tomaron la idea para la casa.

CONSEJO Cuando la abuela limpiaba las joyas u otros pequeños tesoros, usaba un **CEPILLO DE DIENTES** extrasuave (como los que se fabricaban para los primeros dientes de los bebés).

CONSEJO Mantenga un **CEPILLO DE DIENTES** en la cocina y úselo para restregar ralladores de queso, abrelatas, coladores, wafleras y otros artículos con recovecos y rendijas diminutos. Para mantener pulcro el cepillo, métalo en el lavaplatos con la carga normal. O imite a la abuela: sumerja las cerdas en agua hirviendo después de cada uso.

CONSEJO Un **CEPILLO DE DIENTES** sirve de sustituto para los elegantes cepillos para limpiar hongos comestibles que venden en las tiendas de artículos para cocina.

CONSEJO Use un **CEPILLO PARA APLICAR MÁSCARA DE PESTAÑAS** para sacar pelusa o pelos de mascotas de lugares difíciles de alcanzar, como bolsillos y dobladillos.

CONSEJO La abuela siempre mantenía **CREMA DE AFEITAR** en la cocina, por si se derramaba algún alimento sobre la alfombra del comedor. Cubría la mancha, la dejaba actuar algunos minutos y la retiraba con una esponja humedecida en agua fría o en agua gasificada.

UNA VEZ MÁS

 Un viajero no podría pedir contenedores más prácticos que los recipientes y las cajas plásticas en que vienen las **GRAJEAS PARA LA GARGANTA.** Conserve estos recipientes vacíos y la próxima vez que salga de viaje, conviértalos en estos útiles asistentes:

▷ **"Canasta" para la costura.** Introduzca un par de diminutas tijeras, agujas, alfileres de gancho, algunos carretes de hilo y botones que coincidan con la ropa que empaca.

▷ **Desodorante para el automóvil.** Haga una docena de agujeros en la tapa y llene la parte inferior con popurrí o jabón perfumado. Tápelo y colóquelo debajo de alguno de los asientos del automóvil.

▷ **Estuche para sacar brillo a los zapatos.** En el recipiente de grajeas, coloque un bote de aspirinas con betún para calzado y un pañito de algodón (como un recorte de pijamas desgastados).

▷ **Paleta de lápices labiales.** Cuando casi se le acabe un tubo, use un palillo limpio de paleta para sacar todos los restos. Ponga en la bolsa de maquillaje la caja de grajeas con varios colores diferentes y un pincel para lápiz labial.

▷ **Recipiente de semillas.** Si guardó semillas de las plantas del jardín y espera compartir algunas con los amigos que lo visiten, use recipientes de grajeas (una clase de semilla por caja).

▷ **Recipiente para jabón.** Coloque un jaboncito tamaño viajero o la astilla de uno grande..

Para la casa, use los recipientes de grajeas para juntar todos esos objetos diminutos que deambulan por las esquinas de las gavetas, por ejemplo:

▷ **agujas y alfileres**

▷ **bandas elásticas**

▷ **baterías pequeñas**

▷ **bloques de notas adhesivas**

▷ **botones**

▷ **brocas pequeñas**

▷ **clavos, tornillos, tuercas y pernos**

▷ **precintos**

▷ **sellos**

▷ **sujetadores de papel**

▷ **tachuelas y chinchetas**

▷ **tarjetas de visita**

En la Época de la Abuela

Todos los **PEINES** del cuarto de baño de la abuela (que ahora es el nuestro) se parecían a las versiones primitivas que fabricaron los egipcios hace más de 6,000 años. (Antes de eso, las personas se desenredaban los bucles con la ayuda de la espina dorsal seca de algún pez grande). ¿Y de dónde proviene la palabra *peine*? Del latín *pecten*, que significa "peine", "carda" o "rastrillo". Ahora ya lo sabe.

CONSEJO También debe tener **CREMA DE AFEITAR** en el taller de trabajo, porque es excelente para limpiar la suciedad o las manchas de pintura dejadas con las manos. Aplique un poco de espuma y límpiela con una toalla de papel: ¡no se necesita agua!

CONSEJO ¡Ratas! Si saca su bolsa de cuero favorita del lugar donde la guarda, y siente un olorcillo extraño, puede que sea moho. No se desespere. Humedezca una almohadilla de algodón en **ENJUAGUE BUCAL** antiséptico y frote suavemente la superficie de la bolsa. Séquela con un suave paño de algodón, pase un segundo paño y luego aplique una crema de marca comercial para tratar cuero. (Este mismo truco funciona en cualquier cuero enmohecido de zapatos, maletas y muebles).

CONSEJO Con el tiempo, las marcas de gradación de las tazas medidoras pueden desvanecerse hasta quedar casi invisibles. La abuela resolvía el problema con **ESMALTE DE UÑAS**. (Asegúrese de ponerlo en los lugares correctos; de lo contrario, ¡es posible que sus recetas no resulten como esperaba!).

CONSEJO Cuando recibía un par de zapatos nuevos (o les colocaban nuevos tacones a mis zapatos viejos), la abuela me daba un frasco de **ESMALTE DE UÑAS** transparente y me decía que les pintara la parte posterior de los tacones antes de usarlos. Decía que eso mantendría mi calzado sin rasguños por más tiempo y, como de costumbre, tenía razón.

CONSEJO Cuando retire cortinas o ganchos de paños, marque su ubicación con un toque de **ESMALTE DE UÑAS**. De esa manera, al colocar de nuevo esos accesorios en su lugar, no tendrá que adivinar dónde van (o gastar su valioso tiempo en medir).

CONSEJO Cuando se vacíe un frasco de **ESMALTE DE UÑAS**, ¡no lo tire! Limpie el frasco y la pequeña brocha con removedor de esmalte de uñas. Luego use el frasco para guardar pintura casera o colorante para sus amiguitos artistas (encontrará algunas recetas grandiosas en el capítulo 4). O, si va a pintar una habitación o un mueble, un poco de pintura en el frasco le resultará práctico para retocar abolladuras y rayones.

CONSEJO Mantenga un **ESMALTE DE UÑAS** en el cuarto de lavado y otro en su estuche de limpieza en el hogar: es la solución para eliminar pequeñas manchas.

CONSEJO Si los números del termostato de disco parecen más pequeños, marque su temperatura preferida con **ESMALTE DE UÑAS** de algún color brillante (y sus anteojos para leer). ¡Así la verá fácilmente!

UNA VEZ MÁS

Cuando el **CEPILLO PARA EL CABELLO** se deteriore, úselo en el cuarto de lavado o en el armario de escobas. Luego úselo para limpiar la aspiradora, el colector de fibras de la secadora y otros lugares de difícil acceso.

CONSEJO ¿Está cansado de perder los tornillos de los anteojos? Asegúrese de que esas diminutas piezas estén atornilladas firmemente, luego pinte los extremos con **ESMALTE DE UÑAS** transparente.

CONSEJO Alguna vez lo que más deseaba en el mundo era un pájaro que llenara nuestra casa con armoniosas melodías. La abuela Putt me trajo un bello canario amarillo, pero el pequeñuelo se rehusaba a cantar. La abuela encontró la solución: colgó un pequeño **ESPEJO** arriba de un posadero en la jaula. Cuando mi amigo emplumado veía su reflejo, suponía que se trataba de su nuevo compañero y le cantaba melodiosamente sin parar.

CONSEJO Si las plantas de su casa desean un poco más de luz, pruebe el secreto de la abuela: colóqueles un **ESPEJO**. O forre con espejos el sillar de la ventana (y quizá hasta el marco). Los rayos del sol rebotarán en el espejo y se reflejarán hacia el follaje.

CONSEJO En el vestíbulo de la casa de la abuela, había un gran paragüero de cerámica. Ahora es mío y todavía uso el truco de mi abuela para mantenerlo limpio y seco. Corto una **ESPONJA** grande de modo que quepa dentro de la base y con eso se resuelve el goteo.

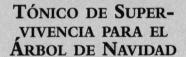 **CONSEJO** En lugar de batallar para meter un brochazo en diminutas y estrechas rendijas (como el espacio en donde el marco de la puerta casi se junta con

---

LAS FÓRMULAS
SECRETAS DE
la Abuela Putt

TÓNICO DE SUPER- VIVENCIA PARA EL ÁRBOL DE NAVIDAD

Cada año, la abuela vertía este elíxir en la base del árbol de Navidad para mantener ese viejo árbol fresco y verde durante todas las reuniones de fin de año. Todavía lo uso: ¡no encontré nada mejor!

2 tazas de jarabe de maíz claro
4 cucharadas de lejía para uso doméstico
4 tabletas multivitamínicas con hierro
1 galón de agua muy caliente

Cuando ubique el árbol en la casa, mezcle los ingredientes en una cubeta y vierta la mezcla en la base. Agréguele otra dosis cuando baje el nivel del agua, para que el árbol permanezca tan fresco como una margarita al comenzar el año.

---

una esquina), use una **ESPONJA PARA MAQUILLAJE**.

CONSEJO Cuando cargue una canasta para un día de campo o una hielera para llevar en el automóvil, empaque un cuchillo de mondar en un **ESTUCHE PARA CEPILLO DE DIENTES** de plástico. El cuchillo quedará limpio y afilado y no se llevará una desagradable sorpresa cuando prepare un sándwich.

CONSEJO ¡Huy! ¡Su collar favorito de cuentas se acaba de romper! No corra a la joyería, vuelva a colocar esas cuentas en **HILO DENTAL**.

CONSEJO ¿Necesita sacar una mancha de un edredón o una almohada? Para evitar lavar todo, aísle la marca con **HILO DENTAL**. Empuje el relleno a un lado, junte el área con suciedad y átela firmemente con el hilo dental. Luego continúe con el tratamiento apropiado para eliminar manchas.

CONSEJO Cuando desee colgar un cuadro de poco peso y no tenga alambre, use **HILO DENTAL**.

CONSEJO Cuando había escasez de cordel (como sucedía en los años de la guerra), la abuela usaba **HILO DENTAL** sin encerar para amarrar el pollo antes de cocinarlo.

CONSEJO El **HILO DENTAL** sin encerar y sin sabor es ideal para rebanar pasteles, panes rápidos y quesos blandos.

CONSEJO La abuela me dejó la sopera de su madre y algunas otras fuentes grandes para servir, con tapadera, que exhibo en la parte superior de una repisa muy elegante, hasta que las usemos en la cena de Acción de Gracias o en alguna otra fiesta. ¡Y me aseguro de que al bajarlas no se desprenda una parte de la otra y se haga añicos! Para ello, sujeto las piezas con **HILO DENTAL**. Asegúrese de pasar el hilo alrededor del botón del asa de la tapadera y luego en un patrón con figura de ocho a través (o alrededor) de las asas en la base.

CONSEJO La mayoría de los amigos de la abuela tenían **HISOPOS DE ALGODÓN** en el baño. Pero la abuela también tenía un paquete en el anaquel de artículos de limpieza y los usaba para retocar partes astilladas, abolladuras y raspones en paredes y muebles.

CONSEJO Antes de planchar una falda plegada, la abuela deslizaba una **HORQUILLA** para el cabello sobre cada pliegue (en el extremo del dobladillo). Luego presionaba

En la Época de la Abuela

Apuesto que todos los baños del país tienen una caja de **VENDAS ADHESIVAS.** Estos prácticos esparadrapos (como los llamaba la abuela) se los debemos a un joven empleado de Johnson & Johnson, Earle Dickson. En la década de 1920, el Sr. Dickson se casó con una joven propensa a los accidentes que siempre se cortaba en la cocina. Las lesiones eran demasiado pequeñas para utilizar los grandes vendajes quirúrgicos de la empresa (el famoso producto de los hermanos Johnson), así que el Sr. Dickson cortó una pieza de gasa estéril y la adhirió a un tramo de cinta adhesiva. Un día, cansado de preparar estas barreras antisangrado, encontró la forma de producirlas en cantidad al cubrir las partes pegajosas con una tela temporalmente adherente. James Johnson, el presidente de la empresa, se enteró de esta nueva técnica y solicitó una demostración. ¡Y así nacieron las vendas adhesivas Band-Aids®!

desde la cintura hacia el dobladillo y extraía las horquillas para terminar el trabajo.

Una Vez Más

Como reza el refrán: los mejores perfumes vienen en frascos pequeños.
Por ejemplo, esos diminutos envases en donde viene la **ASPIRINA**, ideales cuando necesita un recipiente de bolsillo para el protector labial casero o para el ungüento repelente de insectos. (Para conocer las fórmulas favoritas de la abuela, consulte los capítulos 3 y 4).

CONSEJO ¿Se acabó su limpiador favorito para el baño? No corra al supermercado. Tome la botella de **JABÓN** líquido del lavabo (la de tamaño estándar, de 10 onzas) y mezcle el contenido con una libra de bicarbonato en 1 taza de agua caliente. ¡A restregar!

CONSEJO Los aros para cortina con atascos se desplazarán correctamente si frota **JABÓN** por las varillas.

CONSEJO Para mantener las prendas de vestir y la ropa de cama con el aroma fresco de una margarita, coloque **JABÓN** perfumado, sin el envoltorio, en repisas y gavetas (la lavanda era la favorita de mi abuela). ¡Y hay más! Además del agradable aroma, el jabón se endurecerá y, por lo tanto, durará más cuando lo use.

CONSEJO Para que la gaveta se deslice suavemente, frote los rodillos con **JABÓN**. Si no es suficiente, lije los rodillos con papel lija de arenilla fina y vuelva a aplicar el jabón.

CONSEJO ¿Tiene encaje enmohecido (un velo de novia de varias generaciones o cortinas antiguas de un mercado de pulgas)? Para eliminar el moho, frote el encaje con **JABÓN** suave hasta formar una película visible. Coloque la prenda al sol durante varias horas, luego enjuague con agua fría.

CONSEJO Antes de colgar una guirnalda navideña afuera, rocíe las cintas y los moños con **LACA PARA EL CABELLO** de alta sujeción y déjela secar. Permanecerá limpia y fresca. (No cuelgue la guirnalda donde le caiga lluvia; de lo contrario, lavará la laca para el cabello).

CONSEJO Cuando era pequeño, los adornos satinados para el árbol de Navidad eran la estrella de la reunión. Como tantos otros tesoros antiguos, estas esferas brillantes han regresado con mucha fuerza. Pero siguen con el mismo problema: después de algunas reuniones navideñas, los hilos comienzan a desprenderse. Yo detuve el deterioro de la misma forma en que lo hacía la abuela: rociando las esferas con **LACA PARA EL CABE-**

LAS FÓRMULAS SECRETAS DE
la Abuela Putt

ALIMENTO PIONERO PARA PLANTAS

¿Sus plantas tienen mal aspecto? Aplíqueles un refuerzo nutritivo con este nutriente clásico.

¾ taza de amoníaco
1 cucharada de sales de Epson
1 cucharada de salitre (se vende en farmacias)
1 cucharada de bicarbonato
2 tabletas multivitamínicas con hierro
½ cucharadita de jabón líquido para manos
½ cucharadita de gelatina sin sabor
1 galón de agua

Mezcle los ingredientes en una cubeta, vierta la mezcla en un recipiente con una tapadera hermética y rotúlelorotúlele (use varios frascos, si no cuenta con uno lo suficientemente grande). Una vez al mes, agregue 1 taza de este alimento para plantas a cada galón de agua, en lugar del fertilizante normal. ¡Sus plantas se animarán rápidamente!

LLO y presionando los extremos del hilo para sujetarlos en el lugar.

CONSEJO Cuando los pulgones empiecen a infestar las plantas de su casa, consiga **LACA PARA EL CABELLO** en aerosol y una bolsa plástica lo suficientemente grande para sostener la planta y la maceta. Rocíe la parte interna de la bolsa, ¡no la planta! Luego meta la planta afectada, sujete la bolsa firmemente con un nudo y déjela en un lugar donde no le dé la luz solar directamente (de lo contrario, se acumulará el calor en el interior y eso matará a la planta). Espere 24 horas y retire la bolsa. Esos diminutos bichos malvados pasarán a la historia. (Nota: este truco también es eficaz con las plantas en macetas de exterior).

CONSEJO El árbol navideño conservará por más tiempo las hojas en forma de agujas si lo rocía de arriba a abajo con **LACA PARA EL CABELLO**.

CONSEJO La abuela no era frívola, pero sí adoraba tener cortinas y cubrecamas ondulados. Y para mantener esas ondas rígidas e impecables, después de lavarlas las rociaba con **LACA PARA EL CABELLO** en aerosol.

CONSEJO La **LACA PARA EL CABELLO** hará que las flores cortadas duren más. Rocíelas un poco después de que hayan estado en el florero durante uno o dos días.

CONSEJO Para quitar pelos de mascota del tapizado de los muebles, aplique **LACA PARA EL CABELLO** (con bomba o en aerosol) en una esponja y, mientras todavía esté pegajosa, pásela por toda la tela.

CONSEJO Si cose bastante a mano o realiza muchos bordados en cruceta, este consejo es para usted: le resultará más fácil enhebrar la aguja si pone rígido el extremo del hilo con un toque de **LACA PARA EL CABELLO**.

CONSEJO Una ligera capa de **LACA PARA EL CABELLO** evitará que el bronce recién pulido pierda el lustre.

Una Vez Más

Cuando necesite pintar tornillos o tachuelas de tapicería para que coincidan con la pared o complementen el mobiliario, coloque los extremos con punta en una **ESPONJA** vieja. Luego rocíe o aplique con brocha el color de pintura de su elección.

CONSEJO Como cualquier abuela, la mía atesoraba los recuerdos de mi niñez, como las fotografías de los periódicos en que aparecí cuando gané una cinta azul por mi calabaza gigante en la feria del condado. Tenía muchos recortes y sabía cómo hacerlos durar, ¡y todavía los tengo! Antes de ponerlos en su álbum de recortes (usaba esquineros adhesivos para fotografías, no goma), les daba un baño con leche de magnesia. Disuelva una tableta de **LECHE DE MAGNESIA** en un cuarto de galón de agua gasificada (asegúrese de que esté fresca y que sea efervescente) y déjela reposar durante la noche. Por la mañana, mezcle bien y vierta la solución en un recipiente poco profundo. Introduzca los recortes, espere dos horas y luego, con mucho cuidado, sáquelos y colóquelos en una toalla suave para que se sequen. Ese papel se conservará por un buen tiempo, unos 20 años. Luego usted (o sus nietos) tendrán que repetir el procedimiento.

CONSEJO Hace mucho tiempo, las teclas de piano se hacían de marfil, en lugar del plástico actual (¡un alivio para este viejo amante de los animales!). Si tiene un teclado antiguo, límpielo como lo hacía la abuela: frote las teclas suavemente con **PASTA DENTAL** sobre un paño de algodón. Luego enjuague con leche y seque con un paño limpio.

En la Época de la Abuela

Como tantos otros productos para el baño que utilizamos, los **PAÑUELOS DESECHABLES** Kleenex® aparecieron cuando la abuela era niña. Empezaron como papel delgado con apariencia de gasa que se llamaba Cellucotton® y era producido por Kimberly-Clark como forro para las máscaras de gas de los soldados de infantería durante la Primera Guerra Mundial. Cuando finalizó la guerra, la empresa usó el excedente para elaborar los *Kleenex Kerchiefs* que se promovieron intensamente como "la Toallita Sanitaria para la Crema de Limpieza Facial". Las mujeres salían entusiasmadas a comprar estos artículos tan prácticos (hasta entonces, usaban paños y toallas para quitarse el maquillaje). Pero pronto le escribieron a la empresa con una queja: sus esposos e hijos les sacaban las toallitas para sonarse la nariz. En Kimberly-Clark ecaptaron la sugerencia, cambiaron la estrategia de mercado, y ya conoce el resto de la historia.

CONSEJO Limpie la base (o plataforma) de la plancha con **PASTA DENTAL** aplicada con un paño suave. Una advertencia: no intente este truco en una plancha antiadherente y asegúrese de usar pasta dental, no en gel, ni con potentes abrasivos. (Desde luego, desenchufe la plancha antes de limpiarla).

CONSEJO Si la parte posterior de la silla deja una marca en la pared, restriéguela con **PASTA DENTAL** (de la variedad blanca antigua, no en gel). Este truco es más eficaz con un cepillo de dientes viejo y limpio.

CONSEJO ¿Es momento de pulir platería con complicados grabados? Frótela con un poco de **PASTA DENTAL** en un suave paño de algodón. Luego pase otro paño para limpiar la pasta y un paño final para secar.

CONSEJO ¿Ha usado un artefacto comercial para retirar esas molestas "pelusas" de los suéteres? ¡No lo haga! Las hojas afiladas de esos artefactos pueden dañar las delicadas fibras. Utilice un **PEINE** de dientes finos. Coloque el suéter en una mesa o encimera, y desplace suavemente el peine por toda la prenda. Cuando se quede trabada la pelusa entre los dientes, sáquela. Asegúrese de trabajar cuidadosamente para no enganchar el suéter.

CONSEJO El **PERÓXIDO DE HIDRÓGENO** saca manchas de café, té y vino del mármol, pero debe actuar rápido antes de que la mancha penetre en la piedra porosa. Frote la mancha con una esponja embebida en esta solución: 1 parte de peróxido en 4 partes de agua, y límpiela pronto con un paño. Repita hasta hacer desaparecer la mancha. (Si llega al lugar de los hechos cuando ya ha quedado impregnada la mancha, no pierda las esperanzas. Para leer las soluciones sencillas de la abuela, consulte la página 177).

CONSEJO Tal como cualquier niño, rara vez volvía a casa sin manchas de suciedad y de césped en la ropa. La abuela nunca me regañaba (recordaba su propia niñez). Me decía que me cambiara de ropa y que le llevara las prendas sucias para quitarles las manchas. Luego ponía la parte sucia de la ropa en el lavabo del baño y le ponía **PERÓXIDO DE HIDRÓGENO** en la

mancha. La dejaba en remojo una hora (o más, si era necesario) y luego lavaba la prenda como de costumbre.

CONSEJO Trate las manchas de sangre con la misma fórmula de **PERÓXIDO DE HIDRÓGENO** recomendada para las manchas de cés-

LAS FÓRMULAS
SECRETAS DE
la Abuela Putt

LIMPIADOR PARA EL INTERIOR DE LA DUCHA

¿Está cansada de luchar contra el moho que se acumula en la tina de baño, las puertas de vidrio de la ducha o el forro de vinilo de la cortina de baño? Esta es una fórmula sencilla que detendrá el problema en su etapa inicial.

½ taza de alcohol para frotar
1 cucharada de detergente líquido para ropa con enzimas
3 tazas de agua

Mezcle los ingredientes en una botella con rociador manual y manténgala junto a la tina. Luego prepare un anuncio general que indique que la última persona en salir de la ducha o de la tina cada día deberá rociar la solución en toda la superficie mojada. Repase las paredes una vez al mes con un paño embebido en la solución de limpieza.

UNA VEZ MÁS

 Cuando llegue el momento de sacar su vieja **CORTINA DE BAÑO**, no la tire. A continuación leerá varias ideas para reciclar esa sábana de tela o de vinilo.

Interior

▷ **Cobertor temporal de ventanas.** Enrosque una varilla con resorte por los agujeros de la parte superior de una cortina de baño de tela y colóquela en el bastidor de la ventana. ¡No se necesitan aros ni ganchos!

▷ **"Sábana" de empaque.** Envuelva la cortina de baño de tela alrededor de un mueble para protegerlo en la camioneta de mudanza (o en la parte trasera de su vehículo monovolumen).

▷ **Paño para gotas de pintura.** Coloque las cortinas de baño de vinilo sobre pisos y muebles para recibir el goteo.

▷ **"Material de construcción" de tamaño infantil.** Deles las cortinas de baño de tela a los niños y, en un día de campo, crearán fuertes, castillos y escenarios.

Exterior

▷ **Asistente para el control de plagas.** Coloque una cortina de baño de tela sobre el suelo debajo de las plantas infestadas por escarabajos o gorgojos y sacuda suavemente las ramas. Cuando los bichos caigan, recolecte la trampa y vierta el contenido en una tina de agua con una taza de jabón líquido para manos o alcohol para frotar.

▷ **Protectores de plantas.** Proteja las plantas con cortinas de baño de tela cuando vengan heladas tardías o tempranas. O, para crear un marco frío, coloque una cortina de baño de vinilo transparente sobre estacas insertadas en el suelo.

ped, y agréguele ½ cucharadita de amoníaco. (Precaución: no use peróxido ni amoníaco sobre nailon).

CONSEJO Si le cuesta sujetar una pluma debido a la artritis o a una lesión en la mano, este truco lo ayudará: compre un **RULO** de esponja

en forma de tubo e inserte la pluma a través de la abertura.

CONSEJO Si la Madre Naturaleza no cooperaba con escarcha en las ventanas para Navidad, la abuela preparaba su propia "escarcha". Mezcle 4 cucharadas de **SALES DE EPSON** en 1 taza de cerveza. Pinte la solución sobre el vidrio para lograr un efecto invernal general, o use plantillas para aplicar imágenes de su elección, como muñecos o copos de nieve. ¿Quiere más color? Agregue algunas gotas de colorante vegetal para el rojo del traje de Santa o el verde de las ramas de acebo. Después de las festividades navideñas, lave todo con agua limpia.

CONSEJO Si el café fresco de su botella Thermos® sabe como si se hubiera dejado reposar un mes, es momento de limpiar el recipiente. ¿Cómo? Llene la botella con agua, coloque adentro cuatro **TABLETAS DE ANTIÁCIDOS** y deje reposar

En la Época de la Abuela

Esta es una pregunta sobre cultura general que habría disfrutado la abuela: ¿qué producto común del baño crece en las plantas? ¡No busque en el diccionario! Usted sabe la respuesta: las **BOLAS DE ALGODÓN.** Nacen como bellas flores blancas en una planta de algodón. Cada flor florece durante un solo día. Cuando se marchita, aparece una bola de algodón repleta de esponjosa fibra blanca.

durante una hora o más. Enjuague bien. ¡Que disfrute el café!

CONSEJO Encontró un pichel de vidrio antiguo de colección en un mercado de pulgas pero, ¿se ve turbio en el interior y el exterior? ¡No hay problema! Colóquelo en una cubeta con agua, agregue dos o tres **TABLETAS PARA LA LIMPIEZA DE DENTADURAS POSTIZAS** y déjelo en remojo hasta que se desvanezcan las manchas turbias. (Dos o tres horas deberían ser más que suficientes).

CONSEJO Las soluciones quitamanchas de hoy no existían cuando la abuela lavaba ropa. Afortunadamente tenía muchas soluciones antimancha tan eficaces como los sofisticados rociadores y productos en gel (o más). Uno de los mejores eran (y son) las **TABLETAS PARA LA LIMPIEZA DE DENTADURAS POSTIZAS.** Compruébelo: coloque la tela en un recipiente lo suficientemente grande para sostener la prenda sucia, llénelo con agua caliente y agregue dos tabletas. Deje en remojo la prenda hasta que desaparezcan las marcas, y luego lávela. (Precaución: use este truco solo en telas que no destiñan. Para estar seguro, haga una prueba con una mancha ubicada en algún lugar no visible, como una costura interior).

CONSEJO Las **TABLETAS PARA LA LIM-PIEZA DE DENTADURAS POSTIZAS** eliminan manchas de té y café de teteras, tazas y pocillos de porcelana. Llene el recipiente con agua caliente, agregue una tableta, déjela disolver y espere uno o dos minutos. Deseche el agua y examine la superficie de la porcelana. Si quedan marcas, repita el procedimiento.

CONSEJO Todos sabemos cómo se acumula la suciedad en el fondo de floreros, aceiteras/vinagreras y licoreras. En lugar de rasparla con un cepillo, siga un consejo de los que elaboran el cristal Waterford®: llene el recipiente con agua hasta la mitad e introduzca dos **TABLETAS PARA LA LIMPIEZA DE DENTADURAS POSTIZAS**. Déjelas reposar durante una o dos horas, luego enjuague bien.

CONSEJO Use **TABLETAS PARA LA LIMPIEZA DE DENTADURAS POSTIZAS** para limpiar las ventanas con mucha suciedad, por dentro y por fuera. Disuelva varias tabletas en una cubeta de agua, sumerja un paño suave en la solución y páselo hasta que queden limpias. Luego enjuague con agua limpia y seque con un segundo paño.

LAS FÓRMULAS SECRETAS DE
la Abuela Putt

LIMPIADOR DE TABLAS CLÁSICO

Ha encontrado algunas bellas tablas viejas que desea reciclar en paneles o muebles. Hay un solo problema: ¡la madera está en estado deplorable! No se preocupe. Prepare un lote de este limpiador eficaz. Con un poco de esfuerzo, esta madera antigua relucirá.

3 partes de arena
2 partes de jabón líquido para manos
1 parte de lima

Mezcle los ingredientes en una cubeta y restriegue las tablas con un cepillo rígido. Enjuague con agua limpia y seque con una toalla limpia. Luego dese una palmadita en la espalda por su afortunado hallazgo, porque esa madera es una belleza.

CONSEJO Acaba de lavar a mano su mejor suéter y ahora su lavabo rebalsa de espuma. Para dispersar las burbujas, espolvoree **TALCO** sobre ellas. El agua fluirá directamente hacia el drenaje, sin necesidad de empujarla con galones de agua limpia.

CONSEJO Cuando algo grasoso aterrice en el tapizado de sus muebles, no entre en pánico. Esta es una solución simple. Espolvoree una gruesa capa de **TALCO** sobre la marca y déjelo actuar unos 10 minutos. Luego quite el talco con un cepillo. Si la mancha persiste, repita el proceso hasta eliminar la grasa.

CONSEJO La abuela Putt sabía que el **TALCO** podía lograr mucho más que solo absorber grasa y humedad. Por un lado, silencia las relucientes tablas del piso de madera. Espolvoree un poco de talco en los bordes y esas tablas enmudecerán.

CONSEJO Las hormigas no traspasarán la línea del **TALCO**. Úselo en la entrada de la despensa o en cualquier parte en que no desee a esos diminutos seres problemáticos.

CONSEJO Limpie el juego de naipes con **TALCO** para mantenerlo sin grasa ni suciedad.

CONSEJO ¿Cómo es eso? ¿Preparó una cena para los compañeros de la empresa y su mejor mantel está arrugado? No se moleste en plancharlo. Tome una **TOALLA** limpia del baño y colóquela sobre la mesa (use dos o más toallas, si una no es lo suficiente-

---

UNA VEZ MÁS

No tire los recipientes vacíos de **TALCO**, ¡tampoco los de talco para bebé! Lávelos y conviértalos en minirrociadores para las plantas o en bandejas para almácigas, o llénelos con limpiadores en polvo caseros (encontrará montones de excelente calidad en el capítulo 4).

---

mente grande para cubrir la mesa). Coloque el mantel sobre la toalla y rocíelo ligeramente con agua. Luego llévelo con cuidado a la cama. Mientras duerme una siesta, la gravedad suavizará las arrugas de la tela.

CONSEJO Antes de que la abuela lavara el cristal heredado (o cualquier tesoro que pudiera romperse) en su lavabo de porcelana, formaba un colchón de seguridad para cubrir la parte inferior y los laterales del lavabo con una **TOALLA** limpia.

CONSEJO Cuando la abuela planchaba bordados a mano de cualquier clase (como sus manteles o fundas favoritas), los colocaba hacia abajo sobre una **TOALLA** y los planchaba por el reverso. De esta manera, no quedaban planas las puntadas.

CONSEJO Nos pasa a todos: colocamos una carga de ropa en la secadora y salimos a hacer diligencias. Cuando regresamos, encontramos una pila de prendas arrugadas. ¡No las planche! Elimine esas arrugas: humedezca una **TOALLA** grande y métala en la secadora con la ropa. Deje funcionar la máquina durante unos 15 minutos. ¡Y esta vez descargue la secadora rápidamente!

En la Época de la Abuela

Darle al **CEPILLO DE DIENTES** una jubilación anticipada genera dientes y encías más saludables y nos proporciona un eficaz asistente de limpieza. ¿Sabía que también ahuyenta los resfriados y la gripe? Es que los cepillos húmedos son un criadero de gérmenes y cuando los usa, se infecta. La próxima vez que le duela la garganta, tenga abundante mucosidad, fiebre y todo el resto, siga el consejo de la abuela: compre otro cepillo de dientes y ponga el usado a trabajar en cualquier otro lugar (sumérjalo primero en agua hirviendo o déjelo bajo el agua del grifo).

CONSEJO Para guardar de manera segura la mantelería fina o esas cortinas que solo se usan en ciertas temporadas, acolchone la varilla de una percha de cedro (repele las polillas) con una **TOALLA** para manos de algodón. Cúbrala con un pañuelo desechable de papel sin ácidos (se venden en las tiendas de manualidades) y cuelgue la tela doblada. Consejo: si las prendas estarán guardadas mucho tiempo, retírelas de las perchas y vuélvalas a doblar cada mes (así lo hago con los manteles navideños de la abuela). Esto prevendrá la decoloración y el desgaste en los pliegues.

CONSEJO Cuando tenga que mover un mueble pesado por un piso de madera o de baldosas, consiga un par de **TOALLAS** gruesas y limpias (las sucias podrían rayar el piso). Dóblelas y empuje una debajo de cada borde. Luego deslice el objeto. (Utilice cuatro toallas, una debajo de cada pata del mueble, en caso de que una sola no cubra toda la superficie del mueble).

CONSEJO A la abuela le gustaba tener invitados a cenar. Y nunca usaba servilletas de papel ni platos de papel. Así que tenía muchas oportunidades para usar este truco. Para sacar manchas de lápiz labial de servilletas de algodón o lino, cubra el punto con un poco de **VASELINA**, luego lávelas como de costumbre. (Este truco funciona en cualquier tela lavable, por ejemplo, esa blusa de algodón con cuello de tortuga que se puso después de haberse aplicado el lápiz labial rojo brillante).

CONSEJO Dé brillo a zapatos, cinturones y bolsas de charol con **VASELINA**. Aplique una delgada capa con un paño suave, límpiela con otro paño y repase con un tercer paño.

CONSEJO Los aros para colgar la cortina de baño se deslizarán más uniformemente si frota una delgada capa de **VASELINA** sobre la varilla.

CONSEJO Recubra el interior de los candelabros con **VASELINA**. De esa forma, despegará fácilmente la cera endurecida que ha goteado.

CONSEJO Rellene (temporalmente) las fisuras de cañerías plásticas o de plomo con **VASELINA** y envuelva la cañería con cinta a prueba de agua. Con eso detendrá el goteo hasta que llegue el plomero.

UNA VEZ MÁS

 Cuando use el último cuadrito de papel higiénico de un rollo, piénselo dos veces antes de tirar ese **TUBO DE PAPEL HIGIÉNICO** a la basura. Es posible que pueda darle otro trabajo en el hogar.

▷ **Carrete para cinta.** Cuando le sobre cinta para regalos, manténgala sin arrugas alrededor de un tubo.

▷ **Detalles para fiestas.** Rellene el tubo con dulces, pequeños juguetes u otros diminutos tesoros; envuélvalo con papel de colores y ate los extremos con cinta.

▷ **Juguete para gatos.** ¡El minino jugará durante horas sin parar!

▷ **Muebles para la casa de muñecas.** Corte los tubos de la longitud apropiada, cúbralos con papel o tela y creará mesitas auxiliares u otomanas.

▷ **Recolector de cable.** Coloque el cable de un aparato electrodoméstico para que llegue desde el aparato hasta el tomacorriente de pared (o regulador de voltaje), y guarde el resto dentro del tubo. Para que el cartón luzca más bonito, cúbralo con tela, papel para envolver o retazos de papel tapiz que complementen su decoración.

Si la abuela hubiera estado viva cuando los paños desechables con suavizante llegaron a las tiendas, le habría dado un síncope: qué desperdicio gastar dinero en algo que usted mismo puede preparar y volver a usar. Además es fácil. Tome un **PAÑO** limpio y remójelo durante un minuto o dos en una mezcla (50/50) de agua y suavizante para telas. Retire el paño, escúrralo y colóquelo en la secadora con las prendas que suelen desarrollar estática. Úselo durante varias cargas (sin volver a remojarlo), luego lave el paño y remójelo en otro lote de suavizante. (Para obtener toneladas de consejos sobre los paños de uso comercial, nuevos y usados, para secadoras, consulte las páginas 235–236).

CONSEJO Si tiene un árbol navideño artificial, sabe lo difícil que puede ser desarmarlo después de finalizada la temporada navideña. Entonces sumerja el extremo de cada rama en **VASELINA** antes de colocarla en el tronco del árbol. Cuando esté listo para "retirar la decoración", lo desarmará sin esfuerzo.

CONSEJO Si se raya algún mueble de madera oscura, use **YODO**. Sumerja un hisopo de algodón en la botella y aplique un toque para quitar el rayón. (Pruebe primero en un punto que no esté visible, para asegurarse de que no afectará el color).

El Mundo EXTERIOR

CONSEJO Dejó sus guantes de cuero para el jardín a la intemperie y ahora están rígidos como tablas. No se inquiete: sumérjalos en un lavabo con agua caliente, séquelos con una toalla y luego frote **ACEITE DE RICINO** en el cuero. ¡Los guantes quedarán tan suaves como el primer día!

CONSEJO ¿Tiene su patio o sendero partes bajas donde se acumula agua de lluvia? Evite que esas pozas se conviertan en criaderos de mosquitos: eche un poco de **ACEITE MINERAL** en cada una.(según el tamaño de la poza, deberá echar entre una cucharada y media taza). El aceite se

LAS FÓRMULAS SECRETAS DE
la Abuela Putt

POCIÓN PARA PREVENIR DAÑOS OCASIONADOS POR CIERVOS

Cuando los ciervos deseen comerse todo lo que tengan a la vista, aplique un lote de este potente repelente.

¼ taza de Dr. Bronner's Peppermint Soap®*

¼ taza de algas marinas (del centro de jardinería)

2 cucharadas de pimienta de cayena

1 cuarto de galón de agua caliente

Mezcle los ingredientes en una cubeta y vierta la mezcla en una botella con rociador manual. Luego rocíe minuciosamente las plantas. (Recuerde: esta mezcla es tan asquerosa para usted como para el ciervo, así que no la rocíe sobre nada que vaya a comer).

* O reemplácelo por ¼ taza de jabón líquido para manos y 1 cucharadita de extracto de menta.

---

esparcirá por toda la superficie y se encargará de todos los huevecillos y las larvas.

CONSEJO Antes de lavar un portal o una terraza con pintura sucia, límpielos con un paño suave o un trapeador embebido en **ALCOHOL** para frotar. Disolverá la grasa para que el detergente pueda penetrar.

CONSEJO Deles a los bichos su merecido con esta arma para el baño. Mezcle en una botella con rociador manual ½ taza de **ALCOHOL** para frotar, ½ cucharadita de jabón líquido suave para manos o detergente para vajilla y 1 taza de agua del grifo. ¡Apunte y dispare! (Precaución: algunas plantas son ultrasensibles al alcohol, de modo que pruebe primero en algunas hojas, y asegúrese de apuntar muy cuidadosamente, ya que esta potente poción aniquilará a los héroes del jardín junto con los villanos).

CONSEJO La abuela adoraba sus viejos y gigantescos pinos. Pero se enojaba cuando la resina goteaba en las sillas metálicas del jardín (¡y ni hablar de la carretilla!). Para quitarla, la limpiaba con un paño de algodón embebido en **ALCOHOL** para frotar.

CONSEJO Prepare un potente herbicida mezclando 2 cucharadas de **ALCOHOL** para frotar y 1 pinta de agua en una botella con rociador manual. Y apunte (pero apunte con cuidado para no dañar las plantas que desea conservar).

CONSEJO Si necesita dar batalla a gran escala (por ejemplo,

Excelente Nutriente para el Jardín

La abuela Putt siempre dijo que uno de los mejores asistentes para el jardín estaba en el botiquín. Este asistente eficaz son las conocidas sales de Epson, cuyo nombre formal es *sulfato de magnesio heptahidratado*. Y ese es su secreto: el magnesio aporta la energía para reanimar el metabolismo de cualquier planta. Aquí encontrará las instrucciones para servir este supernutriente a las plantas del jardín.

Plantas	Instrucciones para Abonarlas
Anuales y perennes	Coloque un puñado de sales de Epson en el fondo de cada agujero donde sembrará las plantas.
Bulbos	Mezcle ½ taza de sales de Epson y ½ bushel de cenizas de madera, y rocíe esta mezcla alrededor de las plantas cuando aparezcan los primeros brotes del verano.
Arbustos en flor	En primavera y otoño, rocíe sales de Epson alrededor de la zona de la raíz con una proporción de ¼ taza de sales por cada 9 pulgadas de circunferencia del arbusto.
Hierbas	Cada pocas semanas, hidrate las plantas con una solución de 2 cucharadas de sales de Epson por cada galón de agua.
Rosales, con raíz expuesta	Antes de sembrarlas, remoje las raíces durante 24 horas en una solución preparada con 1 cucharada de sales de Epson, 1 tableta de vitamina B_1 y 1 cucharadita de champú para bebé mezclado en 1 galón de agua.
Rosales, en tierra	En mayo y junio, suminístrele a cada rosal 1 cucharada de sales de Epson con el abono normal (para que las rosas florezcan con fuerza en la primavera, lea "Despiértese y Sienta el Aroma Tonificante de las Rosas" en la página 39).
Césped	En primavera y otoño, agregue 3 libras de sales de Epson a cada bolsa de 50 libras de abono seco natural/orgánico para césped y aplique la mezcla a la mitad de la proporción recomendada en dirección este-oeste, luego aplique la otra mitad en dirección norte-sur con la ayuda del esparcidor de gotas. Si usa fertilizante sintético/químico, esparza primero el fertilizante, limpie el esparcidor para todos los residuos y luego continúe con las sales.
Verduras	Disuelva 3 cucharadas de sales de Epson en 1 galón de agua caliente y rocíe cada planta con 1 pinta de esta mezcla cuando comience a florecer.

con escarabajos en las rosas o garrapatas en los arbustos), mezcle en una cubeta 2 tazas de **ALCOHOL** para frotar y 1 cucharada de jabón líquido para manos en 1 galón de agua. Luego vierta la solución en un frasco rociador de 6 galones con manguera en el extremo, rocíe las plantas de arriba a abajo, y asegúrese de llegar a todas las hojas.

CONSEJO ¿Desea eliminar el musgo de algún camino de ladrillo, piedra o concreto? Rocíe una solución de 2 cucharadas de **ALCOHOL**

LAS FÓRMULAS SECRETAS DE
la Abuela Putt

ESTERILIZANTE PARA LAS HERIDAS DE LOS ÁRBOLES

Cuando corte tejido muerto de un árbol o arbusto, mate los gérmenes con esta poción.

- ¼ **taza de enjuague bucal antiséptico**
- ¼ **taza de amoníaco**
- ¼ **taza de detergente líquido para vajilla**
- **1 galón de agua caliente**

Mezcle todos los ingredientes, vierta la solución en una botella con rociador manual, e impregne las zonas de pode.

---

para frotar por cada pinta de agua, luego enjuáguela con la manguera del jardín.

CONSEJO La abuela solía guardar el **CABELLO** de su cepillo, del mío, y del de las mascotas, y metía un puñado en cada agujero al momento de sembrar. La textura espinosa desanimaba a las plagas de insectos. Pero ahora sé que logra hacer más que eso. El cabello está repleto de minerales que hacen que las plantas crezcan más fuertes y saludables.

CONSEJO Nutra su césped con esta mezcla: 1 taza de **ENJUAGUE BUCAL** antiséptico, 1 taza de sales de Epson, 1 taza de detergente para vajilla y 1 taza de amoníaco en su rociador de manguera con capacidad para 20 galones. Llene el resto del rociador con agua caliente.

CONSEJO ¿Está cansado de mezclar, confundir y perder pelotas de golf, tenis o squash? Marque las suyas con una diminuta gota de **ESMALTE DE UÑAS**.

CONSEJO Algunas veces, la abuela sabía que había diminutos terrores acechando en la parte inferior de las hojas de las plantas, pero no estaba segura de qué tipo eran.

Afortunadamente conocía una forma fácil de identificarlos: adhería con pegamento o una cinta adhesiva un **ESPEJO** pequeño al extremo de una vara y la empujaba por debajo del follaje.

CONSEJO Ate en las bases de las enredaderas **HILO DENTAL** verde con sabor a menta. El color verde lo hace pasar inadvertido y el aroma a menta repele las plagas.

CONSEJO Cuando se desgarren los guantes de cuero para trabajar, haga lo siguiente: cósalos con **HILO DENTAL**.

CONSEJO ¿Los montículos de las hormigas están arruinando el césped? Use la solución antihormigas favorita de la abuela y despídase de ellos. En una cubeta, mezcle ¼ taza de **JABÓN** líquido para manos en 1 galón de agua, y vierta la solución en el montículo. Repita el procedimiento una hora más tarde para asegurarse de que el líquido penetre hasta la cámara de la hormiga reina.

CONSEJO Mantenga lisos y sin astillas los mangos de las herramientas con una fina capa de **LACA PARA EL CABELLO.** (Se puede usar con bombeador o en aerosol).

CONSEJO Use **LACA PARA EL CABELLO** en aerosol

LAS FÓRMULAS SECRETAS DE
la Abuela Putt

DESPIÉRTESE Y SIENTA EL AROMA TONIFICANTE DE LAS ROSAS

Las rosas de la abuela eran las más hermosas del pueblo y ella decía que se lo debía a esta simple fórmula. La aplicaba como prioridad cada primavera, cuando la temperatura del suelo había alcanzado unos 50 ºF. (Las cantidades alcanzan para una planta).

2 tazas de harina de alfalfa
1 taza de sales de Epson
½ a 1 taza de cal dolomítica
2 cáscaras de banano deshidratadas
5 galones de agua

Mezcle todos los ingredientes en una cubeta y vierta la mezcla alrededor de la base de la planta. Introduzca los componentes sólidos en el suelo, con el abono orgánico que haya usado, tal como mantillo, durante el invierno. Sus rosas se apresurarán a aparecer como si estuvieran en una línea de largada.

para matar insectos voladores por contacto.

CONSEJO Las tijeras de podar funcionarán mejor y por más tiempo si lubrica las piezas móviles con un poco de **PROTECTOR LABIAL**.

Una Vez Más

 Cuando se reemplaza el **CEPILLO DE DIEN-TES** cada tres meses (como lo aconsejan los dentistas), se pueden acumular los cepillos usados. Alégrese: no podría pedir asistentes de limpieza más prácticos. Son perfectos para sacar la suciedad de lugares difíciles de alcanzar, como los recovecos de las herramientas de jardinería, el motor de la cortadora de césped y los surcos de las suelas de los zapatos y el calzado deportivo, ¡sin mencionar la suciedad debajo de las uñas!

CONSEJO A la abuela le encantaban los pájaros. Tenía casitas para aves y cajas con nidos por todo el jardín. Para evitar las invasiones de avispas, untaba una capa de **VASELINA** en la parte superior interna de cada caja.

CONSEJO Antes de guardar las herramientas de jardín para el invierno, protéjalas contra el óxido: frote las partes metálicas con un poco de **VASELINA**.

CONSEJO Cuando era un niño, me encantaba ir a pescar con mis amigos. ¡Pero la abuela no me dejaba llevarme las preciosas lombrices de

su jardín! En lugar de lombrices, me mostró cómo preparar carnadas con huevecillos de pescado. Es sencillo. Recubra pequeñas esponjas (de casi ½ pulgada) con **VASELINA** (cualquier color de esponja los atraerá al anzuelo).

CONSEJO Cuando un pájaro le deja un "presente" en el bolso de cuero, la chaqueta o (¡rayos!) en la tapicería de cuero de su convertible, no entre en pánico. Frote la mancha con un paño suave con **VASELINA**.

CONSEJO Lubrique los cilindros de las ruedas de las carretillas para el jardín, las cortadoras de césped y las carretillas en general con **VASELINA**.

CONSEJO Proteja a sus plantas de caracoles, babosas y otros rufianes resbalosos; para ello, cubra los tallos con esta mezcla: 1¼ de taza de **VASELINA**, 1 taza de aceite de ricino, 3 cucharadas de pimienta de cayena y otras 3 cucharadas de salsa picante. Mezcle todo en una cubeta y frótelo en los tallos (o en los troncos, si las víctimas son árboles o arbustos).

Secadoras de Cabello

Las secadoras eléctricas de cabello aparecieron en la estruendosa década de los veinte. Pero recién en los cambiantes sesenta, la secadora con agarrador tipo pistola se convirtió en uno de los enseres de baño en todo el país. Esos aparatos logran mucho más que secar el cabello. Conozco a muchas personas que ni siquiera tienen cabello (o, por lo menos, no mucho) y tienen secadoras. Aquí encontrará algunos usos. ¡Pruébela!

▶ *Botes para almacenar alimentos secos.* Después de lavarlos y secarlos con una toalla, finalice el trabajo con la secadora en la posición "frío". De esta manera, el metal no se oxidará y habrá eliminado la humedad que pueda haber absorbido la comida que haya colocado dentro (como galletas, arroz o pasta).

▶ *Coloque película transparente en las ventanas.* Si acostumbra sellar las ventanas cuando llega el invierno con láminas plásticas, puede aumentar la protección con una secadora para el cabello. Después de colocar el plástico, aplique ráfagas de aire caliente. Lasl+áminas se encogerán hasta ajustarse al vidrio.

▶ *Descongele el congelador.* Aplíquele al hielo una ráfaga con la secadora para el cabello y se derretirá al instante. No introduzca la secadora en el congelador ni en el refrigerador, ni siquiera apagada.

▶ Descongele la cena. Ponga la secadora en la posición "caliente" y descongele carne o verduras, o ablande cremas heladas. Cocine de inmediato cualquier carne descongelada.

▶ *Descongele las tuberías congeladas.* Ponga la secadora en la posición "tibio" y sosténgala cerca de la sección congelada. Tenga cuidado con la tubería plástica: si se acerca mucho, ¡puede derretirse la tubería junto con el hielo!

▶ *Desempolve objetos.* En la posición más fría, apunte y sople el polvo. Este truco es justo lo que se necesita para pantallas de lámparas, cortinas de tela, flores artificiales y cualquier cosa con grabados complicados o trabajo en relieve, como muebles de madera o piezas de cerámica. ¡Hasta puede eliminar el polvo acumulado detrás de radiadores, bibliotecas y refrigeradores!

▶ *Despegue el pastel adherido al molde.* Si horneó un pastel en un recipiente recubierto con papel de cera y lo dejó reposar demasiado tiempo, despéguelo por el fondo del recipiente

(continua)

SOLUCIONES RÁPIDAS

(continuación de la página 41)
con una ráfaga de la secadora para el cabello, en la posición "caliente". Luego voltee el molde con mucho cuidado y saque el pastel.

▶ *Limpiar joyas.* Llene un tazón (no el lavabo completo) con agua tibia y agregue unos chorritos de detergente suave para vajilla. Deje en remojo las joyas durante unos minutos y restriegue cada pieza muy cuidadosamente con un cepillo de dientes suave (lo ideal es un cepillo para los primeros dientes del bebé). Enjuague con agua limpia, coloque las joyas en una toalla y séquela a temperatura baja. Precaución: no use este truco en piedras blandas, tales como ópalos, perlas, turquesas o jade. Cuando tenga dudas, consulte antes a un joyero.

▶ *Quite las marcas de crayón del papel tapiz.* Ponga la secadora en la posición "caliente" y sosténgala en las marcas hasta ablandar la cera. Luego limpie la cera con unas gotas de Murphy's Oil Soap® en un paño húmedo.

▶ *Retire el papel Contact® de anaqueles y gavetas.* Utilice aire tibio y caliente una pequeña zona por vez, levante suavemente los bordes y corte el papel a medida que avance.

▶ *Retire la cera endurecida de los candelabros.* Coloque antes los candelabros en el congelador durante media hora. Desprenda con los dedos la mayor cantidad posible de cera, luego apunte con aire frío sobre las gotas hasta que se derrita la cera. Límpiela con una toalla de papel o un paño seco.

▶ *Retire vendajes sin causar dolor.* Aplique aire caliente sobre los extremos durante algunos segundos. Se ablandará el adhesivo, y se levantará el esparadrapo.

▶ *Vaya a trabajar (o a jugar) a tiempo.* Cuando no hay tiempo que perder y los pantis que necesita todavía están húmedos, cuélguelos en la varilla de la ducha y séquelos con aire.

▶ *Vuelva a dar forma a los puños de suéteres estirados.* Sumerja cada puño en agua caliente y luego séquelo con una ráfaga de aire caliente.

CAPÍTULO DOS

En el DORMITORIO

Aretes

Betún para calzado

Bolsas para calzado

Bolsos de mano

Bufandas

Cajas para suéteres

Calcetines

Camisetas

Cinturones

Corbatas

Frazadas

Fundas de almohada

Guantes

Joyeros

Pantis

Pañaleras

Pañuelos

Perchas

Perfumes

Sábanas

 y más...

¡A su
SALUD!

CONSEJO Antes de usar un paquete de hielo reutilizable para aliviar un dolor de cabeza o muscular, meta el bloque frío dentro de un **CALCETÍN** suave y grueso, para acolchonarlo.

CONSEJO ¿Sus muñecas se resienten por todo el tiempo que pasa en la computadora? Como decía la abuela, una onza de prevención vale una libra de sanación. Antes de que esa molestia se convierta en el síndrome del túnel metacarpiano, prepárese unos soportes para muñecas. Tome dos **CALCETINES** largos de la gaveta del vestidor, rellénelos con frijoles o arvejas secas y cósalos en los extremos para cerrarlos (o puede atarlos con cordo-

TÓNICOS & PONCHES

APÓSITO DE MOSTAZA DE LA ABUELA PUTT

Antes de la época de los antibióticos y otros medicamentos milagrosos, se trataban con este remedio los resfriados de pecho, la gripe, la bronquitis y hasta la neumonía. Aun hoy resulta eficaz, pero úselo junto con los medicamentos recetados por el médico, no en lugar de ellos.

¼ taza de mostaza deshidratada
¼ taza de harina
3 cucharadas de melaza
crema espesa o manteca ablandada
trozo de franela de algodón
agua caliente
camiseta gruesa de algodón

Pídale al paciente que se ponga la camiseta y se recueste. Mezcle la mostaza y la harina, y agregue la melaza. Agregue suficiente crema o manteca hasta obtener la consistencia de ungüento. Sumerja la franela de algodón en agua caliente, retuérzala y colóquela en la garganta y en la parte superior del pecho del paciente, arriba de la camiseta. Aplique la mezcla de mostaza en el paño húmedo y déjela actuar durante 15 minutos o hasta que la piel comience a enrojecer. Precaución: el agua está caliente, así que use guantes de hule y asegúrese de que nadie toque la piel descubierta del paciente.

nes). Luego coloque un calcetín en la parte delantera del teclado y el otro, en el borde delantero de la almohadilla del mouse. ¡Ahora puede navegar por Internet todo lo que se le antoje!

CONSEJO Un par de **CALCETINES** gruesos de algodón pueden ser los mejores amigos de los pies, es decir, si es que son proclives a resecarse y a agrietarse o a sentirse cansados y adoloridos. Yo tengo uno que otro par a mano, de modo que cuando lo necesito, preparo rápidamente un cariñito especial de la abuela para consentir los pies. Esparzo la poción sobre mis pies, me pongo los calcetines (para proteger las sábanas de los ingredientes grasosos) y a dormir. (Encontrará un montón de tratamientos para mimar los pies en los capítulos 3 y 4).

CONSEJO Cuando lo ataque un resfriado de pecho, gripe o bronquitis, saque una **CAMISETA** limpia y gruesa de la gaveta y póngasela (o pídale al paciente que tenga al cuidado que se la ponga). Luego aplique el "Apósito de Mostaza de la Abuela Putt" (a la izquierda). Encontrará más remedios de la abuela en los capítulos 3 y 4.

Para Su BUEN ASPECTO

CONSEJO Si el cuarto de baño tiene poco espacio de almacenamiento, cuelgue una **BOLSA PARA CALZADO** en una pared o puerta para guardar cosméticos, artículos higiénicos y otros utensilios personales.

CONSEJO Dele vuelta a un **CALCETÍN** blanco de algodón, deslícelo por la mano y ya tendrá un guante exfoliador perfecto para mi Frotador de Cereal (véase arriba). (Encontrará más recetas asombrosas en los capítulos 3 y 4).

CONSEJO Si se va a teñir los bucles y acostumbra hacerlo en casa, este es un consejo útil: antes de comenzar, colóquese una **CINTA PARA LA CABEZA** de tela de toalla con elástico y coloque dentro bolas de algodón o almohadillas. Es una forma más eficaz de captar las gotas que el método habitual de "pegar" algodón en la cabeza con vaselina. (Nota: también funciona

FROTADOR DE CEREAL

Esta es una forma fácil y sutil de suavizar talones, rodillas, codos y todo el cuerpo.

1 parte de avena deshidratada
1 parte de bicarbonato
3 partes de agua

Mezcle los ingredientes en un tazón. Use un paño para aplicar la mezcla a su cuerpo con un movimiento circular; ponga especial atención a las zonas ásperas, resecas o agrietadas.

para mantener la solución de permanente casero apartada de los ojos).

CONSEJO Antes de mimarse con cualquier rutina de belleza o con un permanente casero, proteja las prendas de vestir con un blusón, como los que le dan en el salón de belleza. Así lo hacía la abuela y el proceso no podría ser más sencillo: tome una **SÁBANA** vieja, corte un agujero por el centro para la cabeza y una ranura a cada lado para los brazos. ¡Listo! (En los capítulos 3 y 4, encontrará recetas dignas de un spa para lociones, pociones, cremas y máscaras).

CONSEJO En la época de la abuela, las sábanas eran de un único color: blanco. Si pudiera ver los colores brillantes y los lindos diseños de las **SÁBANAS** de hoy, ¿sabe qué haría? Compraría sábanas de puro algodón, las cortaría y se confeccionaría vestidos o faldas para el verano. Es una idea excelente, porque la tela es fresca, hermosa y mucho más ancha que las telas comunes para confeccionar vestidos, de modo que aun con sofisticadas sábanas de diseñador, probablemente ahorraría mucho dinero. (Para leer un informe detallado sobre los tamaños estándar de sábanas, consulte la página 60).

CONSEJO ¿Necesita más espacio para los productos de maquillaje? Siga el consejo de la abuela: coloque una **ZAPATERA FIJA** de plástico o cartón (con compartimientos independientes en forma de cajas) debajo del lavabo del tocador y guarde frascos pequeños, botellas y tubos.

En los Alrededores de la CASA

CONSEJO Para evitar que se le pierdan los calcetines, una cada par con un **ALFILER DE GANCHO** antes de meterlos en la lavadora. (En las páginas 54 y 55, encontrará una enorme cantidad de ideas ingeniosas para aprovechar los calcetines que se quedaron sin pareja, porque no había leído este consejo).

CONSEJO ¿Tiene **ARETES** de insertar que no usa? Entonces quíteles las partes de atrás. Use esas baratijas como tachuelas en un tablero de anuncios.

CONSEJO La abuela guardaba el **BETÚN PARA CALZADO** en el dormitorio, porque allí estaban los zapatos. Pero lo usaba por toda la casa para arreglar abolladuras y rayones en pisos y muebles de madera. El betún de color natural es perfecto para la madera clara, como pino o pacana. Para maderas más oscuras, use betún marrón claro, café o rojo oscuro. Pruebe antes en una parte no visible hasta que encuentre el tono correcto. ¡Observe cómo desaparece el rayón con el betún! ¡Magia!

CONSEJO Cuelgue una **BOLSA PARA CALZADO** en el vestíbulo o en el vestidor para guardar guantes, bufandas, orejeras y otros pequeños artículos para usar en exteriores.

CONSEJO Para ahorrar espacio en las alacenas de la cocina, cuelgue una **BOLSA PARA CALZADO** de plástico transparente en la despensa o en la parte posterior de la puerta de una alacena. Coloque en ella hierbas deshidratadas, especias, frutos secos y otros alimentos con empaque pequeño.

CONSEJO Plumas, cuadernos, cartuchos para impresoras de chorro de tinta, sobres... En la oficina doméstica, esos pequeños suministros pueden acumularse hasta armar un gran desorden. Esta es una solución simple para ese problema: cuelgue una **BOLSA PARA CALZADO** en la parte posterior de la puerta del armario o en la pared cercana al escritorio. Luego coloque los utensilios en las bolsas.

CONSEJO Si es como la mayoría de las mujeres que conozco, dispone de dos o tres **BOLSOS DE MANO** para usar todo el tiempo y muchos más guardados en la repisa del

En la Época de la Abuela

Como muchos de los electrodomésticos de hoy en día, las **FRAZADAS ELÉCTRICAS** llegaron a las tiendas minoristas cuando la abuela ya tenía unos cuantos años. Pero el concepto se remonta a 1912, cuando S. I. Russell patentó una almohadilla eléctrica para calentar el pecho de los pacientes con tuberculosis. Casi de inmediato, los inventores de todo el país captaron la idea y la pusieron en práctica. Se realizaron experimentos hasta la década de 1930, pero nadie pudo superar dos obstáculos para la aceptación pública. Uno fue el precio: las pequeñas almohadillas cuadradas del Sr. Russell se vendían por $150 (más de lo que ganaba la mayoría de las personas en un mes). Luego estaba el inquietante hecho de que los cables a menudo se sobrecalentaban y estallaban en llamas.

Rápidamente resultó de interés en la Segunda Guerra Mundial, cuando el Ejército quería trajes de vuelo con calefacción para los pilotos de la Fuerza Aérea. Gracias al tradicional ingenio de los estadounidenses, los contratistas rodearon los elementos de calefacción con plástico no inflamable y los encerraron entre dos capas de tela. Cuando finalizó la guerra, esa tecnología fue utilizada por los fabricantes de frazadas y se vendió por todo el país.

armario. Aprovéchelos. Por ejemplo, lleve uno al taller de manualidades o de costura para guardar el hilo, las plantillas para enguatado y otros objetos pequeños. Use otro para las herramientas y suministros de emergencia del automóvil. Cuelgue una cartera rectangular de la puerta y desígnela "bandeja de salida" para el correo familiar. La lista podría seguir indefinidamente. ¡Use su creatividad!

CONSEJO Las perchas de madera soportan mejor la carga (especialmente con seda delicada y algodón liviano) que las perchas de alambre o de plástico. Tienen un solo problema: una gran cantidad de prendas tiende a deslizarse de esa resbaladiza superficie. Afortunadamente hay una solución simple: deslice una **CAMISETA** de algodón sobre la percha y luego coloque la blusa o el vestido.

CONSEJO ¡Llamado a todos los coleccionistas de **CAMISETAS**! ¿Ha pensado alguna vez en convertir todos esos souvenirs de suave textura en almohadones? ¿No? Debería, especialmente si esas coloridas joyas están apiladas, escondidas y sin estrenar en el vestidor. Corte una pieza con el diseño delantero y el fondo que desee. Corte otra pieza del mismo tamaño de la parte de la espalda. Junte las dos piezas, con el lado exterior de cada una frente a frente y cosa tres de los lados. Dele vuelta a este "sobre" y meta el relleno de su elección, tal como calceti-nes, pantis, guatas de algodón, o alguna almohada previamente confeccionada. Cierre el cuarto lado con puntadas. Cuando lo visiten los amigos, un solo almohadón en conmemoración de su visita al Yankee Stadium será el punto de partida de una conversación. ¡Todo un sofá o un columpio de jardín con esos tesoros será un álbum tridimensio-nal en constante crecimiento!

CONSEJO Si tiene alguna **CHAQUETA** que ya no use, permita que, al menos, las mangas puedan reutilizarse. Córtelas por deba-jo de los hom-bros, rellénelas con calcetines o pantis viejos y bloquearán corrientes de aire debajo de las puertas.

CONSEJO ¿Tiene todavía la **CUNA** de madera del "bebé" en el dormitorio y el mes pasado comenzó la universidad? Esta es una forma de conservar esa bella reliquia familiar: incorpórela a la sala y coloque leños para la chimenea o revistas (hasta la lle-gada de su primer nieto).

CONSEJO Se muda? Antes de salir corriendo a comprar material de empaque, "compre" dentro

UNA VEZ MÁS

¿Tiene **GUANTES** muy usados? ¿Perdió un guante de algún par? No se preocupe: en esos dedos hay oro (una vez que los haya separado de la mano). Estas son algunas fabulosas formas de usar esos ele-gantes cubrededos.

▷ **Protectores de cortinas.** Cuando coloque cortinas (especialmente transparentes) en una varilla metáli-ca, cubra el extremo de la varilla con un dedo de guante de modo que la tela no se enganche y se deshilache.

▷ **Protección para paredes.** Coloque los dedos de un guante sobre las puntas de los mangos de escobas y trapeadores, de modo que no dejen marcas cuando los apoye contra las paredes.

▷ **Títeres animados con los dedos.** Pinte caritas con marcadores o pin-turas para tela. O cosa o pegue los rasgos faciales con diminutos boto-nes para ojos y nariz y recortes de tela para las orejas.

▷ **Dedales.** Use un dedo de guante de cuero sin forro para proteger su propio dedo cuando cosa o realice bordados.

En la Época de la Abuela

Como muchas personas que conozco, a la abuela le encantaban los **BOTONES.** Pero no los apilaba en un joyero o en la gaveta del vestidor. Les daba buen uso, aun cuando no tenía ninguna prenda que las necesitara. También usted puede hacerlo. A continuación leerá un quinteto de ejemplos. (¡Y pueden ocurrírsele muchos más!).

• Use diminutos botones para meter en juguetes con "relleno de bolitas". O bien, si sus creaciones son pequeñas, cosa una cinta por la parte de arriba y cuélguelas en el árbol de Navidad.

• Aplique pegamento a botones decorativos de todos los tamaños y póngalos sobre una caja simple de madera o el marco de un espejo. ¡Una útil obra de arte!

• Recicle los botones grandes como marcadores para juegos de mesa.

• Cree un chaleco o una chaqueta única cosiendo botones estrambóticos por la parte delantera. (No los cosa por la parte de atrás; de lo contrario, se llevará una desagradable sorpresa cuando se recline en una silla).

• Una con un cordel grandes botones metálicos o plásticos. Cuélguelos en árboles frutales y arbustos. El ruido ahuyentará a las aves que vengan a degustar su fruta.

del dormitorio. Las **FRAZADAS**, las sábanas, los edredones, los cubrecamas y las prendas de vestir protegerán los enseres y los muebles tan bien como el envoltorio de burbujas y la viruta de espuma. Y no dejarán manchas, como el papel periódico. Lo mejor es que son gratis, ¡y tiene que llevarlos de todas formas!

CONSEJO En lugar de bajar las escaleras con una canasta de ropa, rellene una **FUNDA DE ALMOHADA** con las prendas para lavar (aunque no sea su intención lavar la funda), y arrójela por la escalera (es mucho más placentero lavar y doblar una funda más que tropezarse y caerse).

CONSEJO Esta es la forma más sencilla que conozco de limpiar los cristales de una lámpara de araña: retire los bombillos de cristal de la lámpara y póngalos muy cuidadosamente dentro de una **FUNDA DE ALMOHADA** limpia. Átela, coloque el paquete en la bandeja superior del lavaplatos y póngalo a funcionar con el resto de la carga. ¡Esos diminutos tesoros saldrán relucientes!

CONSEJO Para confeccionar una bolsa para ropa sucia, pase una cuerda por la parte superior de una **FUNDA DE ALMOHADA**. Si conoce a algún joven que esté por marcharse a la universidad, confeccione tres bolsas codificadas por color para lo que la abuela llamaba "el orden patriótico de organización". De esa forma (con suerte), el joven universitario recordará separar las camisas rojas, los calcetines blancos y los jeans a la hora de lavarlos.

CONSEJO Cuando una Navidad la abuela recibió un nuevo **JOYERO**, trasladó el viejo joyero de cuero del dormitorio a la sala para guardar portavasos, fósforos para la chimenea y otras piezas pequeñas (hasta se podían guardar los controles remotos del televisor y el equipo de sonido).

CONSEJO Si se va de vacaciones y llevará artículos frágiles, este consejo es para usted: en lugar de empacar esos productos en el bolso de viaje, use una **PAÑALERA**. Tiene el tamaño correcto, es liviana y está acolchonada. Por otro lado, quizá empiece el viaje con las manos vacías, pero regresará con algunos tesoros frágiles. Doble la pañalera y métala en la maleta para usarla en el viaje de regreso.

CONSEJO Mucho tiempo después de que sus hijos habían crecido y se habían marchado del hogar, la abuela seguía comprando

PAÑALES de tela. Yo también. ¿Por qué? Porque no hay mejores paños para lustrar muebles finos, automóviles y cualquier objeto que desee mantener liso y reluciente.

CONSEJO Algunos **PAÑUELOS**, especialmente los de la época de la abuela, son demasiado lindos y delicados para limpiarse la nariz. ¡No los ensucie! Imite a un amigo mío: conviértalos en almohadas. Use uno solo para una minialmohada o junte cuatro o más para una almohada más grande. Y, para sacar el mejor provecho, use esas telas que atesora tanto en la parte delantera de la almohada y encuentre una tela que le combine para la parte de atrás.

CONSEJO Como todos los coleccionistas de bisutería saben, las pulseras y los collares que "habitan" en una gaveta pueden convertirse en un lío lleno de nudos en cuestión de segundos. Hay una forma fácil de mantenerlos sin enredos. Consiga una **PERCHA** de madera y atornille ganchos tipo armella a intervalos de 1 pulgada. Cuelgue las sartas de cuentas, cadenas y pendientes de los ganchos. También es excelente para organizar cinturones.

CONSEJO Convierta una **PERCHA** de alambre en un quitapelusas (las de polvo, que se ocultan debajo de los muebles y del refrigerador). Doble la percha hasta formar un aro grande y ate al alambre media docena de tiras de pantis viejos. ¡Y vaya por ellas!

CONSEJO No se moleste en desmontar las cortinas antes de lavar las ventanas. Tírelas hacia un lado, recoja los extremos sobre una **PERCHA** y cuélguela de la varilla de la cortina.

CONSEJO Cuando regresaba a casa en un día lluvioso con los zapatos tenis empapados, la abuela buscaba una **PERCHA PARA COLGAR ROPA** de alambre y estiraba los extremos hasta dejarlos rectos. Luego ataba un zapato de cada lado y colgaba el gancho de la percha de la varilla de la ducha. (O si ya no llovía, la colgaba afuera en el lazo para ropa).

CONSEJO Puede marcar la diferencia con una **PERCHA PARA PANTALONES** (ya sea con gancho o con sujetador) y un forro plástico transparente (se venden en las tiendas de suministros para oficinas). ¿Qué clase de diferencia? Eso depende de usted. Por ejemplo, podría fotocopiar la tabla de sustitución de ingredientes de la página 176, meterla dentro del forro y colgarla en la parte posterior de una puerta de alacena en la cocina. O copie la tabla para quitar manchas de la página 160 y cuélguela de un gancho cerca de la lavadora de ropa. Podría seguir enumerando usos, pero ya le di la idea.

CONSEJO Cuando llegaba el momento de desarmar el árbol de Navidad, la abuela Putt extendía una **SÁBANA** alrededor de la base.

UNA VEZ MÁS

 ¿Necesita **ALZAPAÑOS** para alguna cortina recién confeccionada (con sábanas, quizás)? ¿O desea cambiar los clásicos alzapaños de tela por otros más elegantes? La abuela le daría este breve y original consejo: el primer lugar para ir de compras es su propio vestidor (o el de su cónyuge). En esas gavetas, encontrará cosas que no ha usado por años, y que le permitirán tener las ventanas mejor decoradas del vecindario. Estas son algunas sugerencias:

▷ **bufandas**

▷ **cinturones de cadenas**

▷ **cinturones de tela y fajas**

▷ **collares**

▷ **corbatas**

▷ **cordones de cuero para zapatos**

Así todas las espigas sueltas caía sobre la tela. Cuando quitábamos todos los adornos, envolvíamos el árbol con la sábana, lo sacábamos y lo adornábamos con bocadillos para las aves del vecindario.

CONSEJO Durante el verano, cuando brotaban todas las verduras del huerto, preparábamos muchos días de campo en casa. Y la abuela siempre cubría la mesa rectangular del jardín con una **SÁBANA** tamaño imperial ajustada que quedaba perfecta. Es más, las esquinas cosidas permanecen en su lugar con la brisa.

CONSEJO Si necesita un mantel redondo de 90 pulgadas, pero no puede encontrar el color o diseño que desea, cree su propio mantel con una **SÁBANA** tamaño king. Es tan grande que puede cortar el círculo entero de una pieza de tela sin necesidad de costuras.

CONSEJO Como es de su conocimiento, si ha comprado fundas de cubrecamas recientemente (o de edredones, como aparecen en los catálogos), valen una pequeña fortuna. La abuela exclamaría: "¡Santo cielo! ¡Qué robo! ¡No son más que dos **SÁBANAS** unidas por puntadas!". Luego compraría dos sábanas, del tamaño y los colores que deseara, y las cosería ella

misma. Usted también puede hacerlo: coloque las sábanas frente a frente y cosa alrededor de ambos lados y en un extremo. En el segundo extremo, coloque los sujetadores de su elección, por ejemplo, broches, botones, cintas o tiras de Velcro®.

CONSEJO Está por comenzar un proyecto de carpintería y sabe que volará polvo, pero no desea invertir tiempo en comprarse una máscara antipolvo. Vaya al dormitorio y saque un **SOSTÉN** con relleno viejo. Córtele una de las copas, colóquela sobre la nariz y la boca, y asegúrela con una cinta para la cabeza o con una pierna de un panti viejo. (El relleno de muchos sostenes se elabora con el mismo material de las máscaras desechables que se venden en las ferreterías).

CONSEJO Cuando necesitaba mantener un mantel en su lugar, dentro o fuera de la casa, la abuela pedía prestados al tío Art o al abuelo Putt un par de **TIRANTES**. Los cruzaba debajo de la mesa, los enganchaba en los extremos del mantel y ajustaba las pestañas de los tirantes para que tensaran el mantel por toda la mesa.

UNA VEZ MÁS

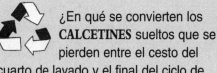 ¿En qué se convierten los **CALCETINES** sueltos que se pierden entre el cesto del cuarto de lavado y el final del ciclo de secado? Nunca he resuelto ese misterio, pero conozco un sinfín de usos excelentes para esos calcetines sueltos. Estos son algunos ejemplos.

▷ **Rodilleras tamaño bebé.** Corte la parte superior de calcetines tipo tubo para niño y úselas como almohadillas para las rodillas de un bebé que gatea.

▷ **Protectores traseros.** En lugar de levantar muebles pesados para desplazarlos por una habitación, deslice un calcetín suave y grueso debajo de cada pata y desplace ese mueble hasta su nuevo lugar.

▷ **Espantapájaros.** Enganche calcetines de colores brillantes a las ramas de árboles frutales, a la cerca del jardín o a estacas en el suelo. Cuando las aves vean ondear esos miniavisos, se irán a comer a otra parte. (El secreto radica en el color vibrante, que las aves encuentran aterrador, así que guarde los tonos pasteles y los terracota para otros propósitos).

▷ **Desempañador de ventanas de automóvil.** Lleve en su vehículo un calcetín suelto y deslícelo por la mano cuando necesite limpiar los vidrios empañados.

▷ **Portabebidas.** Corte la parte del pie de un calcetín limpio y deslice la parte del tobillo por un vaso. Luego agregue hielo y vierta su bebida refrescante.

▷ **Paños para sacudir polvo.** Un calcetín de algodón en la mano es la forma de desempolvar baratijas, persianas miniatura o venecianas o cualquier otra cosa. Para ampliar su alcance o llegar a lugares estrechos (digamos, debajo del sofá o de la secadora), deslice el calcetín sobre una vara o el mango de una escoba.

▷ **Guantes exfoliadores.** Voltee un calcetín limpio y blanco, meta la mano y úselo en la tina o en la ducha. Desprenderá las células muertas de la piel de la misma forma que un paño o una esponja vegetal comprados.

▷ **Títeres animados con las manos.** Pinte o cosa caritas en calcetines de colores lisos. Luego llame a los chicos y propóngales una función de títeres.

▷ **Portajoyas.** Meta un calcetín en la bolsa del gimnasio. Así cuando se quite las joyas en la piscina o en el club deportivo, métalas en el calcetín y hágale un nudo para cerrarlo. También podrá ubicar sus tesoros rápidamente.

▷ **Bolsas zapateras para niños.** Cuando viaje, empaque los zapatos de los niños en calcetines.

▷ **Cazapolillas.** Llénelos con viruta de cedro o hierbas que repelan insectos (encontrará excelentes opciones en el capítulo 3) y áteles la parte superior para cerrarlos. Métalos entre la ropa y las sábanas para formar una protección contra polillas y pececillos de plata.

▷ **Brochas para pintar.** Cuando necesite pintar lugares de difícil acceso, como los bordes internos de un radiador o la parte posterior de una tubería junto a la pared, use un calcetín viejo sin agujeros. Póngase un guante de hule (en caso de que el calcetín absorba la pintura) y deslice el calcetín sobre el guante. Sumerja la mano en la pintura, toque el objeto y deslice esa delgada "brocha".

▷ **Protectores laterales.** Antes de inclinar una escalera extensible contra la pared, ponga un calcetín grueso sobre la punta de cada pasamanos lateral.

▷ **Extensores para trapeador de esponja.** Cuando el cabezal del último trapeador esté llegando al fin de su vida útil y no haya tiempo para comprar uno nuevo, cúbralo con un calcetín grueso de algodón (el esponjoso para usar con tenis es perfecto).

▷ **Suéteres para perros miniatura.** Corte la parte del dedo gordo y hágale dos agujeros para las patas delanteras. Si desea que el suéter dure más de uno o dos usos, hágale un dobladillo o cósalo alrededor de los agujeros de los "brazos" de modo que no se deshilache.

Qué *No* Hacer con Calcetines Viejos (o Zapatos Viejos)

▷ Nunca recicle calcetines o zapatos como juguetes para mascotas. Si lo hace, no culpe al juguetón Rover si mastica calcetines o zapatos en buen estado. Para un perro, un calcetín raído o un mocasín desgarbado luce y huele exactamente igual a los calcetines nuevos de casimir, sus pantuflas favoritas o un sofisticado calzado de vestir.

En la Época de la Abuela

La abuela habría quedado impresionada con la idea de convertir **CAMISETAS** en almohadones, porque en su época estos artículos no eran souvenirs de viajes. Se usaban como ropa interior de hombre. ¿Y quién querría convertir una prenda de ropa interior en un almohadón? Ella convertía sus camisetas (es decir, las del abuelo Putt, las del tío Art y las mías) en paños de limpieza, portapinzas de ropa y bolsas para retazos. Para confeccionar portapinzas y bolsas, cosía la parte inferior de la camiseta para cerrarla, le cortaba una abertura en el cuello y la ponía en una percha para ropa. Luego colgaba todo en el lazo para ropa o en el gancho del cuarto de lavado. Usted también puede hacerlo, especialmente si la camiseta incluye una imagen grande y a colores, por ejemplo, del Gran Cañón.

CONSEJO Cuando llegaba el invierno a la casa de la abuela, colocábamos una **ZAPATERA** dentro del botinero y la usábamos para secar sombreros y guantes.

CONSEJO Cuando coloque en la secadora almohadas o chaquetas lavables, coloque un **ZAPATO DE TENIS** limpio dentro de la secadora. Equilibrará la carga y el relleno quedará esponjoso.

Familia y
AMIGOS

CONSEJO ¿Se dispone a hacer un largo viaje en carretera con un niño pequeño? Remedie su aburrimiento y no se vuelva loco creando un "cuarto de juego" portátil. Busque una **BOLSA PARA CALZADO** (del tipo que se engancha en una pared o puerta) y cuélguela de la parte trasera del asiento delantero. Luego llene los bolsillos con juguetes pequeños, juegos de mesa, libros, y algunos bocadillos que no ensucien. Si desea protegerse del sol ardiente y al niño no le importa perder la vista panorámica, cuelgue la bolsa por encima de la ventana del asiento trasero.

CONSEJO Cuando alguno de los nietitos de la abuela llegaba de visita, ella tenía una excelente forma de mantenerlos entretenidos durante horas: colgaba una **BOLSA PARA CALZADO** en el corralito para que el niño colocara juguetes en los bolsillos.

CONSEJO Para agregar un toque glamoroso a un obsequio, envuélvalo en una **BUFANDA** bonita en lugar de usar papel. O use un pañuelo grande para el pequeño vaquero o vaquera de su vida.

CONSEJO Este es un ingenioso consejo para los Santas (del banco de ideas de la abuela Putt): envuelva pequeños obsequios navideños en **CALCETINES** rojos o verdes, y use cordeles blancos para calzado deportivo como "cintas".

CONSEJO Dele a su pequeño Rembrandt o a su pequeña Georgia O'Keefe una **CAMISETA** de adulto para que la use como bata para pintar.

CONSEJO Cuando mi tío Art creció y le quedaba pequeña su silla de bebé (mucho tiempo antes de que yo entrara en escena), la abuela la puso en el desván para tenerla a mano cuando llegaran chiquillos de visita. En algún momento, la cinta sujetadora se perdió, pero no fue un problema: la abuela usaba un **CINTURÓN** elástico para sostener al muchachín en su lugar (si no tiene un cinturón elástico, utilice cualquier tela o cuero suave).

CONSEJO Un **CINTURÓN** de tela (de la clase que tiene aros de metal en forma de "D") es excelente para evitar que los niños pequeños y las mascotas exploren territorio prohibido, como los gabinetes de la cocina, el cuarto de baño o el taller. Pase el cinturón alrededor de las perillas o las manijas de las puertas y tire firmemente para pasarlo por los aros.

CONSEJO Un **CINTURÓN** puede resultar práctico cuando necesite mantener a un niño pequeño seguro en el asiento de un carrito de supermercado.

CONSEJO Convierta una **CORBATA** en una serpiente marina.

UNA VEZ MÁS

 ¡Caramba!. Se le olvidó limpiar el **SUÉTER** favorito de su hija antes de guardarlo durante el verano y lo comieron las angurrientas polillas. Por suerte, las mangas todavía no están perforadas. Haga lo que la abuela habría hecho: córtelo justo debajo de las costuras de los hombros y haga un dobladillo de modo que no se deshilachen. Así podrá usarlas como calentadores de brazos y de piernas.

Pinte o cosa una cara del extremo ancho, rellene el "cuerpo" con guatas de algodón o pantis viejos, y cósala para cerrarla. Si desea ser más creativo, corte triángulos de fieltro y péguelos o cósalos en línea a lo largo del lomo para formar las aletas dorsales del monstruo. Obséquiele su creación al pequeño amante de los dragones o úsela para detener corrientes de aire debajo de una puerta.

LAS FÓRMULAS SECRETAS DE
la Abuela Putt

SOLUCIÓN PARA CREAR BURBUJAS

Como a cualquier otro niño, a mí me encantaba soplar y hacer burbujas, pero no necesitaba comprar una solución en una tienda. La abuela me preparaba un suministro eterno con esta sencilla receta.

2 partes de detergente para vajilla
1 parte de aceite vegetal
2 partes de agua

Mezcle los ingredientes en un tazón poco profundo o en la tina. Luego sumerja el soplador de burbujas y haga burbujas de formas increíbles.

CONSEJO Consienta a su caballo preferido con una **FRAZADA** de bebé. No quiero decir que debería colocarla en el establo para que el caballo se acurruque por la noche. Extiéndala por su lomo antes de ponerle la silla de montar. La frazada se sentirá suave contra su piel y será más fácil de lavar.

CONSEJO Cuando surja una emergencia y necesite evacuar la casa rápidamente, no pierda tiempo buscando cómo transportar el gato. Colóquelo en una **FUNDA DE ALMOHADA**, ¡y a correr! (También es excelente para un perro pequeño o un cachorro).

CONSEJO La abuela me hizo mi primer disfraz de Halloween con una **FUNDA DE ALMOHADA** blanca, créalo o no. Le cortó agujeros para los brazos y los ojos en los lugares adecuados y me convirtió en el fantasma más tenebroso y diminuto del vecindario. Si desea algo un poco más elaborado, pinte, cosa o pegue el diseño que prefiera usted o el pequeño fantasma que se lo pondrá. Por ejemplo, agréguele ojos, orejas y nariz, y creará un osezno polar.

CONSEJO También puede convertir una **FUNDA DE ALMOHA-DA** en una bata para pintar de niño (otro de los trucos favoritos de la abuela). Corte orificios para los brazos y la cabeza y listo.

CONSEJO Convierta un **GUANTE** de tela o de cuero liviano en un encantador juguete para gatos. Cosa una cinta de 10 pulgadas de largo en cada dedo (servirá eficaz cualquier cinta de entre ½ y ¾ de pulgada). En los extremos de la cinta, ate, pegue o cosa pompones, juguetes livianos, carretes vacíos de hilos o bolsitas de menta de gato (o hierba gatera). Al momento de jugar, colóquese el guante, sacuda la mano de modo tal que lo vea su amiguito y observe cómo se entusiasma.

CONSEJO Cuando bañe a un bebé, haga lo que hacía la abuela: use **GUANTES** de algodón. Le permitirán una mejor sujeción de la que tendría con las manos descubiertas y se sentirán muchísimo mejor sobre la piel del bebé que los guantes de hule.

CONSEJO Una joven madre que conozco es abogada y tiene que comprar muchos trajes sastre y vestidos "apropiados para los tribunales". Parece que todos vienen con **HOMBRERAS**, que a ella no le sirven, así

UNA VEZ MÁS

 Antes de tirar las **PREN-DAS** raídas a la bolsa para retazos (o lo que es peor) al bote de basura, piénselo dos veces. Como la abuela sabía, aun cuando la ropa esté muy desgastada, puede tener mucha vida útil en la tela. Ofrezca esa ropa a los niños exploradores, a un hogar de ancianos, a un grupo de artesanos que confeccionen colchas o edredones o a un artista. Esta es una muestra de posibles segundas "ocupaciones" para esas prendas:

▷ **aplicaciones o parches para otras prendas**

▷ **material para collage**

▷ **cubiertas decorativas para cajas de zapatos y otros recipientes caseros**

▷ **ropa para muñecas y osos de peluche**

▷ **tapicería para casas de muñecas, tapetes o ropa de cama**

▷ **almohadones**

▷ **retazos para enguatado**

▷ **tiras para retazos**

JOYERO con varios compartimientos y llene cada cubículo con un antojito diferente. Por ejemplo, coloque pasas en un compartimiento, botoncitos de gelatina en otro, dulces M&M® en otro más, etc.

CONSEJO Muchos niños pasan por una etapa en la que adoran jugar a los piratas (yo pasé por una). Así que la abuela me dio un JOYERO para usarlo como cofre del tesoro. Y era ella la que iniciaba mi fortuna con algunas canicas en forma de bota, monedas y baratijas brillantes.

CONSEJO En el verano, la abuela solía hacerme un soplador de burbujas gigante: doblaba una PERCHA de alambre hasta formar un círculo (más o menos) y dejaba el gancho en su lugar para usarlo como asidero. Vertía la Solución para Crear Burbujas (pág. 58) en un recipiente poco profundo, sumergía el círculo y lo retiraba paseándolo suavemente por el aire para hacer las burbujas más grandes que haya visto.

que se las quita y las pega con cinta adhesiva sobre las esquinas de las mesas, de modo que su pequeño no se lastime cuando las empuja.

CONSEJO Esta es una idea para todos aquellos que piden bocadillos en las listas de regalos de Navidad y de cumpleaños: busque un

CONSEJO Un RODILLO REMOVEDOR DE PELUSA (que probablemente tenga en el dormitorio) puede ayudarle a quitar garrapatas de un perro o gato de pelo corto. Pase el tubo pegajoso sobre el cuerpo de la mascota; así captará ninfas minúsculas que no podría ni ver ni sujetar con pinzas.

CONSEJO Cuando salga de paseo por la carretera con niños o mascotas, doble una **SÁBANA** tamaño king sobre el asiento trasero y el piso del automóvil. Cuando haga una parada de descanso, sacuda todas las migajas de galletas y los pelos de mascota.

CONSEJO Cuando se acerque Navidad o un cumpleaños y tenga que hacer un obsequio grande, haga lo que hizo Santa Claus el año en que me regalaron mi primer trineo: envuelva el voluminoso tesoro en una **SÁBANA**. (En aquel entonces, la única opción de color era el blanco, pero usted dispone de un arco iris de tonos y hasta diseños modernos).

CONSEJO Si sus hijos o nietos duermen en literas, como yo en casa de la abuela, esta es una forma sencilla de lograr que el niño que duerme abajo tenga una mejor vista: coloque una **SÁBANA** colorida y ajustada en la parte inferior del colchón de arriba. Mejor aún: use una sábana blanca o de color claro, sin diseño, y deje que el habitante de abajo pinte su propio diseño con marcadores o pintura para tela.

CONSEJO Mudarse a una nueva casa es más estresante para los perros y los gatos que para los humanos. Para evitar que sus mascotas huyan confundidas y con pánico, póngalas en una habitación cerrada con seguro mientras traslada el mobiliario. Y deles una **SUDADERA** o una camiseta suya sin lavar para que se acurruquen. El aroma familiar calmará los temores y mantendrá estables sus nervios.

En la Época de la Abuela

La abuela nunca tuvo más que unos pocos pares a la vez, pero le habría fascinado saber que el uso de **ZAPATOS** data, por lo menos, de 4,000 años atrás (el ejemplo más antiguo que se conoce es una sandalia tejida en papiro que se encontró en una tumba egipcia del año 2000 antes de Cristo). Pero el calzado recién se fabricó en tamaños convencionales a principios del siglo XIV. El Rey Eduardo I de Inglaterra se dio cuenta de que su imperio necesitaba un sistema preciso de medidas. Así que en 1305, decretó que la longitud de tres granos secos de cebada colocados de forma contigua se consideraría 1 pulgada. Los zapateros británicos adoptaron el sistema al y usaban granos de cebada como guía. Los clientes comenzaron a pedir zapatos que medían, por ejemplo, 30 granos de cebada, lo que en breve se convertiría en "tamaño 10".

El Mundo
EXTERIOR

CONSEJO Aun si su jardín ocupa acres de terreno, las **CAJAS PARA SUÉTERES** de plástico pueden resultar sumamente prácticas como bandejas para almácigas. Puede abordar el proyecto de dos formas. Llene la caja con recipientes individuales con drenajes, o perfore agujeros en el fondo, llene todo el recipiente con mezcla para almácigas y plante las semillas. Luego invierta la tapa para obtener una original bandeja de drenaje y coloque la caja encima. ¡A cultivar!

CONSEJO La abuela siempre tenía varias pilas de abono orgánico preparándose en la casa. No es fácil hacer trabajos de jardinería en un balcón o en un patio, como ocurre en la actualidad. Pero no es necesario comprar su "oro negro" en el centro del jardín. Una **CAJA PARA SUÉTERES** de plástico (como la que probablemente tenga en el armario o debajo de la cama) es una excelente minibandeja para abono orgánico. Perfore agujeros en el fondo, coloque la caja sobre tiras de madera y ocúltela detrás de una maceta o un enrejado.

CONSEJO También puede convertir esas **CAJAS PARA SUÉTERES** de plástico en "cobertizos" liliputienses. Un amigo mío, que hace jardinería en el balcón de un décimo piso en Manhattan, las usa para almacenar herramientas manuales, tierra para macetas, fertilizante orgánico y toda clase de otros útiles para la horticultura.

CONSEJO Cuando empieza a jugar golf, una de las técnicas más difíciles es mover los brazos al unísono cuando gira. Para mí era imposible hasta que un golfista profesional me enseñó este truco. Consiga un CINTURÓN (de tela o cuero) y hágalo abrochar alrededor de ambos brazos a la altura de los bíceps. Luego tome un palo de golf y gire. Se verá forzado a mover ambos brazos como unidad. Con el tiempo, los músculos aprenderán el hábito de trabajar de esa manera.

CONSEJO La abuela no era experta en automóviles, pero me dio lo que podría ser el mejor consejo: tener siempre una **FRAZADA** en la cajuela. De esa manera, estará preparado para un día de campo improvisado, si se queda atascado en el frío, o por si encuentra víctimas de accidentes que necesiten ayuda.

Una Vez Más

Cuando los **ZAPATOS** o las botas de cuero estén demasiado gastados como para repararlos, no los tire a la basura. Entiérrelos en el jardín. Con el tiempo, el cuero se descompondrá y aportará valiosos nutrientes al suelo. Asegúrese de cortarles las suelas y cualquier otra parte de hule o plástico, porque no son biodegradables.

CONSEJO Una **FRAZADA** resulta práctica cuando necesita cargar o descargar la cajuela y el exterior de su automóvil no está reluciente. Dóblela sobre la parte posterior de la cajuela y el guardafangos para no ensuciar la ropa.

CONSEJO Convierta una **PERCHA** en un recogedor de residuos para la poza del jardín o la piscina en donde chapoteen los niños. Doble la percha hasta formar un círculo (más o menos) y cúbralo con una pierna de un viejo panti. Para conocer más usos de pantis, consulte la página 64.

CONSEJO Para la abuela, nada anunciaba el "verano" mejor que un jardín lleno de elotes dulces que crecían y se elevaban por las alturas. Desafortunadamente los mapaches, las aves y las ardillas del vecindario compartían nuestros gustos. Pero no conseguían sus bocadillos en casa de la abuela, porque sabía lo que a esos bichos no les gustaba: el **PERFUME**. Cada año, después de haberse caído el polen del elote, colocaba un pequeño capuchón de tela sobre cada mazorca, la amarraba holgadamente con cuerda y ponía un toque de fragancia en la parte de arriba (generalmente una muestra gratis del supermercado local). Así esos ladrones comían hasta saciarse en el jardín de otro. En lugar de utilizar paño en los capuchones, puede confeccionarlos con los pies de los pantis. Encontrará otras mil maneras de aprovechar los pantis en la página 64.

CONSEJO Imagino que ya sabe que a mi abuela le encantaba entretenerse en el jardín. Hasta disfrutaba ponerse de rodillas y arrancar la hierba. Podía estar horas gracias a los protectores de rodillas que confeccionó con las copas de un viejo **SOSTÉN** con relleno.

Pantis

Lamentablemente la abuela no vio cómo se estrenaban los pantis en 1958. Ya era abuela cuando las medias de nailon salieron al mercado en 1940. Durante los años de guerra, nadie podía comprar muchas medias, no las suficientes para formar la pila que se ve en la actualidad. Sin embargo, le diré algo: si estuviera entre nosotros Ethel Grace Puttnam, se le habrían ocurrido "segundas ocupaciones" para estas diáfanas maravillas. "¡Piensa en las posibilidades!", solía decir la abuela. Estos son algunos ejemplos.

En la Casa

▶ *¡Basta de humedad!* Rellene el pie de un panti con algunas barritas de tiza o un trozo o dos de carbón vegetal y átelo para cerrarlo. Cuélguelo en el sótano o en cualquier lugar con problemas de humedad.

▶ *Limpie imanes para el polvo.* Todos saben que las minipersianas metálicas, las pantallas de televisión y los monitores de las computadoras atraen el polvo: ¡y también los pantis!

▶ *Seque un suéter sin estirarlo.* En lugar de colocarlo con un gancho en el lazo para colgar ropa, pase un par de pantis por las mangas y colóquelo en el lazo con un gancho de ropa por la parte del pie.

▶ *Desempolve esos lugares difíciles de alcanzar.* Inserte una vara o una madera delgada en una pierna de panti y deje vacías la parte del pie y la parte inferior de la pierna. Así alcanzará la parte posterior de la secadora, la parte inferior del refrigerador, la parte superior de la biblioteca o cualquier otro lugar con nubes de polvo.

▶ *Cuelgue cebollas.* Y ajo. Meta un bulbo en la pierna de un panti, hágale un nudo, meta otro y así sucesivamente. Cuando desee usar uno de los bulbos, corte debajo del nudo de arriba.

▶ *Retenga tierra.* Antes de colocar una planta en una maceta (dentro o fuera de la casa), coloque un recuadro de panti sobre el agujero del drenaje de la maceta para evitar que se escape la mezcla de abono.

◆ *Remiende la persiana de una ventana (temporalmente).* Corte un parche de panti que tenga aproximadamente media pulgada más de largo por todos los lados que la parte rota de la persiana. Luego aplique con brocha pegamento de hule sobre la parte rota y presione el parche. Cuando realice la reparación permanente, en lugar de reemplazar toda la persiana, desprenda el parche y raspe el pegamento con el dedo.

◆ *Pula los pisos.* Coloque la pierna de un panti en el trapeador y aplique el abrillantador preferido (quizá una de las fabulosas soluciones descritas en los capítulos 3, 4 y 5).

◆ *Proteja los objetos que limpia.* Para aspirar el polvo de gavetas, encimeras o repisas sin aspirar los objetos, cubra la boquilla de la aspiradora con la pierna de un panti.

◆ *Restriegue paredes.* También ventanas, muebles y hasta utensilios de cocina antiadherentes. Haga una bola con el panti y úselo como esponja o restregador.

◆ *Simplifique la limpieza posterior a Navidad.* Después de sacar el árbol y antes de comenzar a limpiar el desorden, coloque una pierna de panti en la boquilla de la aspiradora. Las espigas se adherirán al nailon en lugar de que las absorba la aspiradora y quede obstruida. Cuando haya terminado el trabajo, desprenda la media sobre una cesta de basura y déjela caer.

◆ *Material para relleno.* Use pantis viejos como relleno de juguetes, almohadones y para detener las corrientes de aire bajo las puertas..

De Un Lado Para el Otro

◆ *Bloquee vientos helados.* Cuando ataque una ventisca, al principio o al final de la temporada, cubra las plantas pequeñas con pantis. Corte una pieza, anude la parte superior, deslice la planta en el interior y tire de la parte inferior para encerrarla

◆ *Coleccione caracolas.* En su próximo viaje a la playa, llévese un par de pantis viejos para guardar caracolas. Antes de volver a casa, sumerja todo en agua para lavarle la arena.

(continua)

SOLUCIONES RÁPIDAS

(continuación de la página 65)

▶ *Obséquiele una bebida al jardín.* De té de abono orgánico, es decir, la bebida más saludable. Rellene la pierna de un panti con "oro negro" y déjela asentarse en entre 5 y 10 galones de agua durante tres o cuatro días. Luego saque la "bolsa de té" y sirva la preparación. (También puede preparar té de estiércol de la misma manera)

▶ *Proteja la basura.* Para mantener a mapaches, perros y otros pillos ambulantes lejos del bote de basura, asegure la tapa con un par de pantis viejos. Páselos por el asa superior y ate una pierna a cada una de las asas laterales.

▶ *Retenga el olor.* Use piernas de pantis para retener disuasorios de bichos aromáticos, como jabón perfumado, harina de sangre o cabello (de humanos o mascotas).

▶ *Mantenga los residuos fuera del barril para captar agua de lluvia.* Coloque un recuadro de panti en el extremo de un tubo de bajada pluvial y asegúrelo con una banda elástica.

▶ *Evite daños de plagas.* Cubra frutas en maduración, verduras y flores de girasol con pantis para protegerlas contra insectos, roedores y aves.

▶ *Ayude al crecimiento de las plantas.* Amarre enredaderas y plantas flexibles con tiras de pantis. Además de dar soporte a los tallos, el nailon atraerá la electricidad estática, lo que permitirá que las plantas puedan erigirse y crecer.

▶ *Restriegue.* Corte una pierna de panti, meta una barra de jabón en el pie y cuélguela cerca del grifo de jardín que le quede más práctico. Luego límpiese la tierra antes de entrar a la casa.

▶ *Guarde los bulbos para el invierno.* Cuando desentierre gladiolos y otros bulbos tiernos, desempólvelos con talco de bebé medicinal, métalos en una pierna de panti y cuélguelos en un lugar fresco y seco.

▶ *Lave el automóvil.* Estruje un panti hasta formar una bola y úsela para lustrar el vehículo sin dañar el acabado.

Para Usted y los Suyos

▶ *Prepare un baño relajante.* Corte la pierna de un panti a la mitad, coloque uno de los "tés" para la tina de la abuela en la parte del pie y haga un nudo arriba. Ponga esta "bolsa de té" bajo el agua del grifo en la tina y luego sumérjase para acabar con las penas. (Encontrará Tónicos y Ponches supercalmantes en los capítulos 3 y 4)

▶ *Cautive al gato.* Rellene la parte del pie de un panti con menta de gato (hierba gatera) y átelo. ¡Lánzele el juguete a Fluffy y véalo saltar de alegría!

▶ *Limpie y suavice la piel.* Siga las instrucciones para la "bolsa de té" de la sección "Prepare un baño relajante", pero reemplace los gránulos limpiadores por el "té". ¡Luego métase a la tina o a la ducha! (Los capítulos 3 y 4 también traen recetas con soluciones limpiadoras para suavizar la piel).

▶ *Conserve en forma los zapatos mojados.* Rellénelos con pantis para que conserven la forma cuando se vayan secando.

▶ *Cree sujetadores de colas para el cabello.* Corte transversalmente una pierna de panti para formar anillos de una pulgada de ancho. Luego enróllelos de modo que queden redondeados, como los que compra en las tiendas.

▶ *Amordace a un perro asustado o herido.* Corte la pierna de un panti y amárrela suavemente alrededor del hocico de Rover para evitar que muerda por pánico o dolor.

▶ *Retire el esmalte de uñas.* Corte un panti en aros de 1 pulgada, humedézcalos con quitaesmalte y frótelo para retirar el esmalte.

▶ *Restriéguese la espalda.* Corte la pierna de un panti, meta una barra de jabón aproximadamente en el centro de la pierna y ate un nudo a cada lado del jabón. Tome un extremo de la pierna con cada mano y desplace el sujetador de jabón hacia atrás y hacia delante por toda la espalda.

CAPÍTULO TRES

En el

JARDÍN

¡A su SALUD!

CONSEJO ¡Para quienes viven en el cinturón de nieve! ¿Conoce esos días en los que se enfría tanto afuera que, después de entrar, no puede dejar de temblar aunque la habitación esté muy calentita? La próxima vez, pruebe el método de la abuela para calentarse. Pele y ralle dos dientes de **AJO** y agregue una pizca de pimienta de cayena. Divida la mezcla en dos porciones y envuelva cada mitad en un pedazo de muselina, o un panti viejo y limpio. Luego coloque una de estas pequeñas bolsas en la base de cada talón. Debería sentir todo el cuerpo caliente en cuestión de minutos.

CONSEJO ¿Sus pies están suaves y calientes, pero los dolorosos callos lo están volviendo loco? ¡No hay problema! Corte un trozo de **AJO** del mismo tamaño que el callo, cubra la protuberancia con el ajo y sujételo con un vendaje. Cambie la minicataplasma todos los días hasta que se caiga el callo.

CONSEJO Como sabía la abuela, no hay que ser deportista para tener pie de atleta. Si este desagradable hongo le ataca los pies, deshágase de él en la forma en que ella lo haría. En un tazón con agua caliente, remoje media docena de dientes de **AJO** por una hora.

Luego remoje sus pies en el "té" unos 20 minutos. Cuando el hongo se vuelva más resistente, prepare un remedio más fuerte: machaque seis dientes de ajo, póngalos en un frasco con tapa hermética, y agregue suficiente aceite de oliva hasta cubrirlos por media pulgada. Tape el frasco, agítelo y deje reposar en un lugar oscuro por unos días. Luego agítelo de nuevo y aplique el aceite a los pies limpios y secos con un cepillo suave o una almohadilla de algodón. Una advertencia: este remedio eficaz puede quemar la piel sensible: úselo con cuidado y no lo aplique sobre cortadas o llagas abiertas.

CONSEJO Cuando sienta un fuego muy fuerte en la garganta, apáguelo como lo hacía la abuela. En un vaso, mezcle 1 diente de **AJO** molido, 1 cucharada de sal y una

En el Jardín **69**

En la Época de la Abuela

La abuela sabía que la planta de **ALOE VERA** era una de las herramientas curativas más eficaces a su disposición (lea el primer consejo de este capítulo). Gracias a la investigación científica, sabemos por qué: esta planta es rica en enzimas y agentes antibacteriales y antimicóticos que alivian la hinchazón, reducen el enrojecimiento y evitan infecciones. Además, cuando usa aloe para tratar las quemaduras, no retiene calor como ocurre con los ungüentos y las pomadas. Puede comprar gel de aloe vera en cualquier farmacia, pero es mucho mejor cultivarlo, como lo hacía la abuela, y tomar una hoja cuando lo necesite. Cuanto más fresco sea el gel, más eficaz será, y más rápido obtendrá el alivio.

ardiente sobre el pecho varias veces al día.

CONSEJO De niño, era susceptible al dolor de oído, igual que muchos niños. La abuela lo trataba con unas cuantas gotas de aceite tibio de **AJO** en el oído. Para preparar el aceite, cortaba un diente de ajo, agregaba unas 2 cucharaditas de aceite de oliva y lo calentaba un minuto o dos. Luego, antes de usarlo, lo colaba y lo dejaba enfriar hasta que estuviera tibio.

CONSEJO Durante siglos se han conocido los poderes curativos del **AJO**, y la abuela era una fiel creyente: ¡cultivaba estos bulbos en una cantidad suficiente como para matar a todos los vampiros de Hollywood! Una de las formas más simples en que lo usaba era para aliviar el dolor de muelas. Cuando me dolía una muela, pelaba un diente de ajo, lo machacaba y lo aplicaba sobre la encía arriba o abajo de la muela afectada. Lo sostenía ahí hasta que pasara el dolor. El alivio duraba lo suficiente como para ir al pueblo a consultar al dentista (¡quien rápidamente me daba un enorme vaso de enjuague bucal!).

CONSEJO Este es un método tradicional para bajar la presión arterial: remoje ½ libra de dientes de **AJO** pelados en 1 cuarto de galón de brandy por dos semanas, y agite la mez-

pizquita de pimienta de cayena, llene el vaso de agua tibia y revuelva. Haga gárgaras con la solución y repita todas las veces que sea necesario. (Pero si la garganta no mejora en un día o dos, consulte al médico). Esta misma poción acelera la cura de un resfriado de pecho o una bronquitis. Masajee la solución

cla unas cuantas veces al día. Cuélelo, vierta el líquido en frascos herméticos y tome hasta 20 gotas al día.

CONSEJO Los estudios científicos han demostrado que comer un diente fresco de **AJO** por día puede reducir los niveles de colesterol malo en un 17%, con lo cual disminuye en un 25% el riesgo de sufrir un ataque al corazón. Esto demuestra una vez más que la abuela sabía mucho sobre cómo mantener una buena salud.

CONSEJO Si se mueve rápido, el **AJO** incluso ayuda a detener un resfriado. En cuanto sienta que comienza el resfriado, coma un diente entero cada dos horas. No ganará ningún concurso de popularidad en la oficina, ¡pero podría evitar muchos días y noches incómodas!

CONSEJO Si sufre de reumatismo o esguinces, esta poción curativa de la abuela debe estar en el botiquín. En un frasco de vidrio con tapa hermética, vierta 1 taza de aceite de oliva de buena calidad. Pele y machaque cuatro dientes de **AJO**, y agréguelos al aceite. Tape el frasco y déjelo en un lugar tibio por una semana. Cuélelo a un frasco limpio y guárdelo en un lugar fresco y oscuro. Luego, una o dos veces al día, masajee

una cucharadita o dos del aceite en las partes adoloridas del cuerpo.

CONSEJO También puede tratar el dolor de garganta con aceite de **AJO**. Para prepararlo, siga el consejo de la página 78 y frótelo en la parte delantera y a los lados del cuello.

TÓNICOS & PONCHES

REMEDIO TRADICIONAL PARA LA GRIPE

En la época de la abuela, los pocos antibióticos escaseaban y las vacunas estaban a décadas de desarrollarse. La gripe era una enfermedad grave. Por eso, cuando alguien de la familia mostraba síntomas de gripe, la abuela sacaba sus mejores armas en la forma de esta eficaz pócima.

1 manzana grande ácida y jugosa
1 cuarto de galón de agua
2 medidas de whisky
½ cucharadita de jugo de limón
miel (opcional)

Hierva la manzana en el agua hasta que se deshaga. Cuele la preparación y agregue el whisky y el jugo de limón a lo que quede de líquido. Endulce al gusto con miel, si lo desea. Luego métase en la cama y beba el ponche. Si se movió a tiempo, a la mañana, esos gérmenes serán historia.

Respire profundo. Los compuestos volátiles se absorberán por la piel hasta la fuente del dolor.

CONSEJO ¿Ya tiene un resfriado molesto? Imite a la abuela para deshacerse de él: varias veces al día, machaque un diente de **AJO**, acerque la nariz e inhale profundo. Probablemente no le guste el olor, ¡y tampoco les gustará a los gérmenes del resfriado!

CONSEJO Cuando esté luchando contra un dolor de cabeza que no cede, pruebe este remedio tradicional: meta una botella de hamamelis en el refrigerador por una hora o dos (mejor aún, tenga siempre una botella allí). En 1 taza de agua caliente (no hirviendo), agregue 1 cucharadita de **ALBAHACA** seca y deje reposar 10 minutos. Cuele a un tazón grande, deje enfriar y agregue 2 cucharadas de hamamelis fría. Remoje un paño de algodón o una toalla de manos en el té, exprima y coloque la compresa sobre la frente y las sienes. ¡Sentirá el alivio de inmediato! (Si, independientemente de lo que haga, el dolor de cabeza persiste por más de un día, acuda de inmediato a una la sala de emergencias).

CONSEJO La abuela siempre tenía una planta de **ALOE VERA** en una ventana de la cocina. ¡Esa planta era un botiquín de primeros auxilios de uso regular! La abuela solía usarla para tratar todo: desde quemaduras en la cocina, cortadas y raspones hasta quemaduras por el sol, quemaduras por frío, erupción cutánea por contacto con hiedra venenosa, picaduras de insectos e incluso piel seca o irritada. Para aprovechar esta planta milagrosa, corte una hoja inferior cerca del tallo central. Quite las espinas y luego parta la hoja a la mitad longitudinalmente. Raspe el gel y aplíquelo en la zona afectada.

UNA VEZ MÁS

 La próxima vez que corte las hojas de las **ZANA-HORIAS** que cultiva en casa, no las tire, conviértalas en enjuague bucal. Esas hojas con volados son ricas en compuestos antisépticos que matan los gérmenes y endulzan el aliento. Esto es todo lo que necesita hacer: en una olla, lleve a ebullición 3 tazas de agua, agregue ½ taza de hojas de zanahoria picadas y hierva a fuego lento por 20 minutos. Retire la olla del fuego y deje reposar por otra media hora. Cuele y guarde la pócima en un frasco hermético en el refrigerador. Úsela como enjuague para hacer gárgaras todas las mañanas como lo haría con cualquier enjuague bucal.

CONSEJO Después de un día largo y ajetreado, calme los nervios con un cóctel de **APIO Y ZANAHORIA**. Mezcle partes iguales de jugo de zanahoria y apio, y agregue miel al gusto, si lo desea. Luego siéntese, relájese y disfrútelo.

CONSEJO ¿Trata de perder peso? ¡Despiértese con aroma a **BANANO**! Los estudios han demostrado que las personas a dieta que olieron un banano cuando tenían ansiedad por comer perdieron un promedio de 30 libras en 6 meses.

CONSEJO La abuela siempre tenía listo un ungüento para aliviar todo tipo de dolencias y dolores, incluidos moretones, pies cansados y adoloridos, y venas varicosas. Si desea preparar su propio suministro, en una olla, mezcle 1 taza de pétalos de **CALÉNDULA** y ½ taza de vaselina, y cocine a fuego lento por unos 30 minutos. Cuele la mezcla por un paño para elaborar quesos o un panti viejo y limpio hasta que salga transparente, y guárdela en un frasco de vidrio con tapa hermética. Masajee este ungüento sobre la piel afectada antes de irse a dormir. Para evitar que la grasa manche las sábanas, use una pijama suave y vieja de algodón. Si no tiene una pijama que no le

TÓNICOS & PONCHES

REMEDIO PARA LA DIARREA

La diarrea siempre ha sido un problema. Afortunadamente la abuela tenía una cura deliciosa tan cerca como los manzanos del jardín.

1 manzana pelada y sin el centro
1 cucharadita de jugo de lima
1 cucharadita de miel
una pizca de canela

En una licuadora o procesador de alimentos, licúe todos los ingredientes. Vierta la mezcla en un tazón y goce. Una advertencia: nunca le dé este remedio (ni nada que contenga miel) a un bebé menor de un año. Si la diarrea dura más de un par de días, consulte al médico.

molesta que se manche, envuelva alrededor de las piernas cualquier tipo de tela suave de algodón (las tiras de una sábana vieja o un par de camisetas viejas son ideales).

CONSEJO Calme la tos con uno de los remedios favoritos de la abuela: jarabe de miel y **CEBOLLA**. En una olla, meta una cebolla en rodajas finas y agregue suficiente miel para cubrir bien las rodajas. Deje hervir a fuego lento, con la tapadera, por 40 minutos, cuidando de que la miel no se queme. Deje que el jarabe se enfríe y viértalo en un frasco con tapa hermética. Tome una cucharadita cada hora hasta calmar la tos.

En la Época de la Abuela

La mayoría piensa que el **DIENTE DE LEÓN** es maleza. Pero para la abuela, una parcela de esas flores doradas en el jardín era como tener una farmacia en la casa. Decía que todas las partes de la planta eran buenas; y era un remedio específicamente eficaz contra la indigestión y los problemas de los riñones y el hígado. Agregaba los brotes a las ensaladas, cocinaba al vapor las hojas más viejas (hacía lo mismo con la espinaca), y asaba las raíces para el café. ¡Y eso no es todo! Todas las noches antes de la cena, bebía un vasito de vino de diente de león (lea la receta de la página 76) y, a lo largo del día, bebía dos o tres tazas de té de diente de león (encontrará la receta en un consejo de la página 75). Y fue eficaz: ¡la abuela era la mujer más saludable de la ciudad!

CONSEJO Con este truco, destapará rápido los senos nasales. Corte una **CEBOLLA**, sosténgala bajo la nariz con el lado cortado hacia arriba e inhale profundamente. ¡Respirará con normalidad casi al instante!

CONSEJO La abuela aliviaba el dolor de oído con una cataplasma de **CEBOLLA**. Para prepararla, caliente la mitad de una cebolla en el horno hasta que esté tibia (no caliente). Envuélvala en un paño para elaborar quesos y sosténgala contra el oído adolorido. Las sustancias químicas de la cebolla aumentarán la circulación de la sangre y eso eliminará la infección.

CONSEJO La abuela cultivaba uno de los mejores remedios para los bronquios: **CEBOLLA**. Los bulbos penetrantes son una rica fuente de quercetina, una sustancia química que alivia los resfriados, la bronquitis e incluso los ataques de asma. Cómalas crudas en ensalada, salteadas con otros vegetales o prepárese un buen tazón de sopa de cebolla. Pronto sentirá cómo se despejan sus vías respiratorias.

CONSEJO La próxima vez que se golpee la pierna contra una mesa (o cuando baje la escalera), coma una **CEBOLLA**. Las mismas sustancias químicas que hacen que los ojos le lloren también eliminan el exceso de sangre. Inmediatamente después del desafortunado incidente, corte una rodaja de cebolla cruda (cuanto más fuerte, mejor), colóquela sobre el lugar del golpe y déjela actuar por 15 minutos. Si usted actúa rápido, no se formará moretón.

CONSEJO Incluso cuando se siente tan mal que no quiere comer, las **CEBOLLAS** descongestionan los pulmones. Corte una cebolla grande en rodajas delgadas y cocínelas en un poco de agua hasta que estén blandas. Envuelva las cebollas cocidas en una toalla limpia y colóquelas sobre el pecho por 20 minutos.

CONSEJO Ese mismo remedio de **CEREZA** dulce funciona de maravillas para aliviar el dolor y el agarrotamiento de la artritis.

CONSEJO Una vez, el abuelo Putt se enfermó de gota y la abuela le sugirió que comiera de 15 a 20 **CEREZAS** dulces al día hasta que desaparecieran el dolor y la hinchazón. Le pareció una buena idea, comió su ración completa y, en menos de lo que imaginábamos, estaba otra vez de pie como nuevo.

CONSEJO ¿Busca un desodorante nuevo? No observe las góndolas de la farmacia, "vaya de compras" a su propio jardín. Corte suficientes hojas de **CÉSPED**

como para meterlas holgadamente en un frasco, y vierta vodka para cubrirlas completamente. Cierre bien el frasco, y déjelo en un lugar fresco y oscuro de 7 a 10 días, agitándolo cada dos días. Cuele las hojas y vierta el líquido en un frasco limpio con tapa hermética. Es clorofila líquida, una de las mejores sustancias desodorantes. Aplíquela en las axilas con una bola de algodón y se sentirá fresco como un bebé todo el día. (Nota: no use hojas de césped tratadas con herbicidas o pesticidas químicos).

CONSEJO Si sufre de asma y le gusta la comida condimentada, esta es una noticia que debería celebrar: los **CHILES** picantes disuelven la mucosidad y reducen la inflamación de los conductos bronquiales. ¿Qué está esperando? ¡Disfrútelos!

CONSEJO Cuando aparecen aftas en la boca, pueden ser muy dolorosas. Alíviese rápido con este remedio clásico. Remoje un trozo de tela de algodón en jugo fresco de **CIRUELA**, presiónelo contra el afta y sosténgalo por 10 minutos, o el tiempo que desee. Si lo necesita, repita el procedimiento hasta que desaparezca la pequeña y molesta llaga.

CONSEJO Los esguinces no son ningún lecho de rosas. Pero caminar (o cojear) por el jardín de

TÓNICOS & PONCHES

VINO DE DIENTE DE LEÓN DE LA ABUELA PUTT

La abuela aseguraba que una copa cada noche de este vino dorado la mantuvo fresca como una lechuga toda la vida. No sé si fue eso, ¡pero definitivamente no le hizo daño!

4 limones

4 naranjas

1 cubeta de 1 galón de flores de diente de león (no tallos)

2 galones de agua

8 tazas de azúcar

1 paquete de levadura de panadero

En una olla, exprima los limones y las naranjas, y coloque las cáscaras de los cítricos, los jugos y las flores de diente de león con el agua. Lleve la mezcla a ebullición y deje hervir por media hora. Retire la olla del fuego y deje reposar por 24 horas. Cuele la mezcla a una cazuela o un frasco grande, y agregue el azúcar y la levadura. Tape el recipiente y déjelo en un lugar fresco y oscuro por dos semanas. Vuelva a colar el elíxir y viértalo en botellas de vino.

las hierbas puede acelerar el proceso de recuperación. Corte de dos a cuatro hojas de una planta de **CONSUELDA**, blanquéelas y colóquelas sobre la parte del cuerpo donde tiene el esguince. Cubra las hojas con una venda elástica y siga las actividades rutinarias habituales. Cambie el vendaje todos los días, y estará de vuelta en carrera antes de darse cuenta.

CONSEJO Cuando la abuela era una niña y vivía en la granja de su abuelo Coolidge, aprendió a preparar un poderoso cataplasma de **CORTEZA DE ABEDUL** para tratar las afecciones desagradables de la piel, como el acné, el eccema y la psoriasis. Si quiere probar este truco en casa, es fácil. Corte un trozo de corteza de abedul y déjelo secar al sol. Pártalo o macháquelo y déjelo aparte. Vierta un cuarto de galón de agua en una olla, lleve a ebullición y reduzca el fuego para que hierva a fuego lento. Agregue 3 cucharadas de la corteza, tape y deje que hierva a fuego lento por unos 10 minutos. Retire la olla del calor y deje reposar por una hora. Cuele la preparación para eliminar los sólidos, remoje un paño limpio de algodón en el té, exprímalo suavemente (la idea es que esté mojado, pero que no gotee) y colóquelo sobre la piel afectada. Repita el procedimiento con la frecuencia que desee para aliviar el dolor y la picazón. (Nota: si no hay árboles de abedul cerca de su casa, puede pedir la corteza en

En el pasado, las personas tenían un dicho o una frase sobre prácticamente cualquier tema. Este era uno de los favoritos de la abuela: "Una manzana al día lo mantiene sano. Un rosario al día lo mantiene piadoso. Una **CEBOLLA** al día lo mantiene *sin* infecciones".

varias tiendas de hierbas y algunos jardines botánicos).

CONSEJO La abuela también preparaba una solución antiséptica con **CORTEZA DE ABEDUL** y la usaba para tratar cortadas y heridas de todo tipo. Para preparar su propio suministro, vierta 1 pinta de vodka en un frasco hermético y agregue ½ taza de corteza de abedul seca (molida o en pedazos pequeños). Deje en reposo por dos semanas aproximadamente y agite el frasco una vez al día. Cuele el líquido a un frasco limpio, páselo por un paño fino para elaborar que-

sos, un panti viejo y limpio o un filtro de café. Tape el frasco y guárdelo en el botiquín. Úselo para desinfectar cortadas, raspones y llagas de cualquier tipo.

CONSEJO Para curar cualquier dolencia o mantener alejado cualquier malestar, siga el consejo de la abuela y beba de vez en cuando una taza de té de **DIENTE DE LEÓN**. Para prepararlo, ponga 2 cucharadas de raíces y hojas de diente de león frescas y picadas en una olla, vierta ½ taza de agua de manantial y lleve a ebullición. Retire la olla del fuego y deje reposar 15 minutos, luego cuele y disfrute del té caliente. Prepare una taza dos o tres veces al día, y disfrútelo.

CONSEJO Antes de las pomadas antibióticas, el té de **ENEBRINA** era lo que el médico solía recetar para quemaduras, raspones y heridas infectadas. Todavía es eficaz y es muy fácil de preparar. En una olla, vierta 4 tazas de agua y lleve a ebullición. Agregue ½ taza de enebrina, retire la olla del fuego y deje la mezcla en remojo por una hora. Saque los frutos y lave el área afectada con la infusión varias veces al día.

CONSEJO La abuela preparaba un elíxir de **FRAMBUESA** para tratar los ojos irritados. Hierva 1 taza de agua, agregue 1 cucharadita de hojas de frambuesa picadas (no la fruta) y retire la olla del fuego. Deje la mezcla en remojo por 10 minutos, cuélela y deje que se enfríe hasta llegar a una temperatura que se sienta cómoda al tacto. Impregne un paño suave y limpio en la solución, acuéstese en un lugar cómodo y coloque el paño sobre los ojos cerrados. Relájese unos 10 minutos. Si los ojos siguen rojos, repita el procedimiento.

CONSEJO Pocas enfermedades de la piel son más dolorosas que el herpes. Pero este remedio tradicional puede aliviar la incomodidad.

Ponga una taza de flores de **FRAMBUESA** en un mortero y aplástelas (o use el procesador de alimentos), y agregue suficiente miel para hacer una pasta (una cucharada más o menos). Aplíquela con cuidado a la piel afectada. Para evitar que esa cosa pegajosa termine en las sábanas o los muebles, use una pijama holgada y limpia de algodón, o una camiseta de algodón.

CONSEJO Evite la acumulación de sarro en los dientes: frótelos a veces con el lado cortado de una **FRESA**. Deje actuar por lo menos media hora.

CONSEJO Si desea un método más completo de higiene dental, haga lo que la abuela hacía: machaque una **FRESA**, meta el cepillo de dientes en la pulpa y cepíllese como

lo haría con la pasta de dientes regular. Espere tanto como pueda para enjua-

TÓNICOS & PONCHES

TÉ POR DOS

Una infusión herbal es un té fuerte para uso tópico, aunque también se puede beber si las hierbas son comestibles (y usted prefiere el té fuerte). Esta receta es para 1 taza de infusión, pero puede duplicar, triplicar o incluso cuadriplicar la receta si necesita más para un uso específico (como remojar los pies), o si desea tener un suministro a mano.

1–2 cucharadas colmadas de hierbas secas
8 onzas de agua de manantial

Ponga las hierbas en un vaso, pocillo, frasco o pichel cerámico o de vidrio. Hierva el agua y viértala sobre las hierbas. Deje reposar de 10 a 15 minutos, cuele y vierta el té a un envase limpio. Deje que se enfríe antes de usarlo sobre la piel, o bébalo a la temperatura que desee.

garse, porque mientras más tiempo permanezca el jugo de fresa en los dientes, mejor eliminará el sarro.

CONSEJO Alivie los ojos inflamados con una taza de té de **FRESA** de la abuela, preparado con las hojas, no con la fruta.
Hierva 1 taza de agua, agregue 1 cucharadita de hojas picadas de fresa y retire la olla del fuego. Deje reposar por 10 minutos, cuélelo y deje que se enfríe hasta llegar a una temperatura que se sienta cómoda al tacto. Luego úselo en una de dos formas: puede mojar un paño suave con la solución, acostarse y poner la compresa sobre los ojos unos 15 minutos, o puede verter la solución en un lavaojos y enjuagarse los ojos una o dos veces al día.

CONSEJO Para esas ocasiones en las que no tiene **FRESAS** frescas a la mano, mantenga un suministro de enjuague bucal de hoja de fresa en el refrigerador (las hojas contienen muchas de las mismas sustancias químicas que combaten la placa y los gérmenes, que hacen que la fruta sea tan saludable para los dientes y las encías). Para preparar la infusión, en un tazón cerámico o resistente al calor, ponga 1 taza de hojas frescas de fresa y cúbralas con 1 taza de agua hirviendo. Deje la mezcla en remojo hasta que el agua llegue a temperatura ambiente, cuele a

UNA VEZ MÁS

 Cuando tiene un resfriado con tos, es conveniente no tirar el carozo de los **ALBARICOQUES**. Las semillas contienen sustancias químicas eficaces que eliminan la tos. Abra el carozo y muela las semillas en un molinillo de café resistente o en una licuadora. Luego agregue ½ cucharadita de semillas molidas a una taza de agua caliente y beba el té despacio. ¡Su tos pasará al olvido!

otro tazón y agregue 2 cucharaditas de vodka o jugo de limón (no ambos). Guárdela en el refrigerador y úsela como cualquier otro enjuague bucal.

CONSEJO Las semillas de **GIRASOL** no son solo alimento para los pájaros. También son un fabuloso remedio para el dolor de cabeza. Mastique unas cuantas la próxima vez que empiece el dolor punzante, y debería desaparecer pronto.

CONSEJO La abuela también usaba **JENGIBRE** fresco rallado para aliviar o prevenir las migrañas. Prepare un té con la receta de la página 89 y beba una taza cada pocas horas.

CONSEJO La artritis reumatoide y el **JENGIBRE** no combinan. Ponga a cocer al vapor unos trozos de esta raíz fresca hasta que estén suaves y

TÓNICOS & PONCHES

JARABE DE CLAVEL SILVESTRE

Desde la época de Shakespeare, las flores de aroma dulce que llamamos clavelinas, claveles y clavel del poeta eran conocidas como "claveles silvestres" o "clavelillos". Y como muchas otras plantas de ese entonces, eran eficaces remedios. Por ejemplo, fueron el ingrediente principal del remedio para el dolor de cabeza durante los años de juventud de la abuela.

½ **libra de flores de clavel (de cualquier variedad)**
5 tazas de agua
5 tazas de azúcar

Coloque las flores en un recipiente resistente al calor. Lleve el agua a ebullición, viértala sobre las flores y deje reposar por 12 horas. Cuele el líquido a una olla y caliente a fuego lento, agregando el azúcar hasta integrar. Guarde el jarabe en un frasco hermético en un lugar fresco y oscuro (o en el refrigerador), y tome una cucharadita o dos al primer síntoma de dolor de cabeza.

macháquelos con una cucharada o dos de aceite de oliva. Envuelva la mezcla en un paño ligeramente húmedo y coloque esta cataplasma sobre el área adolorida. Repita el procedimiento cuando sienta la necesidad.

CONSEJO Tener los intestinos lentos probablemente no sea la peor enfermedad, ¡pero definitivamente es una molestia! Póngalos en marcha como lo haría la abuela: con una cataplasma caliente de **JENGIBRE**. En una olla, vierta 2 galones de agua y lleve a ebullición. En una bolsa de paño para elaborar quesos, ralle 4½ cucharadas de jengibre fresco, métala en el agua y retire la olla del fuego. Deje la bolsa en remojo hasta que el agua se enfríe a una temperatura agradable (pero manténgala tibia). Luego remoje una toalla limpia y colóquela sobre el abdomen hasta que se enfríe. Repita el proceso cuatro veces más: recaliente el agua y aplique una nueva compresa por vez. Verá cómo todo se mueve.

CONSEJO Alivie el dolor de garganta tomando el jugo de una **LIMA** mezclado con 1 cucharada de jugo de piña y 1 cucharadita de miel en un vaso con agua tibia.

CONSEJO Cuando ha estado de pie todo el día, consienta a esas piernas cansadas con un masaje con jugo de **LIMA**.

CONSEJO Para detener dolores de cabeza punzantes, frote por la frente la mitad de una **LIMA** recién cortada.

CONSEJO Alivie el estreñimiento con este remedio simple: antes del desayuno, beba cuatro cucharadas de jugo de **LIMÓN** con un poco de miel (al gusto) en una taza de agua tibia.

CONSEJO Cuando lo pique una abeja, retire el aguijón, luego exprima jugo de **LIMÓN** en la zona para evitar el dolor y la hinchazón.

CONSEJO Cuando tenía hipo, la abuela me daba una rodaja de **LIMÓN**. No hacía falta que me dijera qué hacer, porque me sabía la rutina perfectamente: colocaba el limón debajo de la lengua, lo chupaba una vez, sostenía el jugo 10 segundos y luego tragaba. ¡Magia!

CONSEJO Para aliviar la picazón de las picaduras de insectos, la erupción cutánea por contacto con hiedra venenosa o las alergias de la piel, prepare una pasta de jugo de **LIMÓN** y fécula de maíz, y frótela suavemente en las áreas problemáticas.

CONSEJO Cuando tenía gastroenteritis, la abuela me daba un vaso grande de jugo de **MANZANA** y me decía que me lo tomara todo. El jugo casi siempre se deshacía del molesto virus, y ahora sé por qué: las manzanas actúan de manera muy similar a la penicilina para combatir las infecciones.

CONSEJO Las **MANZANAS** también combaten la caries. Así que para evitar consultas al dentista (y al médico), mastique una rodaja o dos de manzana después de cada comida o bocadillo.

CONSEJO Si es alérgico a las picaduras de abeja, este consejo hará de su jardín un lugar más seguro y agradable: siembre abundante **MATRICARIA**; las abejas ni siquiera se acercarán. (Esta planta perenne también es muy bella. Llega a medir hasta 2 pies de altura y tiene hojas verde claro tipo encaje y flores muy delicadas parecidas a las margaritas desde el inicio del verano hasta el inicio del otoño. Es resistente a heladas en las zonas 5 a 9).

CONSEJO El invierno puede ser agresivo con la piel, dentro o fuera de la casa. El aire caliente y seco del interior puede dejar la piel seca e irritada. Y en los días soleados, el viento frío y seco del exterior puede

En la Época de la Abuela

Todos sabemos que las **FRUTAS** y las **HORTALIZAS** frescas del jardín son esenciales para la buena salud. Pero, ¿sabía que los trabajos de jardinería al aire libre también son saludables? De acuerdo con los médicos especializados, pueden relajar la mente, bajar la presión arterial e incluso ayudarle a perder peso. Según el trabajo específico que haga, los trabajos de jardinería queman entre 300 y 450 calorías por hora. ¡Con razón la abuela mantuvo una figura esbelta toda la vida!

quemarle antes de que se dé cuenta. Para aliviar ambos tipos de molestia, corte un **MELOCOTÓN** fresco a la mitad y frote la superficie jugosa sobre la piel afectada. ¡Se sentirá mejor de inmediato!

CONSEJO Aprendí este sencillo remedio para el dolor de cabeza de la abuela, pero se remonta a la antigua Grecia. Cuando sienta ese dolor punzante familiar, corte un puñado de hojas de **MENTA** y presiónelas contra las sienes. ¡Pronto desaparecerá el dolor de cabeza!

CONSEJO Cuando un resfriado, la gripe, un ataque de alergia o (¡huy!) una noche de fiesta le dejan los ojos hinchados e inflamados, repárelos con una solución ocular a base de **MENTA DE GATO**. Para preparar este elíxir restaurador, lleve a ebullición 3 tazas de agua y agregue 2 cucharadas de hojas frescas de menta de gato. Baje el fuego y cocine a fuego lento por tres minutos (¡no más!). Retire la olla del fuego y deje reposar otros 50 minutos. Cuele el líquido, viértalo en un frasco de vidrio limpio y guárdelo en el refrigerador. Cuando lo necesite, llene un lavaojos con el elíxir y lávelos varias veces al día, o moje una toalla de algodón en la solución y colóquela sobre los ojos por media hora; repita el proceso hasta sentir alivio.

CONSEJO De todas las plantas ddel botiquín de la abuela, la **MENTA DE GATO** era una de las más versátiles. Usaba el té de menta de gato para todo: desde bajar la fiebre hasta aliviar las náuseas y los síntomas de la alergia nasal. Y, por supuesto, una buena taza de este té era lo que la abuela prescribía cuando ella o el abuelo no podían conciliar el sueño en la noche; o cuando yo no quería calmarme e irme a dormir. Ella lo preparaba usando la sencilla receta multipropósito de té de hierbas "Té por Dos" de la página 78.

CONSEJO Las encías inflamadas o el dolor de muelas requerían hojas de **MENTA DE GATO** de una de las plantas de la abuela. Se metía una hoja en la boca y la sujetaba contra el área adolorida hasta que el dolor desapareciera, lo cual casi siempre sucedía antes de que pudiera decir: "¡Gatito, gatito!".

CONSEJO Refresque los pies cansados remojándolos en una infusión de **MENTA**. Prepare la receta Té por Dos de la página 78, pero aumente la cantidad como para llenar dos cubetas poco profundas del tamaño de los pies.

CONSEJO Algunas de las plantas más bellas del jardín de la abuela eran las más eficaces. Veamos, por ejemplo, la **ONAGRA**. No puede haber una flor más bella, y las hojas son un eficaz remedio para los forúnculos. Macháquelas para que liberen los aceites volátiles, aplíquelas sobre el forúnculo y cúbralas con un recuadro de gasa. Agregue una tira de gasa o un vendaje para sostenerlas en el lugar, y déjelas actuar unos 30 minutos. Repita cada dos a tres horas, varias veces al día.

CONSEJO ¿Sufrió una quemadura leve? Corte el extremo de una **PAPA** cruda y frote la quemadura suavemente con la superficie cortada. Sentirá un alivio inmediato.

CONSEJO Para aliviar un dolor de cabeza, la abuela recomienda esta rutina: remoje tres o cuatro rodajas delgadas de **PAPA** en vinagre. Luego ate un pañuelo alrededor de la cabeza y meta las rodajas de papa en las sienes y la frente. Déjelo actuar unas

TÓNICOS & PONCHES

JARABE MULTIPROPÓSITO PARA LA TOS

La abuela usaba este antiguo elíxir para calmar cualquier tos, incluida mi tos ferina cuando era niño.

2 cebollas dulces grandes
2 tazas de miel oscura
2 onzas de brandy

Pele las cebollas, córtelas en rodajas delgadas y espárzalas en una capa en un tazón poco profundo. Vierta la miel uniformemente sobre las cebollas y cubra el tazón con papel encerado o similar (por ejemplo, la tapadera de una olla o una tabla para picar de madera). Deje reposar unas ocho horas, cuele el jarabe y mézclelo con el brandy. Dele al paciente 1 cucharadita cada dos o tres horas, o cuanto sea necesario, para detener la tos.

cuantas horas. Cuando se lo quite, las papas estarán calientes y secas, y la cabeza ya no debería doler.

CONSEJO Para sacar astillas de la piel, pegue una rodaja de **PAPA** sobre el área afectada. Si la astilla está en un dedo de la mano o del pie, talle una papa del tamaño adecuado y meta el dedo dentro de la papa (sujétela en el lugar con un calcetín). Déjelo durante la noche y, por la mañana, podrá sacar la astilla.

CONSEJO Como todos sabemos, las **PAPAS** son una de las comidas más saludables. Pero como la abuela sabía, este tubérculo común también puede hacer maravillas fuera del cuerpo. Por ejemplo, alivia el dolor y la picazón del eccema. Ralle una papa cruda, moje una almohadilla de algodón en la papa para absorber algo del jugo, y pásela con cuidado por la zona afectada.

CONSEJO La abuela también pelaba **PAPAS** para aliviar las hemorroides. Rallaba de 1 a 2 cucharadas de papa cruda, la envolvía en un paño para elaborar quesos y la colocaba dentro de una hielera hasta que estuviera helada. Luego la sacaba y le decía a la persona con hemorroides que se fuera a la habita-

En la Época de la Abuela

La abuela detenía las náuseas en sus comienzos con este remedio sencillo y delicioso. Mezclaba $1/2$ taza de jugo de **NARANJA** recién exprimido, 2 cucharadas de jarabe de maíz claro, $1/2$ taza de agua y una pizca de sal. Guardaba la poción en un frasco tapado en la nevera. Luego, cuando alguien de la familia tenía náuseas, nos daba el frasco y nos decía que tomáramos 1 cucharada cada media hora hasta que las mariposas internas se fueran volando.

ción, se bajara los pantalones y se sentara sobre la papa.

CONSEJO ¿Qué dice? ¿Se levantó a medianoche con los labios resecos y agrietados, y ya se le acabó el bálsamo labial? Pero no salga corriendo a la tienda, no si tiene un **PEPINO** de la tienda en la cocina. Lávelo, séquelo con una toalla y frote los labios hacia un lado y otro varias veces sobre la cáscara cerosa. Este sustituto vegetal nunca reemplazará al ChapStick®, pero sí lo dejará dormir

TÓNICOS & PONCHES

FÓRMULA PARA LAS QUEMADU-RAS POR FRÍO

Si vive en un territorio de frío invernal y pasa mucho tiempo al aire libre, prepare el remedio para las quemaduras por frío de la abuela, y manténgalo a la mano.

1¼ **taza de vino blanco**
2 **cucharadas de granos enteros de pimienta negra**
1 **cucharada de raíz de rábano picante rallada no muy fina**
1 **cucharada de raíz de jengibre fresca rallada no muy fina**

Vierta el vino en un frasco limpio con tapa hermética, y agregue la pimienta, el rábano picante y el jengibre. Déjelo reposar una semana y luego cuele con un paño fino para elaborar quesos o un filtro para café. Manténgalo en un lugar fresco y oscuro. Cuando el frío le queme los dedos, la nariz u otras partes delicadas del cuerpo, aplique una capa generosa de la solución en la zona afectada, con una bola de algodón o un pincel limpio y muy suave. Sentirá un alivio instantáneo.

tranquilamente hasta que pueda ir a la tienda a la mañana siguiente.

CONSEJO Cuando pasaba mucho tiempo en la piscina y regresaba a casa con una dolorosa quemadura de sol, la abuela sabía exactamente qué hacer: me pedía que me hiciera un baño tibio en la tina con unas cuantas cucharadas de jugo de **PEPINO**. (Para preparar el jugo de pepino, haga puré un pepino, quítele las semillas y la pulpa, y vierta el jugo en un tazón).

CONSEJO El jugo de **PEPINO** también alivia el dolor y la picazón por eccema. Úntelo sobre la piel una vez al día con una almohadilla de algodón.

CONSEJO Cuando sus pies estén tan cansados y adoloridos que no pueda estar de pie un minuto más, busque tres o cuatro **PEPINOS**. Píquelos, ponga los pedazos en la licuadora o en el procesador de alimentos y hágalos girar hasta formar una pasta espesa. Ponga una cantidad igual en dos cubetas lo suficientemente grandes como para que quepan los pies. Siéntese en su silla cómoda, meta un pie en cada cubeta y piense en ideas encantadoras. Antes de que se dé cuenta, estará listo para una noche de baile o, por lo menos, para sacar al perro a dar una vuelta a la manzana.

CONSEJO A la abuela no le gustaba mucho el enjuague bucal comprado. Tenía varios trucos para refrescar el aliento, pero generalmente masticaba una ramita de **PEREJIL** que cortaba de la planta mientras paseaba.

El **PEREJIL** puede hacer maravillas en los moretones. Enfríe un manojo fresco, macháquelo, aplíquelo sobre el moretón y sujételo con un vendaje. En 24 horas, esos tonos azules y morados empezarán a desaparecer.

CONSEJO Nada arruina tanto una buena comida como un ataque de indigestión. Pero puede reducir la incomodidad en un instante, como lo hacía la abuela: comiendo unas ramas de **PEREJIL** fresco. Cuando no tenga perejil fresco a la mano, tome ¼ cucharadita de la versión deshidratada, mézclelo en un vaso con agua tibia y bébalo. Su estómago se sentirá mejor en un abrir y cerrar de ojos.

CONSEJO Cuando alguien de la familia se enfermaba de tos o dolor de garganta, la abuela preparaba jarabe de **RÁBANO**. La receta no podía ser más simple. Corte seis u ocho rábanos en rodajas delgadas, colóquelas separadas sobre un plato y rocíelas con una cucharada de azúcar. Cúbralas sin apretar con papel encerado o de aluminio y déjelas actuar durante la noche. En la mañana, encontrará las rodajas nadando en un jarabe espeso. Viértalo en un frasco de vidrio y tome una cucharada cuando sienta la necesidad.

CONSEJO Cuando los senos nasales tapados lo vuelvan loco, destápelos con el truco comprobado de la abuela: tome 1 cucharadita de **RÁBANO PICANTE** fresco rallado todos los días (o según sea necesario) hasta que los síntomas cedan. ¿Y cómo se toma esta preparación ardiente? ¡Como prefiera! Es eficaz si la unta en un sánd-

En la Época de la Abuela

Durante siglos, antes de que la abuela fuera poco más que un destello en los ojos de su papá, la **MILENRAMA** era famosa por detener el sangrado. Casi todos mantenían unos cuantos manojos colgando del cobertizo por si se cortaban. Era una costumbre tan generalizada que, aún hoy en Francia, la milenrama es conocida como la hierba "de los carpinteros".

wich, la mezcla en jugo de manzana o la come con cuchara. Cuando ya respire sin dificultad, unas cucharaditas al mes deberían prevenir recaídas.

CONSEJO Cuando la abuela era adolescente, nadie consideraba extraño ver a alguien caminando con una hoja cruda de **REPO-LLO** debajo del  sombrero: era una de las formas favoritas para curar dolores de cabeza.

CONSEJO Las hojas blanqueadas de **REPOLLO** también reducen la inflamación del rostro causada por quemaduras, acné o cirugía. Aplique las hojas mojadas sobre el rostro una o dos veces al día, y déjelas actuar de 5 a 10 minutos. (Esto requerirá mucha atención, porque las hojas estarán resbalosas).

CONSEJO Los forúnculos pueden ser muy dolorosos y complicados de eliminar. Pero la abuela conocía muchos remedios que se encuentran en el jardín. Uno de los más simples era cubrir la zona con una hoja cruda de **REPOLLO**. Manténgala en su lugar con un vendaje o una tira de tela de algodón, y déjela por aproximadamente media hora. Repita el procedimiento varias veces al día, dejando un intervalo de dos a tres horas entre uno y otro.

TÓNICOS & PONCHES

ACEITE MÁGICO DE CALÉNDULA

La abuela sembraba muchas caléndulas en maceta para preparar esta delicada pero eficaz poción. Es fabulosa para curar pequeñas cortadas, raspones y quemaduras, aliviar el dolor y la picazón de picaduras de insectos, y masajear músculos cansados y adoloridos.

5 tazas de flores de caléndula marchitas*
aceite de oliva extravirgen

Coloque las flores en una olla de 3 cuartos de galón y agregue suficiente aceite de oliva como para que las flores queden sumergidas 2 pulgadas. Caliente la mezcla a fuego lento, sin que hierva. Deje reposar a fuego lento, sin tapar, de seis a ocho horas o hasta que el aceite se haya vuelto de un color anaranjado-dorado y tenga un fuerte aroma a hierbas (cada hora, revise si está "listo" y asegúrese de que el aceite no empiece a hervir). Retire la olla del fuego y deje que la infusión se enfríe hasta llegar a temperatura ambiente. Cuele por un paño para elaborar quesos o un colador, y guárdelo en un frasco hermético en el refrigerador. Se mantendrá por un año.

*Arránquelas de la planta y déjelas bajo la sombra por un par de días.

CONSEJO Si tiene artritis, o conoce a alguien con artritis, este consejo es para usted: corte unas cuantas hojas exteriores macizas de una cabeza de **REPOLLO**, blanquéelas hasta que estén suaves (sin que se rompan) y colóquelas sobre las articulaciones inflamadas. Sujételas con una tira de gasa o una venda elástica, y déjelas actuar por aproximadamente 30 minutos.

CONSEJO Rozar hiedra venenosa no es agradable y tampoco lo fue para la abuela y para mí. Pero ella sabía cómo evitar el sarpullido si actuábamos rápido. El único problema era que teníamos que estar en el lugar adecuado en el momento justo, porque teníamos que apurarnos a cortar un **TOMATE** verde del jardín. La abuela lo cortaba y exprimía el jugo sobre la piel afectada. (Afortunadamente la abuela conocía muchas otras formas de aliviar el dolor y la picazón en caso de que brotara el sarpullido).

CONSEJO Beber jugo de **ZANAHO-RIA** tibio era uno de los remedios más eficaces de la abuela para aliviar los síntomas del asma.

CONSEJO Cuando tenga dolor de garganta, alívielo con un cataplasma de **ZANAHORIA**. Ralle una zanahoria grande y espárzala sobre un trapo suave y limpio. Enróllelo alrededor de la garganta (con la ralladura contra la piel) y cúbralo con un pañuelo para mantenerlo en el lugar. Déjelo actuar hasta que la zanahoria pierda esa sensación de frescura y repita cada pocas horas, según sea necesario.

TÓNICOS & PONCHES

ALIVIO PARA LA ACIDEZ

Este sabroso jugo alivia el dolor de la acidez y le aporta una dosis de vegetales nutritivos.

2–3 ramitas de perejil
2 dientes de ajo pelados
1 tallo de angélica
1 zanahoria mediana
1 tallo de apio
agua

Coloque todos los ingredientes sólidos en una licuadora o un procesador de alimentos y licúelos. Agregue agua hasta llegar a la consistencia que prefiera. Vierta el licuado en un vaso y beba despacio. Pronto se sentirá mejor.

CONSEJO Las **ZANAHORIAS** y su jugo son ricos en sustancias químicas germicidas ideales para combatir infecciones y para reducir hinchazones e inflamaciones. Para tratar las quemaduras de sol y otras quemaduras leves, pase una esponja con agua helada sobre la piel. Remoje una gasa en jugo de zanahoria fresco (preparado en el exprimidor o comprado en el mercado orgánico local) y exprímala para que esté mojada, pero no goteando. Coloque la gasa sobre el área afectada y sujétela suavemente con más gasa o una tela liviana. Repita varias veces al día hasta que desaparezcan el dolor y la hinchazón.

CONSEJO ¿Está tratando de dejar de fumar? Haga lo que la abuela Putt recomendaba: cuando sienta la necesidad de encender un cigarrillo, coma una **ZANAHORIA** cruda. En poco tiempo, pasará su antojo por los "palitos de cáncer".

TÓNICOS & PONCHES

TÉ DE HIERBAS DE LA ABUELA PUTT

Esta era la receta sencilla que la abuela usaba para preparar tés medicinales y cosméticos. Rinde 1 taza. (Si desea saber cuáles eran los ingredientes favoritos de la abuela, consulte "Calmantes Herbales" en la página 90).

1–2 cucharaditas de hierbas (frescas o secas)
1 taza de agua de manantial
miel (opcional)

Coloque las hierbas en un pocillo o una tetera de cerámica que haya calentado previamente con agua hirviendo que luego haya desechado. En una olla o una tetera de metal, lleve a ebullición 1 taza de agua de manantial y viértala sobre las hierbas. Déjela reposar de tres a cinco minutos y luego cuélela a una taza o a un pocillo limpios. Añada miel al gusto, si lo desea, y relájese.

Calmantes Herbales

Según la abuela, no había prácticamente nada que una taza de té de hierbas no pudiera curar. Encontrará la receta ultrafácil Té de Hierbas de la Abuela Putt en la página 89. Y este es el inventario del botiquín de remedios frescos o secos del jardín. *Nota:* si está embarazada, toma medicamentos de cualquier tipo (incluso aspirina), o sufre de hipertensión, diabetes o cualquier otra afección crónica, consulte al médico antes de tomar cualquiera de estas hierbas.

Hierba Curativa	Tipo de Alivio
Angélica	Ayuda con la digestión, reduce los gases, alivia los dolores menstruales y los síntomas de gripe y resfriado.
Hisopo de anís	Despeja la congestión, alivia el dolor de garganta, y combate la indigestión.
Albahaca	Combate las infecciones por resfriado y gripe, agudiza el estado de alerta mental, alivia la migraña, calma el estrés, alivia la depresión, y estimula el flujo de leche en madres lactantes.
Laurel	Alivia el dolor de cabeza y de estómago, y combate la caries.
Monarda,	Calma náuseas, vómitos y flatulencias. Conocida también como bergamota o té de oswego
Borraja	Actúa como laxante suave y limpiador de la sangre, y alivia el dolor y la inflamación de las picaduras de insectos.
Manzanilla	Alivia los espasmos musculares y los síntomas de alergia, calma las molestias estomacales, mata los gérmenes que producen la gingivitis, relaja la tensión nerviosa y ayuda al normal funcionamiento del hígado.
Eneldo	Calma las molestias estomacales, alivia los espasmos musculares, refresca el aliento y estimula el flujo de leche en madres lactantes.
Matricaria	Alivia los mareos, el zumbido en los oídos y los dolores por artritis, calma los calambres menstruales y alivia el dolor de cabeza.
Ajo	Mata las bacterias, descongestiona los pulmones, reduce los niveles de azúcar y colesterol en sangre, favorece la circulación y actúa como antihistamínico.
Jengibre	Estimula el sistema inmunológico, ayuda a combatir resfriados y gripes, y alivia las náuseas y molestias estomacales.

Hierba Curativa	Tipo de Alivio
Lavanda	Relaja el cuerpo y la mente, y calma el estrés.
Menta	Estimula la mente y el cuerpo, y alivia las náuseas y molestias estomacales.
Romero	Estimula la memoria, aumenta la energía y alivia la melancolía.
Salvia	Restaura la fuerza y la vitalidad, combate fiebres, y alivia el tejido dañado de la membrana mucosa, por lo que alivia las úlceras de la boca, el dolor de garganta y encías, e incluso la laringitis.

Para Su
BUEN ASPECTO

CONSEJO Si tiene más pecas de las que le gustaría, pruebe este consejo de belleza. Corte al medio una **FRESA** fresca y frote el lado cortado sobre las manchas. Repita el procedimiento cada uno o dos días hasta que las manchas desaparezcan o se aclaren.

CONSEJO Cuando se trata de limpiar, tonificar y humectar la piel, esta mascarilla es lo máximo (como diría la abuela). En una licuadora o un procesador de alimentos, machaque cuatro **FRESAS** medianas maduras y hágalas puré con 1 cucharada de crema espesa y otra de miel orgánica. Unte la mezcla sobre el cuello y el rostro, sin que toque los ojos. Espere 10 minutos, luego enjuague con agua tibia.

CONSEJO Cuando desee un reconfortante tratamiento facial, use la cabeza de una **LECHUGA**. Es un procedimiento sencillo. Separe las hojas de una cabeza pequeña de lechuga (preferiblemente de la variedad Boston o Bibb, pero puede ser iceberg, también). Lávelas y cocínelas en agua hirviendo por cinco minutos. Sáquelas del agua, déjelas enfriar y colóquelas sobre el rostro. Déjelas actuar de 5 a 10 minutos, o tanto como pueda; ¡estarán resbalosas! Seque con cuidado su rostro, sin enjuagar. Guarde el agua de cocción sobrante en un frasco cerrado en el refrigerador y úsela como loción tonificante para rostro y cuello. (Si desea conocer otras fabulosas formas para reciclar el agua de cocción, consulte el cuadro Una Vez Más de la página 126).

En la Época de la Abuela

En sus últimos años, las manos de la abuela empezaron a presentar esos regalos color café que llamamos "manchas hepáticas". Pero no se quedaban mucho tiempo, porque la abuela sabía cómo hacerlas volar. Usted también puede hacerlo. Corte **DIENTE DE LEÓN**, parta los tallos y exprima una cantidad generosa de la savia lechosa sobre las manchas. Frote con un movimiento circular hasta que la piel la absorba. Repita el proceso dos o tres veces al día hasta que las manchas desaparezcan. (Si desde el inicio son muy oscuras, es posible que no desaparezcan por completo, pero se volverán tan claras que apenas las notará).

P.D.: Puede usar el mismo tratamiento de diente de león para las verrugas y, en este caso, las protuberancias desaparecerán por completo.

CONSEJO Para preparar una crema para el rostro de triple acción (retira el maquillaje, limpia y suaviza la piel), mezcle el jugo de una **LIMA** con ½ taza de mayonesa (la casera con huevos y aceite) y 1 cucharada de mantequilla derretida (no margarina). Guarde la crema en un frasco de vidrio hermético en el refrigerador. Úsela como usaría cualquier limpiador facial, y enjuague con agua fría.

CONSEJO Si desea refrescar su aliento, beba el jugo de una **LIMA** y una cucharadita de miel mezclados en un vaso con agua.

CONSEJO Cuide los pies secos y rajados con la rutina humectante favorita de la abuela. Mezcle 1 cucharada de jugo de **LIMÓN** con 1 banano maduro aplastado, 2 cucharadas de miel y 2 cucharadas de margarina. Integre los ingredientes hasta que estén cremosos, luego masajee la mezcla en los pies limpios y secos. Póngase un par de calcetines de algodón y váyase a dormir.

CONSEJO Elimine las espinillas y las manchas: frótelas con jugo de **LIMÓN** varias veces al día.

TÓNICOS & PONCHES

SOLUCIÓN TRADICIONAL PARA ACLARAR EL CABELLO

Si desea que su cabello sea unos tonos más claro, no corra al salón de belleza. Prepare esta solución tradicional.

**el jugo de 2 limas
el jugo de 1 limón
2 cucharadas de champú suave**

Mezcle los jugos y el champú en un envase, vierta la solución en el cabello y masajee. Siéntese bajo el sol de 15 a 20 minutos. Enjuague bien y aplique un buen acondicionador. Diviértase repitiendo el proceso hasta que considere que está lo suficientemente rubia.

CONSEJO Para fortalecer y blanquear las uñas, sumérjalas en jugo de **LIMÓN** por 10 minutos, una vez a la semana. Luego cepíllelas con una solución de vinagre blanco y agua tibia (en partes iguales), y enjuague con agua limpia.

CONSEJO Para darles brillo a las uñas opacas, corte a la mitad un **LIMÓN** fresco y jugoso, y meta los dedos en la pulpa. Déjelos descansar allí por un minuto y enjuague con agua. (Asegúrese de que los dedos no tengan cortadas ni raspones, o le arderá).

CONSEJO Para eliminar pecas y manchas de la edad, disuelva una pizca de azúcar en 2 cucharadas de jugo de **LIMÓN** y aplique la mezcla a cada mancha con una bola de algodón. Repita el procedimiento cada uno o dos días hasta aclarar las manchas.

CONSEJO Suavice codos, talones y pies frotando medio **LIMÓN** sobre la piel. (Es eficaz hasta en callos).

CONSEJO Cuando tenga la piel quemada por el sol o irritada, prepare esta fácil crema. En un procesador de alimentos, haga puré medio **PEPINO** y agregue 1 cucharada de yogur natural (no descremado). Unte la mezcla en el rostro y el cuello, espere 30 minutos y enjuague con agua tibia.

CONSEJO Esta es la forma más simple para aclarar las ojeras y aliviar el cansancio ocular al mismo tiempo: corte dos rodajas de **PEPINO**, acuéstese en un lugar cómodo y colo-

UNA VEZ MÁS

 ¿Tiene manchas que le gustaría eliminar *y* un **BANANO** demasiado maduro como para comérselo? ¡Este es su día de suerte! Antes de acostarse, machaque el banano y aplique una capa gruesa sobre la piel afectada. Cubra con gasa y sujételo con cinta adhesiva. Y descanse. Mientras duerma, el azúcar y las enzimas de la fruta extraerán las impurezas y limpiarán la infección.

semanas, luego colaba el líquido a un frasco limpio con tapa hermética. (Si no tiene rosas en el jardín, puede usar cualquier flor con aroma dulce o intenso que le guste).

CONSEJO Cuando las amigas de la abuela querían aclararse el cabello, hacían esto y usted puede imitarlas. En 3 tazas de agua caliente, agregue 3 cucharadas de tallos picados de **RUIBARBO**. Hierva a fuego lento por 10 minutos, cuele y deje enfriar. Use la solución como enjuague después de cada champú.

que una rodaja sobre cada ojo. Relájese unos 10 minutos y, como diría la abuela, rebosará de salud y energía.

CONSEJO Para preparar un limpiador facial suavizante, mezcle 1 cucharada de **ROMERO** deshidratado en ½ taza de aceite de cártamo. Déjelo reposar por tres días en el refrigerador en un recipiente tapado. Úselo una o dos veces al día. (Aplíquelo sólo sobre el rostro, enjuague con agua tibia y seque con cuidado).

CONSEJO La abuela preparaba su propio perfume: llenaba un frasco de vidrio con pétalos de **ROSA** y vertía tanta glicerina como cupiera. Lo dejaba reposar unas tres

CONSEJO En los días agotadores del verano, tome un breve descanso y mímese con un tratamiento facial de **SANDÍA**. Pele una rodaja de la fruta y macháquela en un tazón de vidrio o cerámica hasta que tenga una consistencia similar a la de un puré de manzana ralo. Lávese el rostro para que quede bien limpio. Aplique la sandía sobre el rostro, acuéstese y coloque un trozo de gasa o paño para elaborar quesos sobre la fruta (de lo contrario, posi-

Té Facial

No todos los tés de hierbas de la abuela se preparaban para beberse. También preparaba una versión más fuerte (técnicamente, una infusión) que hace en la piel las mismas maravillas que el té de hierbas en su interior. Tanto el té como la infusión actúan como tratamiento en sí o como una preparación antes de aplicar una de las mascarillas de frutas y hortalizas de la página 96. Con cualquier opción, aplíquelo con una bola de algodón en el rostro y deje que se seque. Para consentir al cuerpo completo, vierta la preparación en el agua de la tina. Estos eran algunos de los "sabores" favoritos del té cosmético de la abuela. (Para preparar su infusión, lea "Té por Dos" en la página 78).

Hierba Embellecedora	Tipo de Alivio
Manzanilla (flores)	Reduce las inflamaciones, calma, limpia, y aporta agentes antimicóticos.
Saúco (flores)	Limpia, tonifica, y actúa como astringente suave.
Lavanda (flores)	Calma, limpia, y reduce las inflamaciones.
Tilo (flores)	Brinda los mismos beneficios que la manzanilla (ver arriba), pero en una forma más suave que es ideal para la piel con arrugas.
Malva	Calma la piel irritada.
Menta	Tonifica y refresca.
Caléndula (también conocida como botón de oro)	Limpia, calma y reduce las inflamaciones; suele usarse en una mezcla en partes iguales de manzanilla o lavanda.
Romero a	Tonifica, revitaliza, y mejora la circulación de la sangre los capilares.
Tomillo	Combate las bacterias, y es especialmente eficaz contra el acné y el eccema.
Milenrama	Tonifica, limpia, cura, y es ideal para la piel con arrugas o dañada.

blemente se resbale). Relájese de 20 a 30 minutos, enjuague bien y seque suavemente.

CONSEJO Si tiene piel grasosa, pero no sensible, este limpiador es para usted. En una licuadora o un procesador de alimen-

TÓNICOS & PONCHES

TRATAMIENTO FACIAL TUTTI-FRUTTI

Esta fórmula fresca del jardín suaviza la piel, revitaliza los sentidos y tiene el aroma de una deliciosa ensalada de frutas.

6 fresas
½ manzana
½ pera
4 cucharadas de jugo de naranja
miel

En una licuadora o un procesador de alimentos, haga puré las frutas con el jugo de naranja. Aplique una capa delgada de miel al rostro, luego distribuya la mezcla de frutas. Déjela actuar de 30 a 40 minutos, enjuague con agua tibia y seque con cuidado.

tos, haga puré un **TOMATE** mediano muy maduro. Cuélelo y mezcle el jugo con una cantidad igual de leche entera fresca. Aplique la solución en el rostro y el cuello con una almohadilla de algodón, deje actuar por 10 minutos y enjuague con agua tibia.

CONSEJO Este es un astringente suave para el rostro preparado con ingredientes frescos del jardín. Hierva unas cuantas ramas de **TOMILLO** fresco en 2 tazas de agua. Retire la olla del fuego y deje reposar el tomillo de 5 a 7 minutos o hasta que el agua llegue a temperatura ambiente. Saque el tomillo y agregue 2 cucharaditas de jugo de limón fresco. Vierta este astringente en un frasco con tapadera y guárdelo en el refrigerador. Después de lavarse el rostro, aplíquelo con una bola o almohadilla de algodón.

CONSEJO Haga una preparación anticelulítica con jugo de **TORONJA** (funciona igual que las de los spa elegantes). Mezcle ½ taza de jugo fresco de toronja, 1 taza de aceite de maíz y 2 cucharaditas de tomillo seco. Masajee la mezcla en las caderas, los muslos y las nalgas, y cubra el área con un envoltorio plástico. Sostenga una almohadilla de calor sobre cada sección del cuerpo por cinco minutos.

CONSEJO Las **UVAS** son una excelente forma para minimizar esas pequeñas marcas del paso del tiempo alrededor de los ojos y la boca. Corte a la mitad uvas verdes sin semilla y exprima el jugo en las pequeñas arrugas (este tratamiento es ideal para la piel seca y sensible).

CONSEJO A la abuela le encantaba el dulce aroma de las violetas. Es por eso que todas las noches, se lavaba el rostro con este limpiador simple. Agregue 2 cucharadas de **VIOLETAS** dulces (viola odorata) en la mitad superior de una olla para baño María con ¼ taza de leche evaporada y ¼ taza de leche entera. Hierva a fuego lento por 30 minutos. ¡No deje que hierva la leche! Apague el fuego, deje reposar unas dos horas y cuélelo a un frasco con tapa hermética. Guárdelo en el refrigerador. Para usarlo, aplíquelo en el rostro con una bola de algodón, masajee suavemente con los dedos y enjuague con agua fresca.

CONSEJO Cuando la abuela y sus amigas querían mimarse el rostro, no iban a un spa ni al salón de belleza. Preparaban sus propias cremas de limpieza y suavizantes con ingredientes frescos de los jardines y las cocinas. Esta es una de las más simples y sigue siendo muy eficaz. Mezcle ¼ taza de **ZANAHORIA** rallada con 1½ cucharadita de mayonesa. Unte la mezcla en el rostro y el cuello, deje actuar 15 minutos y enjuague con agua tibia.

En los Alrededores de la CASA

CONSEJO "Lustre" las plantas de la casa en la forma tradicional: con jugo de **CÍTRICOS** (cualquier cítrico). Pase un paño de algodón limpio y suave impregnado con el jugo sobre las hojas: dejará el follaje reluciente y con mayor capacidad para absorber el dióxido de carbono del aire.

CONSEJO Cuando llegaba el momento de guardar las frazadas y la ropa de invierno por la llegada del verano, la abuela nunca usaba las olorosas bolas de naftalina. Colgaba bolsas de **HIERBAS** deshidratadas en los ganchos de ropa y las metía en las gave-

UNA VEZ MÁS

 Después de sembrar los semilleros de plantas anuales o cubiertas vegetales en el centro del jardín, no tire las **BANDEJAS PLÁSTICAS**. Son del tamaño ideal para guardar papeles en la oficina de su casa, o el correo en la mesa del vestíbulo.

tas o en los baúles de frazadas. Metía una variedad individual o una mezcla, según lo que tenía en el jardín. Estas eran sus favoritas para ahuyentar a las polillas: lavanda, santolina, artemisia, tanaceto, tomillo y ajenjo. (Si desea conocer varios métodos sencillos para deshidratar hierbas, consulte "Qué Tan Secas Están" en la página 105).

CONSEJO Cuando llegaba la limpieza de primavera, o cuando una cama de nuestra casa no olía fresco, la abuela rociaba el colchón con **LAVANDA** deshidratada, la dejaba actuar de 10 a 15 minutos y luego la aspiraba. (Si prefiere otro aroma, siéntase con la libertad de hacer cambios. Cualquier hierba aromática, o una mezcla de varias, tiene el mismo efecto para eliminar olores).

CONSEJO Aclare la ropa o las sábanas de algodón blancas y percudidas con 1 taza de jugo de **LIMÓN** en el agua de lavado.

CONSEJO Antes de regar las plantas en maceta, de interiores o exteriores, agregue varias gotas de jugo de **LIMÓN** a la regadera. Eso bajará el pH del agua y permitirá que las plantas absorban más nutrientes de la tierra.

CONSEJO Cuando la abuela quería blanquear el lino o la

muselina, humedecía la tela con jugo de **LIMÓN** y la extendía sobre el suelo bajo la luz directa del sol hasta que llegara al nivel de blancura que quería. Luego la enjuagaba con agua limpia y la colgaba en el lazo para ropa. (Puede usar la secadora si la etiqueta de la tela no lo contraindica).

TÓNICOS & PONCHES

LIMONADA DE LA ABUELA PUTT

En mi opinión, el símbolo del verano es un vaso enorme de limonada, pero no *cualquier* limonada. Tiene que ser de limón de verdad, preparado siguiendo esta sencilla receta de la abuela.

2 tazas de agua
½ taza de azúcar
½ taza de jugo de limón recién exprimido
hielo (¡mucho!)

En una olla, lleve el agua a ebullición. Agregue el azúcar, reduzca el fuego y revuelva hasta integrar. Retire la olla del fuego y deje que se enfríe. Agregue el jugo de limón, revuelva bien y refrigere hasta que la mezcla se enfríe. Vierta en vasos llenos de hielo, agregue agua fría al gusto, y brinde por una vida saludable, relajada y divertida.

CONSEJO Elimine las manchas de óxido de su tina o ducha con una pasta no muy espesa de jugo de **LIMÓN** y bórax. Extiéndala sobre las manchas y restriegue suavemente con un estropajo. Deje que la pasta se seque y luego enjuague.

CONSEJO La abuela preparaba su propio brillo para muebles, y usted también puede prepararlo. En 2 tazas de aceite de oliva o aceite vegetal, agregue 1 cucharadita de jugo de **LIMÓN**. Frótelo sobre sus tesoros de madera con un paño de algodón suave, y lustre con un segundo paño.

CONSEJO Si quiere limpiar una pieza de plata, vierta jugo de **LIMÓN** sobre la pieza y lústrela con un paño suave de algodón. Enjuague con agua limpia y seque con un paño.

CONSEJO Si desea lustrar cuero oscuro, frótelo con un paño suave de algodón con varias gotas de jugo de **LIMÓN**. Luego frote con otro paño limpio y suave.

CONSEJO Mantenga las ollas y las sartenes de cobre relucientes: frótelas con la mitad de un **LIMÓN** untada con sal. Lávelas con agua tibia jabonosa y enjuague bien

---

LAS FÓRMULAS SECRETAS DE
la Abuela Putt

COLORANTE TRADICIONAL PARA HUEVOS DE PASCUA

Cuando se acercaba la época en que llegaba el Conejo de Pascua, la abuela recogía los colorantes del jardín y pasaba un sábado agradable pintando huevos. Esta es la fórmula sencilla que usaba.

huevos
1 cucharadita de vinagre
2 ½ tazas de colorante vegetal
agua

En una olla, coloque los huevos en una sola capa con la cantidad justa de agua para cubrirlos por completo. Agregue el vinagre y las frutas, las hortalizas o las hojas que haya escogido (lea "Colorantes Vegetales" en la página 101). Lleve el agua a ebullición, reduzca el fuego y hierva a fuego lento de 15 a 20 minutos. Saque los huevos rápido si desea tonos más claros. Para obtener colores más oscuros, cuele el colorante en un tazón con los huevos y deje en reposo dentro del refrigerador por la noche.

(cualquier resto del ácido de la fruta en el metal puede causar picaduras o corrosión).

CONSEJO Para eliminar los olores intensos de la cocina

En la Época de la Abuela

Cuando era niño, pasaba horas leyendo un viejo libro de jardinería de la abuela que era la réplica de un libro *muy* antiguo. Contenía todo tipo de instrucciones e incluso hechizos mágicos. Muchas cosas no tenían sentido, pero un consejo quedó grabado en mi memoria: decía que antes de cortar o colocar en la tierra cualquier **PLANTA**, hay que saludarla y explicarle por qué necesita usarla y cómo. Según el autor anónimo, esto relajaba a la planta y garantizaba su cooperación.

(como pescado, cebolla o ajo) de los cuchillos, las tablas para cortar  o las manos, frótelos con la superficie cortada de un **LIMÓN** o una **LIMA**.

CONSEJO Para limpiar el horno de microondas, en un tazón (apto para microondas), agregue 4 cucharadas de jugo de **LIMÓN** a 1 taza de agua. Hierva la mezcla dentro del microondas por cinco minutos o hasta que el vapor se haya condensado en las paredes interiores del horno. Luego seque con toallas de papel.

CONSEJO Si acaba de mudarse a una casa en la que vivían personas que fumaban mucho, limpie la película de humo de las ventanas con una solución de 2 cucharadas de jugo de **LIMÓN** por cada cuarto de galón de agua.

CONSEJO Use una pasta preparada con jugo de **LIMÓN** y crémor tártaro para limpiar el bronce laqueado. Aplique la pasta con un paño suave de algodón, déjela actuar unos cinco minutos y lave la pieza con agua tibia y jabonosa.

CONSEJO La abuela tenía una colección de bellas cajas de madera. Les sacaba brillo, y tenían un fresco aroma a limón cuando las frotaba con hojas de **MELISA**.

CONSEJO En el exterior, las hormigas son superhéroes: descomponen el material orgánico, alejan a las termitas y se comen los huevos de los mosquitos. Pero seguramente no las desea ver caminando tranquilamente por su casa. Manténgalas fuera como lo hacía la abuela: colocaba ramitas de **MENTA** fresca en puertas, ventanas y en cualquier rajadura o agujero por donde las hormigas pudieran colarse.

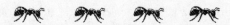

CONSEJO ¿Tiene hormigas en su casa? ¡No hay problema! Prepare un té fuerte con **MENTA** deshidratada y rocíelo en los caminos de las hormigas. ¡Darán la vuelta y regresarán al mismo lugar de donde vinieron! (Si desea conocer mis métodos sencillos para secar menta y otras hierbas, consulte "Qué Tan Secas Están" en la página 105).

CONSEJO Para refrescar el aire de la cocina al instante, caliente el horno a 300 °F y coloque una **NARANJA** entera sin pelar dentro. Hornéela unos 15 minutos con la puerta del horno ligeramente abierta y luego apague el horno. Deje que la fruta se enfríe antes de sacarla del horno.

CONSEJO A todos nos ha tocado esta frustrante situación: acaba de romper una bombilla todavía conectada y tiene que sacarla sin cortarse. ¿Y cómo? ¡Como lo hacía la abuela! Primero asegúrese de que la corriente eléctrica esté cortada. Luego empuje la mitad de una **PAPA** cruda, con el lado cortado primero, contra la bombilla rota. Gire la papa de la misma forma en que desenroscaría una bombilla entera. Saldrá sin problemas. Tire todo a la basura (no separe la bombilla de la papa).

Colorantes Vegetales

Es decir, *que provienen de las plantas*. La abuela se emocionaba con las fiestas y la Pascua no era la excepción. Todos los años, coloreábamos docenas de huevos que poníamos en las canastas para la familia, los amigos y los vecinos. Los huevos provenían de las gallinas de la abuela, y los colorantes, del jardín. Si desea aventurarse a preparar colorantes naturales, lea "Colorante Tradicional para Huevos de Pascua" en la página 99. Esta es la paleta de colores.

Para Este Color	Use Estos Vegetales
azul	moras, arándanos, castañas, hojas de repollo morado
verde	helechos, fárfara, espinaca
anaranjado	cáscaras de cebolla dorada
morado	moras o uvas moradas
rojo	remolacha, arándanos rojos, frambuesas congeladas, cáscaras de cebolla morada
amarillo	zanahoria rallada, extremo superior de la zanahoria (la parte verde), césped, cáscara de limón o naranja

Cuando la abuela pelaba las frutas o las hortalizas, tiraba la mayoría de las cáscaras a la pila de compost. Pero para unas pocas, tenía otros planes en mente. Estas son algunas de las formas en que utilizaba el "envoltorio" de frutas y hortalizas (¡imítela!).

Cáscaras de Manzana

▷ **Reavive las flores.** Entierre cáscaras de manzana en el suelo alrededor de los arbustos en floración.

▷ **Prepare colorantes.** Las cáscaras de las manzanas de la variedad Golden Delicious producen un color verde-dorado. (Para conocer más sobre los colorantes de frutas y hortalizas, lea "Colorantes Vegetales" en la página 101).

▷ **Haga brillar el aluminio.** Llene un recipiente de aluminio descolorido con suficiente agua como para cubrir las manchas, agregue un puñado de cáscaras de manzana y hierva de dos a tres minutos. Luego enjuague y seque con una toalla para secar platos.

Cáscaras de Banano

▷ **Elimine las verrugas plantares.** A la hora de dormir, pegue un pedazo de cáscara de banano (con la parte interna hacia abajo) sobre la verruga. Cubra con un vendaje grande o un calcetín apretado y deje actuar durante la noche. Repita el procedimiento todas las noches hasta que la verruga desaparezca: tres o cuatro noches en total.

▷ **Lustre los zapatos de cuero.** Frote el interior de una cáscara de banano en el cuero y lustre con un paño suave de algodón. ¡Briiillante!

▷ **Repela los áfidos.** Coloque cáscaras de banano en el suelo cerca de los rosales y otras plantas susceptibles a los áfidos.

▷ **Prepare un fertilizante rico en fósforo y potasio.** Deje secar al aire las cáscaras de banano hasta que estén tostadas, luego desmenúcelas y guarde los pedazos a temperatura ambiente en un recipiente hermético. Cuando la planta necesite un poco de cualquiera de los nutrientes, agregue un puñado de las cáscaras al suelo y riegue.

▷ **Extermine las plagas del jardín.** Las avispas, los mosquitos y las polillas del manzano caerán en esta trampa: coloque una cáscara en un envase de leche limpio de 1 galón con 1 taza de vinagre y 1 taza de azúcar. Vierta suficiente agua hasta casi llenar el envase, tápelo y agite bien para mezclar los ingredientes. Ate una cuerda o un pedazo de alambre alrededor del mango, quite la tapa y cuelgue el envase de la rama de un árbol. (*Nota:* si su objetivo es la polilla del manzano, cuelgue la trampa en el manzano antes de que las flores se abran).

Cáscaras de Pepino

▷ **Llame a los suplentes.** Use cáscaras de pepino en lugar de tiras de repollo en las trampas para babosas y caracoles. (Consulte las instrucciones simples del consejo de la página 112).

▷ **Repela a las hormigas.** Coloque cáscaras de pepino en los caminos.

Cáscaras de Cebolla

▷ **Aleje a la mosca blanca.** Pique las cáscaras de una cebolla mediana y déjelas reposar una noche en 2 tazas de agua. Cuele y agregue 1 cuarto de galón de agua tibia y rocíe las plantas de su casa con la infusión una vez al mes.

▷ **Tiña hilo o tela de fibra natural.** Use las cáscaras de cebolla de la receta de la página 99 ("Colorante Tradicional para Huevos de Pascua") y duplique o triplique las cantidades, si es necesario. Luego cuele el líquido a un envase lo suficientemente grande para que quepa el material. El color exacto variará con el tipo y la textura de la tela, pero, en general, con las cáscaras de la cebolla dorada obtendrá tonos entre dorados y amarillos, con la cebolla morada obtendrá (¡adivine!) tonos entre rosados y rojos.

Cáscaras de Piña

▷ **Deshágase de los callos.** Tome una cáscara de piña, colóquela sobre el callo con el lado interno hacia abajo y déjela actuar por la noche. En la mañana, retírela y sumerja el pie en agua caliente por una hora. El callo debería salir fácilmente. Si no, repita el procedimiento unas noches más.

Cáscaras de Papa

▷ **Abrillante la cristalería.** Cubra las áreas opacas con cáscaras húmedas de papa. Deje actuar 24 horas, enjuague con agua fría y seque con un paño suave.

▷ **Atrape cochinillas de humedad.** Cuando se alejan de la pila de compost, donde pertenecen, y empiezan a morder las plantas vivas, regréselas al trabajo de la siguiente manera: distribuya puñados de cáscaras de papa, y cúbralas con macetas volteadas. Revise las trampas cada dos días, y lleve a las cochinillas de regreso a la pila de compost.

CONSEJO Cuando pasa tanto tiempo en el jardín como la abuela, seguramente terminará con mucho lodo en la ropa. Para quitar las manchas, la abuela las frotaba con una rodaja de **PAPA** cruda antes de meter las prendas en la lavadora. Siempre salían impecables.

CONSEJO El vegetal más comido en Estados Unidos también puede eliminar las manchas por roce de zapatos y botas. Frote el calzado con

una **PAPA** cruda y lustre como de costumbre.

CONSEJO Para desodorizar el refrigerador, corte en dos una **PAPA** cruda y coloque ambas mitades dentro, con los lados cortados hacia arriba. Cuando las superficies estén negras (aproximadamente 1 semana), rebane la capa oscura y lleve las partes limpias de regreso a su lugar.

CONSEJO Nuestra casa olía a Navidad todo el invierno gracias al fácil popurrí de la abuela: mezclaba 1 taza de raíz de orris y 1 cucharada de aceite de pino (se venden en tiendas de manualidades), y luego agregaba a la mezcla 8 tazas de hojas-agujas frescas de **PINO**.

CONSEJO Si le gusta el estilo rústico de decoración, cambie las varillas de las cortinas por **RAMAS DE ÁRBOL**. Busque o corte ramas rectas y delgadas de la longitud que necesite y corte toda protuberancia

En la Época de la Abuela

Al igual que muchos jardineros, a la abuela no le gustaba ver maleza en el césped o el jardín, con unas cuantas excepciones. Por ejemplo, casi saltaba de alegría en la primavera, cuando aparecía el **AMARANTO** y la **VERDOLAGA**. Y yo también, porque sabía lo que venía: la abuela arrancaba hojas de las plantitas de verdolaga y cortaba las 2 o 3 pulgadas superiores del amaranto cuando las plantas tenían de 3 a 4 pulgadas de altura. Luego las mezclaba en una ensalada con aderezo de aceite y vinagre. ¡Era una comida espectacular! (Pruébela. ¡Le encantará!).

Qué Tan Secas Están

La abuela secaba las hierbas que cultivaba en el desván, que tenía las condiciones que las hierbas necesitaban para retener los aceites volátiles: el secreto de su eficacia curativa, limpiadora y pesticida. ¿Cuáles son esas condiciones? Baja humedad, buena circulación de aire y prácticamente oscuridad total. Pero no necesita un desván para secar hierbas. Aquí tiene la información detallada.

Si Seca Hierbas Aquí	Siga Estas Instrucciones
En una habitación oscura	Coloque los tradicionales mosquiteros o malla fina sobre los ladrillos u otro tipo de bases, y esparza las hierbas encima. Deje una puerta o ventana ligeramente abiertas y encienda un ventilador o dos para que el aire circule por la habitación.
En una habitación con luz	Reúna las hierbas en manojos de cinco o seis tallos cada uno y átelos con un cordel. Coloque cada manojo al revés en una bolsa de papel (asegurándose de que las hierbas no toquen la parte inferior), amarre la parte de arriba con una banda elástica y cuelgue los manojos.
En un horno eléctrico*	Caliente el horno a 200 °F y luego apáguelo. Distribuya las hierbas en una sola capa en un molde para hornear, métalas al horno de seis a ocho horas o hasta que estén tostadas.
En un horno a gas*	Esparza las hierbas en una capa en un molde para hornear. Ajuste la temperatura del horno en el mínimo. Con la puerta abierta, déjelo funcionar de dos a tres minutos. (Esto eliminará la humedad). Apague el horno, meta las hierbas y cierre la puerta. Se secarán en seis u ocho horas.
En un horno de microondas*	Coloque una sola capa de hierbas entre dos toallas de papel y caliéntelas por dos o tres minutos. Agregue otros 30 segundos según sea necesario hasta que estén tostadas (pero esté muy pendiente para asegurarse de que no se quemen).
En un deshidratador de alimentos*	Ajuste la temperatura a 95 °F y 100 °F. Esparza las hierbas en un molde en una sola capa y métalas en el deshidratador. Según la carnosidad de las hojas, el proceso de secado puede tomar de 4 a 18 horas, así que tenga paciencia y revise continuamente.

* Para evitar que se mezclen los sabores y aromas, seque un tipo de hierba por vez.

que pudiera rasgar la tela (según su gusto y el tipo de árbol, puede quitarle la corteza o dejársela). Deslice la cortina por la rama y asiente la varilla en soportes de madera o metal comprados. Nota: son mejores las cortinas que cuelgan de tiras de tela o anillos que las que tienen bolsillos para la varilla.

CONSEJO Una Navidad (después de ahorrar todo el año), le regalé a la abuela unos pequeños candelabros de peltre. ¡Vaya si le gustaron! Todas las noches los usaba en la mesa a la hora de la cena. Y para darles un brillo clásico, los frotaba de vez en cuando con hojas de **REPOLLO**.

CONSEJO Cuando yo era niño, todos teníamos tinteros en las mesas de la escuela y tomábamos apuntes con las tradicionales plumas fuente. Aunque me encantaba escribir con esas plumas, no era muy prolijo. Siempre regresaba a casa con manchas de tinta en la camisa y a veces hasta en los pantalones. Afortunadamente, como siempre, la abuela sabía qué hacer: me hacía cambiar a mi ropa para jugar. Luego colocaba la prenda manchada sobre una superficie plana y ponía una rodaja de **TOMATE** crudo sobre cada mancha de tinta. Cuando el tomate había absorbido toda la tinta, lavaba la prenda como siempre.

Familia y
AMIGOS

CONSEJO Si sus hijos o nietos se marean cuando viajan en auto, como les pasa a muchos de los pequeños, esta es una forma fácil de hacer que sus viajes sean más divertidos: 5 o 10 minutos antes de salir, sirva a cada uno una taza de té de **MENTA**. Encontrará la receta del Té de Hierbas de la Abuela Putt en la página 89.

CONSEJO Mantenga a sus amigos caninos y felinos sin pulgas con este enjuague sencillo. Corte una **NARANJA** en rodajas delgadas, póngalas en un cuarto de galón de agua caliente y déjelas reposar durante la noche (u ocho horas durante el día). Luego, una vez al día durante la temporada de pulgas, peine a su perro o gato con un peine para pulgas y aplíquele el enjuague de naranja con una esponja. (Nota: haga una prueba en un área pequeña de la piel de su mascota, porque algunos perros y gatos son alérgicos a los aceites de los frutos cítricos).

CONSEJO La abuela tenía varios **PINOS** grandes y de muchos años en el jardín. Todos los años en la época navideña, preparaba galones de una infusión que llamaba Té de Pinares para Tina y enviaba botellas de la infusión a los amigos que vivían en lugares donde no podían tener estos aromáticos árboles. Es muy fácil de preparar. En cada baño de tina, coloque en una olla 1 taza de hojas agujas frescas de pino y agregue 2 tazas de agua. Lleve a ebullición y retire la olla del fuego. Deje reposar la mezcla aproximadamente media hora, o hasta que el agua llegue a temperatura ambiente. Cuele las agujas de pino y vierta el agua por un embudo a un lindo frasco con tapa hermética. A la hora del baño, vierta todo el contenido en una tina con agua a la temperatura que prefiera.

CONSEJO Cuando la abuela iba de picnic o de caminata por el bosque, las garrapatas arruinaban la fiesta. Pero ahora, como todos sabemos, son mucho peor que eso. Estos temibles villanos también pueden propagarles temibles enfermedades a usted y a sus amigos de cuatro patas. Afortunadamente, uno de los repelentes de garrapatas de la abuela es muy eficaz. (También repele pulgas). ¿Qué es? **POLEO**, una hierba perenne de hoja pequeña y poca altura que sirve como cubierta vegetal para áreas con sombra.

Tiene un suave aroma semejante a las flores de lavanda, crece rápido y es resistente a heladas en las zonas 4 a 10. Para usarla contra las garrapatas, seque las hojas y muélalas en una licuadora. Frote el polvo en el pelo de las masco-

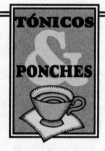

TÓNICOS & PONCHES

MEZCLA DE LAVANDA PARA EL BAÑO

La abuela solía hacer casi todos los regalos de Navidad y cumpleaños que les daba a su familia y amigos. Un favorito de las mujeres que los recibían era esta simple mezcla.

1 parte de flores de lavanda (frescas o secas)
1 parte de hojas de consuelda (frescas o secas)
1 parte de sales de Epson
aceite de lavanda

En un tazón, mezcle las flores, las hojas y la sal. Agregue unas cuantas gotas del aceite (guíese por la nariz), y mezcle bien los ingredientes con las manos o una cuchara de madera. Guarde en un frasco decorativo u otro envase con tapadera. Use un puñado cuando tome un baño para relajar músculos cansados y adoloridos.

El exterior de las frutas cítricas tiene casi tantos usos como el interior. Lea estas curiosas posibilidades.

Interior

▷ **Alivio del asma.** Se cree que el limoneno de la cáscara de los CÍTRICOS neutralizaría el ozono inhalado, que suele iniciar ataques de asma. Si padece esta afección, tome una de estas cáscaras coloridas, y olfatéela a menudo.

▷ **Extraiga callos.** Antes de irse a dormir, presione un pedazo de cáscara de LIMÓN fresco (con la parte interior hacia abajo, en contacto con el callo) y sujétela con un vendaje o cinta adhesiva. Déjela actuar durante la noche y repita el procedimiento todas las noches por una semana.

▷ **Limpiadores faciales.** En una licuadora o un molinillo de café, muela cáscara de NARANJA o LIMÓN hasta que tenga la consistencia de harina de maíz. Luego mezcle aproximadamente 1 cucharada de la cáscara molida con suficiente yogur natural para hacer una pasta (si tiene piel seca, reemplace el yogur por aceite vegetal). Lávese el rostro con la mezcla, enjuague con agua fría y seque con cuidado. Si le sobra "cáscara molida", espárzala sobre un plato para que se seque al aire por una hora o caliéntela en el horno de microondas unos dos minutos. Guárdela en un frasco limpio hasta que esté listo para preparar otra tanda de limpiador o para usarla de alguna otra manera práctica.

▷ **Ambientador de cubos para residuos.** De vez en cuando, después de exprimir el jugo de un CÍTRICO, corte la cáscara en trozos y restriegue en el cubo para residuos para evitar malos olores.

 ▷ **Abrillantadores de cristalería.** Coloque trozos de cáscara de LIMÓN en el agua que usa para enjuagar la cristalería (incluidos candelabros y otras piezas decorativas). ¡Saldrán brillantes!

▷ **Vendedores de bienes raíces.** Las encuestas sobre bienes raíces demuestran que este elíxir es uno de los dos aromas con mayor probabilidad de hacer que los compradores potenciales digan: "¡Este es el lugar que busco!". Para prepararlo, lleve a ebullición 3 o 4 cuartos de galón de agua, y agregue la cáscara rallada de una NARANJA, ¼ taza de clavos de olor enteros y cuatro o cinco ramas de canela. Deje que la infusión hierva a fuego lento hasta que el aroma se disperse por toda la casa o, al menos, por la cocina. Apague el fuego y respire profundo. (P.D.: El otro aroma que promueve las ventas es el del pan recién horneado).

▷ **Ingredientes del popurrí.** Seque diversas cáscaras de **CÍTRICOS** y úselas en un popurrí, o agréguelas a la mezcla que compre en la tienda para darle un poco de energía extra.

▷ **Ambientadores.** Lance cáscaras secas de **CÍTRICOS** (los sabores que usted elija) a la chimenea. Aromatizarán toda la casa.

▷ **"Cepillos" de dientes.** Frote el interior de una cáscara de **LIMÓN** o **LIMA** sobre dientes y encías. Ambas frutas contienen sustancias químicas que blanquean los dientes y combaten la gingivitis.

Exterior

▷ **Repelentes de gatos.** Distribuya cáscaras molidas de **TORONJA, NARANJA** o **LIMÓN** en la tierra recién labrada para evitar que el gato la use como caja de arena.

▷ **Repelentes de mosquitos.** En la próxima barbacoa, coloque una alfombra de no bienvenida a los mosquitos: agregue un puñado de cáscaras de **CÍTRICOS** al carbón. (Elija el tipo más eficaz según lo que cocine).

▷ **Macetas para almácigas.** Abra agujeros en el fondo con un punzón o un clavo grande para agregar cáscaras de **LIMÓN, LIMA, NARANJA** o **TORONJA**. Llénelas con la mezcla para almácigas, agregue las semillas y colóquelas en una bandeja. Cuando las plantas germinen, trasládelas al jardín con todo y "maceta".

▷ **Trampas para babosas y caracoles.** Poco antes de que oscurezca, coloque cáscaras vacías de **NARANJA** o **TORONJA** entre las plantas. A la mañana, las cáscaras estarán llenas de estos bichos problemáticos. Recoja las trampas y arrójelas (junto con las molestas plagas) a una cubeta con agua y media taza de jabón. Luego tírelas a la pila de compost. (Si no tiene una pila de compost, entiérrelas en el jardín: las cáscaras, los bichos blandos y las conchas de los caracoles se descompondrán y enriquecerán el suelo).

▷ **Insecticida ultraseguro.** En una licuadora, coloque 1 taza de cáscaras picadas de **CÍTRICOS** y vierta ¼ taza de agua hirviendo encima. Licúe y deje reposar toda la noche a temperatura ambiente. Cuele a través de un paño para elaborar quesos o un panti viejo, vierta el líquido en un frasco con aspersor y rellénelo con agua. Úselo para eliminar las destructoras orugas, u otros insectos de cuerpo blando, como la mosca blanca y los áfidos.

tas y rocíelo en los espacios de juego suyos y de sus mascotas.

CONSEJO El **ROMERO**, al igual que el poleo (pág. 107), es eficaz para mantener las pulgas y las garrapatas alejadas de usted y de sus amigos de cuatro patas. Es un arbusto de hoja perenne con flores color azul claro y follaje aromático grisáceo. Es resistente a las heladas solo en las zonas 8 a 10, pero en territorio más frío puede cultivarlo en una maceta al aire libre, como

En la Época de la Abuela

Cuando era un niño, la abuela me enseñó a cultivar un "césped" interior, lo cual rápidamente se convirtió en uno de mis proyectos favoritos de invierno. Esto es todo lo que necesita hacer: sumerja en agua un par de minutos una esponja natural con poros grandes (no sintética) hasta que esté completamente mojada. Exprímala hasta que esté medio seca y rocíe **SEMILLA DE CÉSPED** en las aberturas de arriba. Luego coloque la esponja sobre un plato en una ventana soleada y rocíele agua todos los días. Antes de que se dé cuenta, ¡tendrá una parcelita de césped para recordarle la primavera!

lo hacía la abuela, y meterlo en la casa a la primera señal de heladas. Sobrevivirá el invierno en una ventana con sol. Para preparar el polvo repelente, seque las hojas y muélalas en una licuadora. Luego frote el polvo en el pelo de las mascotas y rocíelo en los espacios de juego suyos y de sus mascotas.

CONSEJO Si busca un regalo sencillo para las compañeras del club de costura, imite a la abuela y haga varios alfileteros de **ROMERO**. Compre unas cuantas bolsas pequeñas de muselina en una tienda de manualidades (o haga las suyas con retazos de lindas telas y cintas, como lo hacía la abuela). Luego rellene la bolsa con tanto romero seco como pueda y cósala para cerrarla. Además de despedir un delicioso aroma, el romero mantendrá las agujas para coser con punta y sin óxido.

CONSEJO Si prefiere un repelente líquido de pulgas y garrapatas, prepare una tanda de té de **ROMERO**. En una olla, hierva 4 tazas de agua de manantial y agregue 1 taza de hojas de romero (fresco o deshidratado). Tape la olla, retírela del fuego y deje que se enfríe. Cuele el té a otra olla o frasco, y déjelo en reposo mientras le da un baño a su perro con un champú para perro de buena calidad; no del tipo contra pulgas y garrapatas (use champú para cachorros si su perro tiene menos de 1 año, o 18 meses para razas gigantes como el gran danés o elsan bernardo). Enjuague bien para retirar los restos del champú, luego vierta el té sobre el pelaje, masajee y deje que se seque. Esos bichos chupasangre cenarán en otro lugar.

El Mundo
EXTERIOR

CONSEJO Convierta su aceite de **AJO** (vea el consejo anterior) en un eficaz pesticida: mezcle 1 cucharada del aceite en una licuadora con 4 tazas de agua y 3 gotas de detergente para vajilla. Vierta la mezcla en un frasco con aspersor, apunte y dispare. La pócima atestará un golpe mortal a cualquier insecto de cuerpo blando, incluidos los áfidos, la mosca blanca y las destructoras orugas.

CONSEJO Este "condimento" fácil de preparar es imprescindible en su "alacena" de control de plagas. Pique en trocitos un bulbo entero de **AJO**, mezcle con 1 taza de aceite vegetal y páselo a un frasco de vidrio

MATABICHOS FLORIDO

Cuando la abuela regaba el jardín, usaba esta fórmula de doble propósito: alimento para las plantas y repelente para los bichos.

¼ **taza de puntas de flores de caléndula**
¼ **taza de puntas de flores de geranio**
¼ **taza de dientes de ajo**
5 galones de agua

Pique las puntas de las flores y el ajo (yo uso un procesador de alimentos) y mezcle en una cubeta con agua. Deje reposar toda la noche y cuele la mezcla a la regadera. Rocíe el jardín con este elíxir y esparza los restos sólidos en la tierra para aportar más eficacia insecticida.

con tapa ajustada. Guárdelo en el refrigerador y déjelo en remojo por un día o dos. Para probar si "está listo", quite la tapa y huela. Si el aroma es tan fuerte que quiere dejar el frasco y huir, ya está listo. Si el aroma no es tan fuerte, agregue medio bulbo de ajo picado y espere otro día. Luego cuele para deshacerse de los sólidos, vierta el aceite en un frasco limpio y guárdelo en el refrigerador.

CONSEJO Si siembra "imanes de hongos" como *phlox* perennes, asteráceas y crisantemos, es bueno tener un plan de prevención. Uno de los mejores que conozco es este aerosol superfácil que la abuela usaba para evitar tanto el mildiu polvoriento como el velloso. Esto es todo lo que necesita hacer: hierva 10 dientes de **AJO** en 4 tazas de agua por media hora. Cuele, deje que el líquido se enfríe hasta llegar a la temperatura ambiente y viértalo en un frasco con aspersor. Cuando llegue la temporada de días calurosos y noches frescas y húmedas (el clima ideal para el mildiu), rocíe las plantas susceptibles cada cuatro o cinco días.

CONSEJO Use el mismo té de **AJO** (vea el consejo anterior) para proteger contra el mal de los semilleros. Empiece a rociar sus plántulas con la infusión tan pronto como sus cabecitas aparezcan sobre la mezcla iniciadora.

CONSEJO A la abuela le encantaban **LAS COLES DE BRUSE-LAS** y las sembraba en abundancia. Pero nunca se imaginó que combatirían las malezas. Recientemente los científicos descubrieron que estos repollos miniatura son ricos en tiocianato, una sustancia tóxica para las semillas recién germinadas, especialmente las pequeñas. Y eso las hace la herramienta perfecta

para atacar las malezas que crecen en lugares difíciles de alcanzar. Esto es todo lo que necesita hacer: a principios de la primavera, en una licuadora o un procesador de alimentos, licúe 1 taza de coles de Bruselas, agregue suficiente agua para hacer una pasta espesa y licúe nuevamente unos cuantos segundos. Agregue ½ cucharadita de detergente para vajilla y vierta la mezcla en las grietas de la acera, la entrada del auto o cualquier lugar donde desee evitar la maleza.

CONSEJO Este es un consejo de primeros auxilios para escaladores, mochileros y montañistas: si se lastima cuando está en el medio de la nada, sin ningún antiséptico a la mano, la **ENE-BRINA** puede ayudarlo. Corte unas cuantas bayas, macháquelas y aplique la pulpa a la herida. Cubra el sitio con un pañuelo limpio y húmedo (o cualquier tela que tenga a la mano). Luego váyase a dormir. A la mañana, se habrá recuperado.

CONSEJO La **GRAMILLA** probablemente no sea una adición atractiva para su jardín, pero es muy útil contra las babosas. Porque la gramilla muerta y seca libera una sustancia química que mata a esos villanos. Así que cuando saque esta maleza, corte las briznas y colóquelas entre las plantas objetivo de las orugas. Deje las raíces en el sol hasta que estén muertas, luego tírelas a la pila de compost.

CONSEJO Hay muchos repelentes de mosquitos en el mercado, pero ninguno es mejor que los que mi abuela cultivaba en su jardín de **HIERBAS**: tomillo limonero *(thymus x*

Una Vez Más

 No se enoje cuando de la **MANGUERA** broten algunas fugas. Como decía la abuela, ese pequeño accidente es una bendición disfrazada, porque las mangueras con fugas son muy útiles. Le doy algunos ejemplos.

▷ **Protectores de objetos filosos.** Para proteger el "lado filoso" de un serrucho, un hacha o un cuchillo, corte un pedazo de la manguera del mismo largo que la cuchilla. Haga un corte en el medio de la manguera y deslícela sobre la cuchilla.

▷ **Ayuda de diseño.** Mantenga su manguera desgastada en buen estado y úsela cuando desee sembrar nuevas parcelas en el jardín. Colóquela en el suelo y muévala hasta que logre la forma deseada. Use una pala para marcar el contorno en el suelo y guarde la manguera en el cobertizo hasta que vuelva a necesitarla.

▷ **Culebra falsa.** Si los pájaros le roban fruta, corte una manguera vieja verde o negra en pedazos de 4 o 5 pies de largo. Enrolle tiras de cinta adhesiva roja o amarilla alrededor de la manguera con unas cuantas pulgadas

de separación para que parezcan franjas, y coloque las temibles serpientes alrededor de árboles o arbustos. Cuando lleguen los ladrones emplumados, verán al supuesto depredador y se irán a otro lugar.

▷ **Manguera aspersora.** Perfore más agujeros a lo largo de la manguera con un picahielo. Tape un extremo con cinta o el corcho de una botella de vino, y coloque la manguera en la parcela que desea regar. (Si desea dejarla de manera permanente, cúbrala con compost u otro mantillo que combine). Conecte el extremo abierto al grifo exterior o, según la distancia, a una manguera, y abra el grifo lentamente.

▷ **Protector de árboles.** Cuando necesite estacar un árbol recién plantado, cubra los amarres con pedazos de manguera para que no dañen la delicada corteza del árbol.

UNA VEZ MÁS

 En nuestra casa, nada se tiraba así por así, ni siquiera las **MALEZAS**. Eso es porque la abuela sabía que la mayoría de estas plantas no deseadas contenían valiosos nutrientes para la pila de compost. Pero antes les daba un pequeño tratamiento. Las secaba bajo el sol hasta que se tostaran o las arrojaba a una cubeta con agua hasta que se pudrieran. Luego las lanzaba a la montaña, segura de que no se reproducirían.

citriodorus), melisa (melissa officinalis) y albahaca de limón (ocimum basilicum 'citriodorum'). Lo único que tiene que hacer es triturar las hojas para liberar los aceites volátiles y frotarlas sobre la piel. A usted le encantará el aroma cítrico, y los mosquitos se mantendrán alejados.

CONSEJO La abuela decía que una parcela de **ORTIGA** es uno de los mejores amigos de un jardinero. Además de contener bastante nitrógeno (tan potente como el estiércol), libera sustancias químicas que repelen todo tipo de plagas molestas. Es por eso que varias veces durante el crecimiento, la abuela preparaba una olla de té de ortiga y lo servía a todas las plantas. Para preparar su propia tanda, coloque 1 libra de hojas de ortiga en una cubeta y vierta 1 galón de agua. Deje reposar por lo menos, una semana, cuele las hojas y deles a las plantas un buen trago.

CONSEJO La abuela me contó que cuando era niña, se tenía una fe ciega en las **PAPAS** podridas como repelente para perros. Las distribuían en las parcelas nuevas, alrededor de los cubos para residuos y en cualquier otro lugar donde no querían que el perro se acercara.

CONSEJO No existe una cura para los virus de las plantas, pero hay una "vacuna" hecha de una planta de **PIMIENTO** verde que puede evitar los ataques. En una licuadora o un procesador de alimentos, licúe 2 tazas de hojas de una planta de pimientos verdes y 2 tazas de agua. Diluya la mezcla con una cantidad igual de agua, agregue ½ cucharadita de detergente para vajilla y vierta la solución en un frasco con aspersor. Empape las plantas de arriba hacia abajo.

CONSEJO Cuando se caían las hojas-agujas de los **PINOS** de la abuela, las ponía en una cubeta grande. Luego, cuando necesitaba deshacerse de orugas, babosas u otros bichos de cuerpo blando, tomaba algunas de las agujas y las esparcía alrededor de la base de cada planta vulnerable.

CONSEJO ¿Hay hongos aquí? Elimínelos de inmediato; para hacerlo, rocíe las plantas enfermas con el té de **RÁBANO PICANTE** de la abuela. En una cubeta, agregue 1 parte de hojas de rábano picante y vierta 4 partes de agua caliente sobre las hojas. Deje que la infusión se enfríe hasta llegar a temperatura ambiente, viértala en un frasco con aspersor y rocíe las plantas de arriba hacia abajo.

CONSEJO La abuela tenía una forma sencilla para atrapar las babosas y los caracoles del jardín: cuando caía la noche, colocaba hojas de **REPOLLO** entre las plantas con problemas. A la mañana siguiente, las hojas estaban llenas de las plagas resbalosas: la abuela quitaba las hojas de repollo (con los bichos) y las tiraba en una cubeta con agua jabonosa (solo una cucharada de detergente para vajilla). Luego tiraba todo a la pila de compost.

CONSEJO Si prefiere no acercarse a las babosas, entierre unas latas de atún o comida para gatos hasta el borde. Luego corte hojas de **REPOLLO** en juliana, colóquelas en las latas y llene

cada una con agua salada (aproximadamente 1 cucharadita de sal por lata de agua). Las babosas y los caracoles se dirigirán al repollo, caerán en la bebida y se ahogarán.

CONSEJO Si hay gatos vagabundos que están haciendo destrozos en el jardín, este es un truco que

LAS FÓRMULAS SECRETAS DE **la Abuela Putt**

FUNGICIDA PARA EL SUELO

Cuando un hongo del suelo ataque al jardín de flores o vegetales, utilice este eficaz fungicida al que la abuela le tenía mucha fe.

4 bulbos de ajo machacados
½ taza de bicarbonato
1 galón de agua

Mezcle estos ingredientes en una olla grande y lleve a ebullición. Apague el fuego y deje que la mezcla se enfríe a temperatura ambiente. Cuele el líquido a una regadera y empape la tierra alrededor de las plantas afectadas (o susceptibles a los hongos). Riegue muy despacio, para que el elíxir penetre en el suelo. Luego entierre los desechos de ajo en el suelo, con cuidado para no molestar a las raíces de las plantas.

¡Fuera!

No hay duda: la abuela tenía algunos pesticidas muy eficaces (y encontrará varios en el libro). Pero no recurría muy seguido a esas armas, porque sabía un antiguo secreto que los científicos han confirmado: las raíces, las hojas y las flores de las plantas expelen sustancias químicas, y algunas de estas sustancias repelen insectos específicos e incluso criaturas más grandes de cuatro patas. Estos son algunos ejemplos de cómo aprovecharlas en el jardín.

Para Mantener a Estos Alejados	Siembre Estas Plantas Entre Sus Objetivos
hormigas	poleo, artemisia, hierbabuena, tanaceto
áfidos	cebollinos, ajo, menta, capuchina, cebolla
escarabajos del espárrago	albahaca, caléndula, capuchina, perejil, tomate*
gorgojos	menta de gato
barrenadores	ajo, cebolla, tanaceto
gusanos falsos medidores del repollo	ajo, chiles picantes, cebolla, romero, salvia, tanaceto, tomillo
orugas nocturnas de la col (los padres de la mariposa de la col)	hisopo, menta, romero, salvia, tomillo
gatos	ruda
escarabajos de la papa	menta de gato, rábano picante, capuchina, tanaceto
venados	menta de gato, cebollinos, ajo, lavanda, cebolla, romero, geranio aromático, hierbabuena, tomillo, milenrama
escarabajos	menta de gato, menta, ajenjo
polillas de la fruta	artemisia
ardillas de tierra	narciso, escila
escarabajos japoneses	ajo, espuela de caballero, ruda, tanaceto, geranio blanco (pelargonio)
escarabajos mexicanos del frijol	caléndula, capuchina, romero, ajedrea
ratones	menta
topos	tártago (Euphorbia lathyrus), euforbia (E. cyparissias), escila
mosquitos	artemisia, ajenjo

Para Mantener a Estos Alejados	Siembre Estas Plantas Entre Sus Objetivos
curculios del ciruelo	ajo
conejos	clavel lanudo, ajo, caléndula mexicana *(Tagetes lucida)*, cebolla, ajos ornamentales
nematodos de nudo de raíz	caléndula francesa *(Tagetes patula)*
escarabajos de rosal	geranio *(pelargonio)*, cebolla, ajos ornamentales, petunias
babosas y caracoles	romero postrado, ajenjo
gusanos picudos del tomate	borraja, caléndula, albahaca ópalo

* El espárrago tiene un gran apetito, y sufre cuando alguna otra raíz comparte su fuente de alimento, así que no siembre otras plantas en la parcela del espárrago. Siémbrelas en recipientes alrededor del espárrago.

puede probar la próxima vez que pode los **ROSALES**. Distribuya esas varas espinosas en la tierra recién labrada para evitar que el gato la use como caja de arena. O colóquelas en el suelo debajo de los nidales, bebederos y comederos para pájaros. (Este mismo truco mantiene a los mapaches fuera del huerto o del cubo para residuos).

CONSEJO La hernia del repollo puede causar grandes problemas en las plantas de la familia del repollo (incluidos el brócoli, las coles de Bruselas y la coliflor). Afortunadamente la abuela sabía qué hacer: enterraba tallos de **RUIBARBO** en las parcelas. ¡Yo lo sigo haciendo en mi casa!

CONSEJO Puede parecer extraño, pero en secreto yo siem-

pre disfrutaba cuando los áfidos o la mosca blanca se descontrolaban en el jardín de la abuela. ¿Por qué? Porque probablemente mi abuela

UNA VEZ MÁS

La **FRUTA** podrida es basura para usted, pero es ambrosía para el escarabajo de rosal. La abuela mantenía a estos indeseables lejos de sus preciadas rosas con este simple truco. ¡Pruébelo! Llene algunos frascos hasta la mitad con agua jabonosa, agregue trozos de fruta podrida (de cualquier tipo) y colóquelos debajo de los rosales. Los escarabajos se sentirán atraídos y morirán en la bebida.

los atacaría con té de **RUIBARBO**. Arrancaba suficientes hojas hasta juntar 1 libra y las hervía en 4 tazas de agua por aproximadamente media hora. Colaba el té y vertía el líquido en un frasco con aspersor. Luego mezclaba 2 cucharaditas de detergente para vajilla y rociaba a esos pequeños bichos para tener de nuevo bellas plantas. Luego regresaba a la cocina y usaba los tallos para preparar... ¡mi tarta favorita de fresa y ruibarbo! (Una advertencia: las hojas de ruibarbo son sumamente venenosas, así que ni piense en rociar este té en plantas comestibles).

CONSEJO La abuela usaba hojas de **TOMATE** en otra pócima del jardín para proteger las flores de los escarabajos, la mosca blanca y otras plagas. Para prepararla, en una olla con 4 tazas de agua, agregue 2 tazas de hojas de tomate picadas. Caliente el agua (sin hervir). Apague el fuego y deje que la mezcla se enfríe. Cuele las hojas y agregue ½ cucharadita de detergente para vajilla. Vierta la solución en un frasco con aspersor y rocíe las plantas de arriba hacia abajo. Las hojas de tomate son venenosas, así que no use esta preparación en plantas comestibles.

CONSEJO Si cultiva rosas, sabe lo molesta que puede ser la mancha negra. Hay buenas noticias: si la detecta a la primera señal de aparición, un par de vegetales del jardín pueden ayudarle a cambiar el rumbo. Corte 15 hojas de **TOMATE** y dos cebollas pequeñas, píquelas en trozos finos y remójelas durante la noche en alcohol para frotar. Cuele la preparación. Con una brocha tipo esponja pequeña, aplique el líquido en la parte inferior y superior de las hojas afectadas del rosal.

LAS FÓRMULAS
SECRETAS DE
la Abuela Putt

TÉ DE MOSTAZA SILVESTRE

Tanto las orugas nocturnas de la col, como los gusanos falsos medidores del repollo y los escarabajos de la papa se mantenían alejados de las hortalizas de la abuela, porque los rociaba con esta "bebida" penetrante.

4 clavos de olor enteros
1 puñado de hojas de mostaza silvestre
1 diente de ajo
1 taza de agua hirviendo

Deje hervir en agua los clavos, las hojas de mostaza y el ajo por 10 minutos. Cuele los sólidos, deje que el líquido se enfríe y viértalo en un frasco con aspersor. ¡Fuera, bicho!

Aguacate

Donde vivíamos, en el nevado Norte, la abuela no podía ni soñar con sembrar aguacate. Y cuando los granjeros lo enviaban a todo el país, se agotaban en la tienda del vecindario. Pero si hubiera podido, habría encontrado buenos usos para estas frutas verdes y blandas. Este es el resumen detallado.

▶ *Controle el cabello seco y con estática.* Pele y machaque un aguacate maduro, aplíquelo en el cabello y déjelo actuar por 15 minutos. Enjuague con agua fresca.

▶ *Acondicionador profundo para cabello.* (Si su cabello está sufriendo los efectos del calor y el smog, este consejo es para usted). Machaque medio aguacate con ¼ taza de mayonesa (la casera con huevos y aceite). Masajee la mezcla sobre el cuero cabelludo y péinelo hacia las puntas. Cubra el cabello con una gorra para baño y envuelva la cabeza con una toalla caliente y húmeda. Déjelo actuar un mínimo de 30 minutos y luego enjuague.

▶ *Suavice y revitalice la piel normal a grasa.* Mezcle 2 cucharadas de aguacate machacado con 1 cucharada de almendras molidas y ½ cucharadita de miel hasta que la mezcla esté cremosa. Aplique sobre el rostro con las manos y déjela actuar por 30 minutos, más o

menos. Enjuague con agua tibia y seque con cuidado.

▶ *Suavice y nutra la piel seca.* Mezcle ½ aguacate machacado con ½ banano machacado y pase esta "crema" sobre el rostro y el cuello. Espere 15 minutos, enjuague con agua tibia y seque con cuidado.

▶ *Otro suavizante.* Este tratamiento facial es eficaz para cualquier tipo de piel. Mezcle 2 cucharadas de aguacate machacado con 2 cucharadas de miel y 1 yema de huevo. Aplíquelo sobre el rostro, déjelo actuar 30 minutos, enjuague con agua tibia y seque con cuidado.

La Cáscara

A los aguacates se los llama "pera con cáscara de lagarto" por su cáscara gruesa y rugosa como la piel del lagarto. A continuación encontrará algunas ideas de lo que puede hacer con la cáscara.

▶ *Mímese con un tratamiento facial superfácil.* Frote sobre el rostro una cáscara de aguacate que todavía tenga una capa delgada de fruta. Su textura arenosa se deshará de la piel muerta, mientras que la pulpa que queda en el rostro lo humectará. Espere 10 minutos, luego enjuague con agua fresca.

(continua)

(continuación de la página 119)

▶ *Despídase de la piel áspera.* Use cáscaras de fruta para suavizar la piel de talones y codos. Rocíe el interior de una cáscara con unas gotas de jugo de limón, y frótela en la parte áspera del cuerpo. Al principio se sentirá extraño, ¡pero a su piel le encantará!

▶ *Fertilice las flores.* Entierre cáscaras de aguacate cerca de las plantas en floración (especialmente los rosales) para aportarles magnesio y potasio.

▶ *Atrape babosas.* Coloque cáscaras de aguacate en el jardín por la noche. A la mañana, recoja las cáscaras llenas de babosas y arrójelas a una cubeta con agua jabonosa. Luego tire todo a la pila de compost.

▶ *Haga germinar semillas.* Abra unos cuantos agujeros en la parte inferior de las cáscaras de aguacate y colóquelas en una bandeja o maceta poco profunda. Llene cada "maceta" con una mezcla comercial para almácigas y siembre las semillas. Cuando llegue el momento de trasplantar las plántulas al jardín, plántelas con todo y maceta.

El Carozo

¡Qué fruta versátil! Hasta el carozo (la semilla) del aguacate es un valioso asistente de belleza. Les presento un par de formas elegantes para usarlo en su rutina de cuidado de la piel

▶ *Dese un masaje.* Elimine la fruta del carozo del aguacate y frote el carozo sobre los brazos, las piernas, las, caderas y la parte de la espalda que alcance. Mejora la circulación y es un placer. (Hay quienes aseguran que combate la celulitis).

▶ *Enriquezca la crema de limpieza.* Elimine la fruta de tres o cuatro carozos de aguacate. Métalos en una bolsa plástica resistente con cierre y golpéelos con un martillo hasta que los pedazos sean del tamaño de una arveja. Distribuya los trocitos en una bandeja para hornear para secarlos por unos cuantos días. Cuando estén completamente secos, póngalos en un molinillo de café o un procesador de alimentos, y muélalos hasta hacerlos polvo (la consistencia del café molido). Sepárelos para que se sequen y guárdelos en un recipiente hermético (un frasco para envasado sería ideal). Cuando se lave el rostro, agregue una cucharadita del carozo molido a su jabón líquido o crema de limpieza favoritos.

CAPÍTULO CUATRO

En la
COCINA

121

Aceite de oliva
Aceite vegetal
Avena
Azúcar
Bicarbonato
Café
Cerveza
Cola
Colorante artificial
para alimentos
Harina
Harina de maíz
Huevos
Leche
Melaza
Miel
Mostaza
Pan
Papel aluminio
Pimienta de cayena
Sal
Vinagre
Yogur

☛ y más...

¡A su SALUD!

CONSEJO Cuando vaya a la playa, lleve un bote de **ABLAN-DADOR DE CARNE.** Eliminará el dolor de las picaduras de medusa. Mézclelo con agua y aplíquelo como lo haría con una picadura de insecto.

CONSEJO ¿Tiene **ABLANDADOR DE CARNES** en la cocina? La abuela tenía y probablemente lo usaba más seguido para tratar las picaduras de insectos que para suavizar los cortes de carne dura. Y sigue funcionando tan bien como en esa época. Mézclelo con unas gotas de agua y espárzalo sobre la zona afectada. El ablandador descompone la proteína del veneno, y neutraliza así la capacidad de producir dolor.

TÓNICOS & PONCHES

JARABE DE SEMILLAS DE ANÍS

Contrario a lo que pueda parecer, este simple mejunje puede resolver dos de los problemas más molestos de la vida: puede calmar una tos seca, y (lea esto) mejorar la memoria.

1 cuarto de galón de agua
7 cucharaditas de semillas de anís
4 cucharaditas de miel
4 cucharaditas de glicerina*

Lleve el agua a ebullición y agregue las semillas de anís. Baje el fuego y cocine a fuego lento hasta que el agua se reduzca a aproximadamente 3 tazas. Cuélelas y, con la infusión todavía caliente, mezcle la miel y la glicerina. Para aliviar la tos, tome 2 cucharaditas del jarabe cada pocas horas hasta que la tos cese. Para reavivar las viejas células del cerebro, tome 2 cucharadas tres veces al día cuando lo necesite.

* Disponible en farmacias

CONSEJO ¡Qué dolor! Ese primer trago de café caliente le quemó la garganta. Para extinguir el fuego de inmediato, beba 2 cucharaditas de **ACEITE DE OLIVA**.

CONSEJO La cera de los oídos está allí con un fin: atrapar suciedad y partículas de polvo, y proteger los oídos de infecciones. Pero a veces (especialmente cuando acumulamos... experiencia), también se acumula la cera, se endurece e incluso bloquea el canal auditivo. Afortunadamente existe una forma sencilla de mantener la suavidad de la cera para que no se acumule: un par de veces a la semana, coloque una gota o dos de **ACEITE VEGETAL** tibio en cada oído. (La abuela usaba un gotero medicinal, también conocido como cuentagotas).

CONSEJO Para humectar las zonas dolorosas con eccema o psoriasis, unte con cuidado **ACEITE VEGETAL** sobre la piel afectada.

CONSEJO ¡Ay! Está plácidamente dormido cuando lo despierta abruptamente un doloroso calambre en la pierna. No se quede ahí despierto. Cojee hacia la cocina, sírvase un vaso de 8 onzas de **AGUA TÓNICA** y tómeselo. La quinina en este medio gaseoso podría ser suficiente para cortar el calambre muscular. (Si no le gusta el sabor del agua tónica, agréguele jugo de naranja, un gajo de lima o una medida de ginebra).

CONSEJO Cuando le piquen los insectos o las abejas, pre-

En la Época de la Abuela

Cuando la abuela era joven, las personas no podían ir a la farmacia a comprar pomadas y ungüentos antibióticos. Conseguían los medicamentos donde podían. Y a veces, encontraban el remedio en la caja del pan. Por ejemplo, este era el tratamiento favorito para las cortadas infectadas, y las mordidas de perro: remoje algunas rebanadas de **PAN** ligeramente mohoso en leche condensada o mitad y mitad, aplique la cataplasma a la herida y sujétela con un vendaje o cinta adhesiva. Cambie el vendaje todos los días hasta que la inflamación y el enrojecimiento desaparezcan. (La abuela nunca tuvo que usar esto conmigo, pero aseguraba que corregía el problema casi de la noche a la mañana).

pare una pasta de **ALMIDÓN** y jugo de limón, y aplíquela sobre la zona afectada. (Se recomiendan 3 partes de almidón por cada parte de jugo de limón, pero use más o menos jugo según sea necesario).

CONSEJO De niño, mis manos eran propensas a ampollarse y, por supuesto, como niño normal, ¡no quería usar guantes cuando trabajaba en el jardín! Como siempre, la abuela tenía la respuesta a mi problema: antes de salir a hacer mis tareas, la abuela me frotaba las palmas de las manos con una cucharada de **ALMIDÓN**. El polvo absorbía el sudor y evitaba que se formaran ampollas.

CONSEJO Los dolores de cabeza son una triste realidad, y es por eso que debería añadir este simple consejo de la abuela al kit de primeros auxilios. Mezcle 1½ taza de **ARROZ** crudo con cinco o seis gotas de aceite

TÓNICOS & PONCHES

SOPA DE POLLO ENERGIZANTE

Todos sabemos que la sopa de pollo es un arma eficaz contra los gérmenes del catarro y la gripe. Esta es una fórmula que le añadirá más vitalidad a su receta favorita (o al caldo de pollo instantáneo).

1 taza de sopa o caldo de pollo
1 cucharada de vinagre
1 diente de ajo machacado
salsa picante

Caliente la sopa o el caldo y agregue el vinagre, el ajo y salsa picante al gusto. Luego vierta la preparación en un tazón o un pocillo y disfrútela. Repita cuantas veces sea necesario hasta que vuelva a sentirse fresco como una lechuga.

esencial de lavanda (se vende en tiendas de hierbas, manualidades y de salud). Coloque el material en un calcetín de algodón suave y limpio, y cósalo para cerrarlo. Luego, cuando comience ese dolor punzante, acuéstese y coloque el calcetín aromático sobre los ojos. El aroma de la lavanda lo aliviará y el peso del arroz hará una presión tipo masaje sobre los ojos y la frente para aliviar el dolor.

CONSEJO ¿No quiere moler avena todos los días? Corte la pierna de un panti viejo, rellene el pie con **AVENA**, y ate la parte de arriba a la espita de la tina. Luego abra el grifo y prepárese para un baño supercalmante.

CONSEJO Es imposible dormir bien cuando le pica todo el cuerpo por alergias, eccema, picaduras de insectos o erupción cutánea por contacto con hiedra venenosa. Hay una rutina para la hora de dormir que le permitirá descansar plácidamente. Muela una taza de **AVENA** seca (no instantánea) hasta que quede como polvo con una licuadora, un procesador de alimentos o un molinillo de café. Agregue la avena al agua tibia de una tina y sumérjase para aliviar la incomodidad.

CONSEJO La abuela conocía una inmensa cantidad de formas de aliviar el calor y el dolor de las quemaduras de sol. Esta era una de sus favoritas: envuelva 1 taza de **AVENA**

seca en un paño para elaborar quesos y pásela por agua fría. Exprima el exceso de agua y aplique la cataplasma a la piel quemada por unos 20 minutos cada 2 horas. (Puede usar la misma bolsa de avena una y otra vez, pero pásela por agua fría antes de cada tratamiento).

CONSEJO Al igual que cualquier otro adolescente, yo estaba angustiado cuando empezaron a aparecerme granos en el rostro. Como siempre, la abuela estaba a la altura de la situación. Mezcló partes iguales de **BICARBONATO** y germen de trigo con suficiente agua para preparar una pasta. Me indicó que untara una cantidad muy pequeña sobre los granos, que esperara 10 minutos, me enjuagara con agua tibia y me secara con cuidado.

CONSEJO Alivie la acidez como la abuela. Cuando sienta esos síntomas incómodos, beba ½ vaso de agua con ½ cucharadita de **BICARBONATO**. Una advertencia: si sigue una dieta reducida en sodio, o tiene más de 60 años, o es para su hijo de menos de 5 años, consulte al médico antes de usar este remedio.

CONSEJO Antes de que aparecieran los limpiadores comerciales de dentaduras postizas, se limpiaban sumergiéndolas en un tazón con agua (unas 2 tazas) con 2 cucharaditas de

En la Época de la Abuela

En cuanto cualquier persona de nuestra casa mostraba señales de resfriado o gripe, mi abuela (como las demás madres y abuelas) ponía una gran olla de **SOPA DE POLLO** sobre el hornillo y servía tazón tras tazón de la deliciosa sopa. Pero en la Edad Media, no se consideraba la sopa de pollo como un delicioso remedio contra los gérmenes; ¡la consideraban un afrodisíaco!

BICARBONATO. ¡Este método todavía es eficaz!

CONSEJO Combata las bacterias que causan gingivitis: cepíllese con una pasta preparada con 3 partes de **BICARBONATO** y 1 parte de peróxido de hidrógeno.

CONSEJO Cuando pasa tanto tiempo al aire libre como la abuela y yo, se reciben más picaduras de insectos que lo normal. Afortunadamente la abuela conocía muchas formas de reducir el dolor, la picazón y la hinchazón, incluida esta rutina comprobada. Disuelva 1 cucharadita de **BICARBONATO** en 1 taza de agua. Sumerja un paño limpio y suave en la solución, y sosténgalo sobre la herida por más o menos 20 minutos.

CONSEJO Deshágase de las dolorosas aftas: enjuague la boca con una solución de ½ cucharadita de **BICARBONATO** en ½ vaso de agua tibia. Repita cada pocas horas, según sea necesario, hasta que desaparezcan las incómodas llagas.

CONSEJO Después de un largo día en el jardín, la abuela relajaba los músculos cansados y tensos en una tina de agua tibia con ½ taza de **BICARBONATO**. (Este sencillo trata-

miento también hará que su piel se sienta más tersa).

CONSEJO La abuela nunca compró un tubo de pasta de dientes. Para mantener sus dientes y encías saludables, se cepillaba dos veces al día con un poco de **BICARBONATO** en un cepillo de dientes húmedo. Si no le gusta el sabor del bicarbonato, mézclelo con unas gotas de su extracto preferido (por ejemplo, menta, vainilla o canela).

CONSEJO La urticaria y el sarpullido en la piel tienen diversos orígenes. Independientemente de qué

UNA VEZ MÁS

 Cuando la abuela estaba en la cocina, no se desperdiciaba nada: ni siquiera el **CALDO DE COCCIÓN**. Estas son algunas formas en que aprovechaba esta agua "con experiencia". (Le recomiendo que preste especial atención a estos consejos si vive en un lugar donde sea habitual que escasee agua).

▷ **Espárragos.** Limpie puntos negros, granos y otras afecciones del rostro: aplíqueles caldo de cocción de espárragos dos veces al día.

▷ **Huevos.** Si desea limpiar el peltre, sumerja los objetos en caldo de cocción de huevos y déjelos en remojo por unos minutos. Luego remoje un

paño suave en el agua y frote sus tesoros. Enjuague con agua limpia y seque con un paño.

▷ **Arvejas.** Alivie la picazón de la erupción cutánea por contacto con hiedra venenosa y otros sarpullidos: aplique caldo de cocción de arvejas con una esponja. (Repita con la frecuencia necesaria).

▷ **Papas** (sin pelar). Añada reflejos al cabello castaño: remoje una brocha de repostería en caldo de cocción de papas y sature el cabello (con cuidado de que el agua no entre en los ojos). Espere 30 minutos y enjuague bien con agua fresca. Repita cada pocas semanas para mantener los reflejos.

haya causado las manchas rojas que le pican, este viejo truco se deshará de las molestias en un santiamén. Agregue de 3 a 4 cucharadas de **BICARBONATO** a una tina con agua tibia, y prepárese para un largo baño relajante. La bebida refrescante, la vela encendida y el material de lectura informal son opcionales.

CONSEJO Si desea toda la eficacia de una pasta de dientes quitamanchas (o más) sin el precio alto, machaque una fresa madura y mézclela con suficiente **BICARBO-NATO** para hacer una pasta. Úsela como cualquier otra pasta dental. ¡Y vea cómo se le iluminan los dientes!

CONSEJO ¿Está tratando de dejar de fumar? Este es un consejo útil si no sigue una dieta reducida en sodio y no tiene una úlcera. Con cada comida, beba un vaso de agua con 2 cucharadas de **BICAR-BONATO.**

CONSEJO Cuando se sienta resfriado, pruebe este truco que es más viejo que Matusalén: llene la tina con agua lo más caliente que aguante. Cuando la tina se esté llenando, vierta una medida de **BOUR-BON** en un vaso de limonada caliente.

Métase a la tina y beba el ponche a sorbos. Cuando haya terminado, séquese y métase a la cama. A la mañana, estará de nuevo en la cima del mundo. (Si no le gusta el bourbon, o no lo tiene a la mano, reemplácelo por whisky, escocés o ron).

CONSEJO Cuando la tapa del medicamento dice: "Presione mientras gira", pero los dedos se niegan a cooperar, sujete la tapa con un **CASCA-NUECES**. Le dará la fuerza de torsión que necesita. Tenga cuidado de no apretar demasiado o romperá la tapa.

CONSEJO ¡No puede ser! Estaba cortando un tomate para poner a los sándwiches, se distrajo un segundo, y se cortó el dedo. Aplique una capa delgada de **CLAVO DE OLOR** en polvo sobre la herida. Detendrá el dolor y evitará que se infecte.

CONSEJO ¿Necesita calmar un dolor punzante de muelas? Siga el consejo de la abuela: muerda suavemente un **CLAVO DE OLOR** entero hasta que pueda ver al dentista. El sabor es muy fuerte, pero es uno de los mejores alivios para el dolor de muelas.

CONSEJO La abuela siempre mantenía una botella de jarabe de Coca-Cola a la mano, y la usaba para curar todo tipo de problema

Aceite en Aerosol para Cocinar

El aceite de cocina en latas de aerosol apareció por primera vez en los estantes de los supermercados a principios de la década de 1960, después de que la abuela dejara su cocina terrenal. Seguramente le habría encantado la practicidad de rociar ollas y sartenes, y docenas de otras cosas, también. Esta es una muestra de las formas en las que puede usar este práctico lubricante, dentro y fuera de casa.

Interior

▶ *Límpiese las manos.* Cúbralas con aceite de cocina en aerosol, frote el aceite y luego lávese con agua y jabón. Limpiará fácilmente suciedad, grasa y pintura al látex.

▶ *Descongele más fácilmente el congelador.* La próxima vez, simplifique la tarea rociando la parte inferior y los lados del congelador con aceite de cocina en aerosol. Será mucho más fácil quitar el hielo.

▶ *Limpie la puerta de la ducha.* Rocíe un paño suave de algodón con aceite de cocina en aerosol y limpie la suciedad.

▶ *Sáquese un anillo atorado del dedo.* Rocíe en el punto entre su piel y el metal. Sostenga el dedo hacia arriba por unos segundos para dejar que el aceite penetre, luego deslice el anillo para quitárselo.

▶ *Despegue la goma de mascar.* Cuando a una niña se le pega goma de mascar en el cabello, cubra la zona con aceite de cocina en aerosol (con cuidado de que no entre en los ojos de la pequeña). Masajee el aceite con los dedos y luego use un peine para quitar la goma.

▶ *Mantenga los recipientes plásticos para alimentos libres de manchas y olores.* Antes de llenar un recipiente con salsa de tomate o cualquier otra comida colorida o aromática, rocíe el interior con aceite de cocina. Esto evitará que el contenido manche o transfiera el olor al recipiente.

▶ *Mantenga la masa unida.* Rocíe aceite de cocina en aerosol sobre la mesa o tabla de trabajo antes de extender la masa. Las galletas o la masa se desprenderán fácilmente, sin dejar pedazos pegados a la superficie.

▶ *Afloje un tornillo.* Rocíe aceite de cocina en aerosol a un tornillo atorado y espere unos minutos a que penetre. Ese pequeño pedazo de metal debería salir fácilmente.

▶ *Mida cosas pegajosas.* Antes de verter miel, melaza y otros líquidos pegajosos en una taza de medir, cubra la superficie con aceite de cocina en aerosol. De esa forma, fluirá el contenido y la limpieza será muy fácil.

♦ *Evite derrames en el hornillo.*
Rocíe los bordes de una olla antes
de agregar el agua. Así el líquido no
se derramará por los lados cuando
esté hirviendo.

♦ *Quite el rechinido de las bisagras.*
Rocíelas con aceite de cocina en
aerosol y se callarán de inmediato.

♦ *Saque etiquetas y calcomanías de
precio.* Sature el pedazo de papel (o
la goma, si eso es todo lo que queda).
Deje actuar unos cinco minutos, y retire con un raspador plástico o una tarjeta de crédito vieja.

♦ *Despegue un candado.* Rocíe el
candado o la llave con aceite de cocina en aerosol y diga: "¡Ábrete sésa-
mo!".

Exterior

♦ *Limpie la parrilla rápido.* Antes de
encender el carbón o abrir el gas,
cubra la parrilla con aceite de cocina
en aerosol. Cuando el metal se haya
enfriado por completo, pase un trapo
para limpiar.

♦ *Corte sin mayor esfuerzo.* Antes
de podar plantas o recortar el césped, rocíe aceite de cocina en aerosol en las partes móviles de las tijeras podadoras o cizallas. Se deslizarán mientras trabaja, y sus manos
dirán: "¡Gracias!".

♦ *Excave sin mayor esfuerzo.* Ya
sea que esté cambiando plantas de
lugar en el jardín o preparando canteros nuevos, rocíe la pala con aceite
de cocina en aerosol antes de empezar, y cada cierto tiempo a medida
que avance. ¡Será más fácil excavar!

♦ *No se quede congelado afuera.* De su auto. Cubra las juntas
de la puerta con aceite de cocina en aerosol. El aceite impedirá que entre el agua, sin
dañar las juntas.

♦ *Aliviane la carga de
nieve.* Cubra la pala
con aceite de cocina
en aerosol. La nieve se deslizará en
un instante, lo que hará que el trabajo sea más fácil y rápido.

♦ *Lubrique la cadena de la bicicleta.*
Rocíela con aceite de cocina en
aerosol para que se siga moviendo
libremente.

♦ P*roteja las herramientas.* Rocíe
ligeramente las partes metálicas de
todas las herramientas para que no
se oxiden ni corroan.

♦ *Dígale al césped: "¡No!".* Antes de
cortar el césped, rocíe la cuchilla, y el
chasis completo de la cortadora de
césped con aceite de cocina en aerosol. De esa forma, el césped no se
pegará al metal ni se apelmazará.

♦ *Desplácese más rápido en la
nieve.* Cubra la parte inferior de un
tobogán, tubo o platillo de nieve
antes de lanzarse cuesta abajo en la
nieve si es que quiere volar rápido.

digestivo. Un par de cucharadas curaba cualquier cosa: desde un dolor de estómago leve hasta un caso más grave de vómitos. Probablemente consiga jarabe de Coca-Cola en su farmacia local. Si no, mantenga algún tipo de **COLA** a la mano (de cualquier marca). Cuando haya problemas, abra la lata o la botella y deje que se escape el gas. Luego beba a sorbos hasta que se sienta bien.

CONSEJO Cuando su estómago esté dando volteretas, ya sea por enfermedad o porque tuvo una noche de fiesta, pruebe una de las soluciones favoritas de la abuela para las molestias estomacales: **GINGER ALE.** Sírvase un vaso grande. ¡Se sentirá mejor de inmediato!

CONSEJO Cuando coma mucho o demasiado rápido, y lo pague con acidez, no tome una tableta de antiácidos (a menos que el médico se la haya indicado). Tome un trozo de **GOMA DE MASCAR** y mastíquelo unos 30 minutos. Esto hará que la saliva fluya para que pueda eliminar el ácido estomacal que se filtra al estómago y causa el ardor.

CONSEJO Para un práctico alivio de los dolores, llene un

GUANTE DE HULE limpio y nuevo con una mezcla en partes iguales de agua y alcohol para frotar y métalo al congelador. Sáquelo la próxima vez que un moretón, un esguince u otra lesión requiera un tratamiento frío. Debido a que el alcohol no se congela, tendrá una mano fría pero flexible para colocar sobre la zona afectada.

CONSEJO Cuando se trataba de curar quemaduras leves, la cocina de la abuela era una mina de oro de posibilidades, y la suya también lo

En la Época de la Abuela

Para propósitos medicinales y cosméticos, la abuela usaba **MIEL** sin procesar, no las marcas que encuentra junto a la mantequilla de maní y la jalea en la mayoría de los supermercados. ¿Por qué? Porque las que venden en los supermercados han sido tratadas con un proceso de calor y filtrado que mata los nutrientes y las enzimas que aportan salud. Afortunadamente es fácil encontrar de la buena: puede encontrarla en casi todas las tiendas de alimentos saludables, en muchos mercados agrícolas y en la sección de alimentos orgánicos y naturales de la mayoría de los principales supermercados.

es. Por ejemplo: separe un **HUEVO** crudo y aplique con cuidado la clara a la piel afectada. ¡Eliminará el calor rápido!

CONSEJO Para tratar la inflamación del párpado o un quiste en el ojo, los médicos suelen recetar una compresa caliente, de tres a cuatro veces al día. Y encontrará lo que el médico indicó en el refrigerador: un **HUEVO**. Hierva uno para tener un huevo duro. Envuelva el huevo caliente (dentro de la cáscara) con un paño y colóquelo sobre el ojo afectado por 10 minutos. En la próxima sesión de huevos (lo siento, no me pude resistir), coloque ese mismo huevo en una olla con agua y vuelva a calentarlo.

CONSEJO Si sufre de migraña, seguramente siempre está atento a aprender nuevas formas de aliviar el dolor y las náuseas que provocan esos temibles dolores de cabeza. Para eso es esta cura tradicional en la que muchos todavía confían ciegamente: en cuanto sienta el primer indicio de un ataque, mezcle ¼ cucharadita de **JENGIBRE** en polvo en un vaso de agua y bébalo.

CONSEJO Para curar heridas que tardan en cicatrizar en cualquier otra parte del cuerpo, sature una gasa en **JUGO DE UVAS** Concord,

aplíquela a la herida y sujétela con cinta adhesiva. Cambie el vendaje a diario, pero no lave la zona afectada. Antes de

TÓNICOS & PONCHES

POMADA CONFIABLE DE MOSTAZA

Esta fórmula versátil alivia la tos y la congestión de pecho, y brinda un rápido alivio a los músculos adoloridos y a las articulaciones agarrotadas. Para lograr mejores resultados, administre este tratamiento antes de acostarse.

**2 cucharadas de aceite de oliva
1 cucharadita de mostaza en polvo
1 cucharadita de jengibre en polvo**

Mezcle los ingredientes y frote una cantidad mínima en la parte interior del brazo. Espere 10 minutos. Si no hay señales de irritación en la piel, frote el resto de la mezcla en la zona problemática hasta que sienta una sensación tibia y hormigueante. Según las partes del cuerpo que haya masajeado con la mezcla aceitosa, puede ponerse una camiseta vieja, o cubrir la zona con un paño suave de algodón (para proteger las sábanas). Luego métase a la cama y disfrute de un buen descanso. A la mañana, lave los residuos con agua y jabón. Repita con la frecuencia necesaria.

En la Época de la Abuela

La abuela sabía que además de sus muchas otras virtudes, la **MIEL** es el único alimento del planeta que nunca se arruina. En efecto, los arqueólogos que han explorado tumbas de faraones egipcios han encontrado miel en perfectas condiciones después de miles de años.

que se dé cuenta, la "cortadita" será historia.

CONSEJO Una vez, el abuelo tuvo una herida en el talón que tardó mucho tiempo en cicatrizar, hasta que un médico retirado que vivía sobre la misma calle sugirió un remedio milagroso. Esto es todo lo que necesita hacer: todas las noches antes de dormir, sumerja el pie unos 30 minutos en un tazón de porcelana (no de metal) lleno de **JUGO DE UVAS** Concord como para cubrir la herida. Con un paño suave de algodón, seque con cuidado, pero no enjuague el jugo de uva y no moje la zona cuando se bañe. El tiempo que tarda en cicatrizar varía según la profundidad de la cortada, pero debería recuperarse después de dos o tres semanas de tratamiento.

CONSEJO Aunque nunca se lo conté a mis amigos de la infancia, me encantaba ayudar a la abuela en la cocina. Mientras lo hacía (no era el niño más hábil del vecindario), me quemé varias veces las manos y los brazos. Y en cuanto daba alaridos de dolor, la abuela abría el refrigerador, tomaba una botella de **LECHE** y vertía un poco en un tazón. Luego remojaba un paño suave en la leche y colocaba la compresa sobre mi piel quemada. Mi trabajo consistía en sujetarla por unos 20 minutos y luego enjuagar la leche con agua fría. Repetía el proceso de dos a cuatro horas hasta que el dolor y el enrojecimiento desaparecían. Nota: si prueba esto en casa, asegúrese de usar leche entera o (mejor aún) mitad y mitad (es el contenido de grasa lo que alivia la quemadura y ayuda a que sane más rápido).

CONSEJO El eccema debe de ser una de las aflicciones más deprimentes del planeta. Afortunadamente la ayuda está en el refrigerador. Mezcle un poco de **LECHE** entera en un tazón con igual cantidad de agua, y sature una gasa o un paño de algodón suave en la solución. Aplíquela a la zona afectada por aproximadamente tres minutos. Realice esta maniobra de dos a cuatro veces más sin grandes intervalos de tiempo. Repita cuantas veces sea necesario durante el día. Enjuague la piel con agua fría después de cada tratamiento; de lo contrario, ¡olerá a leche agria!

CONSEJO Ese mismo tratamiento de **LECHE** entera funciona como magia en las quemaduras de sol. Si no me cree, pruébelo la próxima vez que pase demasiado tiempo en compañía del querido señor Sol.

CONSEJO Si la pregunta es cómo curar los párpados inflamados y rojos, mi respuesta es "muuu", es decir, leche de vaca. Remoje un par de almohadillas de algodón en **LECHE** entera helada, acuéstese, coloque una sobre cada ojo y descanse de 5 a 10 minutos. Y ¡sorpresa! Sus ojos volverán a ser tan hermosos como siempre.

CONSEJO Volvió a ocurrir. La ciencia moderna confirmó dos convicciones más de la abuela: una, que el camino hacia la buena salud comienza con dormir suficiente, y dos, que tomar un vaso de **LECHE** tibia a la hora de dormir hará que se duerma más rápido y descanse mejor. Recientemente, los investigadores de la Universidad Cornell han determinado que dormir poco podría reducir la expectativa de vida de 8 a 10 años. Y en lo que respecta a la leche, ayuda a que el cerebro produzca serotonina, una sustancia química relajante que induce el sueño.

UNA VEZ MÁS

Una **LONCHERA** tiene el tamaño ideal para un kit de primeros auxilios. Si tiene una que ya no use, llénela de curitas, ungüento antibiótico y analgésicos, y guárdela en un lugar accesible para cuando la necesite. (Si se trata de una lonchera antigua coleccionable, decorada con dibujos de Davy Crockett o El Zorro, exhíbala para que puedan admirarla).

CONSEJO Como cualquier niño, pasaba todo el tiempo posible retozando al aire libre, lo que significaba que me picaban bastante los insectos. Pero la abuela sabía cómo eliminar el dolor y la picazón: untaba un poquito de **MIEL** en cada picadura.

CONSEJO Cuando ataque la acidez, repela el ataque con **MIEL**. Para lograr un alivio inmediato, tome de 1 a 3 cucharaditas. Para aliviar un problema crónico, tome 1 cucharada todas las noches a la hora de dormir, con el estómago vacío, hasta que se sienta mejor. (Claro, si la molestia continúa por más de unos cuantos días o si presenta otros síntomas, consulte al médico).

CONSEJO La abuela nunca tuvo problemas de peso, pero cuando sus amigas querían perder unas

TÓNICOS & PONCHES

MEZCLA BÁSICA DE LA ABUELA PARA EL BAÑO

La medicina moderna ha comprobado lo que la abuela siempre supo: el estrés (o acalorarse y enojarse, como ella decía) es perjudicial para la salud. Así que mantenga un suministro de este sencillo calmante a la mano.

2 tazas de leche en polvo
1 taza de almidón
su aceite esencial favorito (opcional)

Mezcle los ingredientes y guarde la mezcla en un envase hermético. Cuando sienta la necesidad, agregue ½ taza a una tina con agua caliente. Sumérjase y relájese.

cuantas libras, mezclaban 2 cucharaditas de **MIEL** en un vaso de agua y la bebían 30 minutos antes de cada comida. ¡Funcionaba de maravilla!

CONSEJO Nos sucede a la mayoría: vamos a una fiesta, comemos demasiado y despertamos con molestias a la mañana siguiente. Pero no pase esa resaca acostado. Tome 1

cucharadita de **MIEL** cada hora hasta que se sienta mejor, lo cual será mucho antes de lo que supone.

CONSEJO Para aliviar el dolor de garganta, nada supera a este truco: vierta una cucharada o dos de **MIEL** en una taza con agua caliente, agregue una cucharadita de jugo de limón y beba la pócima. Repita cada pocas horas durante el día. (Pero si el dolor de garganta dura más que un par de días, consulte al médico).

CONSEJO Para aliviar la tos, mezcle una taza llena de **MIEL** con 4 cucharadas de jugo de limón y media taza de aceite de oliva. Caliente la mezcla por 5 minutos, luego revuelva vigorosamente por 2 minutos. Tome 1 cucharadita cada dos horas, y antes de que se dé cuenta, ¡la tos será historia!

CONSEJO Para detener la migraña, con las primeras señales de advertencia, tome 1 cucharadita de **MIEL**.

CONSEJO Si es demasiado tarde para detener el dolor, deshágase de la migraña tomando 2 cucharaditas de **MIEL** con cada comida hasta que pase el dolor.

CONSEJO Yo me cortaba y raspaba mucho cuando era niño, y si la abuela estaba en la cocina cuando yo llegaba, ella lavaba la herida y le untaba **MIEL**. La herida se secaba como una curita natural y así se aceleraba el proceso de cicatrización, tal como lo ha demostrado la ciencia moderna.

CONSEJO Alivie el dolor y la picazón de las hemorroides con este remedio dulce y picante. Mezcle partes iguales de **MOSTAZA** en polvo y miel para preparar una crema y frótela (¡con cuidado!) en la zona afectada. Repita cuantas veces sea necesario hasta sentir alivio.

CONSEJO Cuando esté estreñido, ponga a trabajar los intestinos de la forma en que lo hacía la abuela. Apenas se levante, con el estómago vacío, beba ½ taza de agua fría con ½ cucharadita de **MOSTAZA** en polvo. Luego siga con su desayuno normal, si lo desea. Repita el tratamiento al día siguiente y, antes de darse cuenta, todo marchará al ritmo que corresponde.

CONSEJO La próxima vez que tenga dolor de cabeza, pruebe este truco de la abuela. Llene una palangana con agua que esté lo más caliente que pueda tolerar y mezcle 1 cucharadita de **MOSTAZA** en polvo. Luego siéntese cómodo, meta los pies en el agua y cubra la palangana con una toalla. (Este paso es crítico, porque debe mantener el calor en la palangana). Recuéstese y remoje los pies unos 15 minutos, manteniendo los ojos cerrados y los músculos tan relajados como sea posible. Para cuando el agua se enfríe, la cabeza ya no debería doler.

CONSEJO Para aliviar los dolores musculares, métase en una tina con agua caliente (tan caliente como pueda soportar) con un puñado de **MOSTAZA** en polvo y otro de sal marina.

CONSEJO Aumentar la humedad del aire puede ser de gran ayuda para aliviar la congestión de un resfriado. Pero eso no significa que tenga que comprar un humidificador. Cuando un resfriado o o una obstruya los conductos nasales, coloque una **OLLA** con agua sobre un radiador, o hiérvala a fuego lento sobre el hornillo.

UNA VEZ MÁS

No llore por la **LECHE** agria, y tampoco la tire por el desagüe. Úsela para limpiar la plata. Vierta la leche en una palangana, sumerja los objetos y déjelos en remojo por media hora para suavizar las manchas. Luego lávelos con agua jabonosa. ¡Brillarán como diamantes!

Una Vez Más

¡Atención, guerreros del fin de semana! Esta es una forma para detener los calambres musculares que le dan en el campo de golf, la cancha de tenis o la pista de atletismo, y para aprovechar los paquetes adicionales de **MOSTAZA** que vienen con los sándwiches del almuerzo. Mantenga un suministro de paquetitos en la bolsa de golf o del gimnasio. Cuando sienta que viene un calambre, abra el paquete, tráguese el contenido y bájelo con agua. Repita cada dos minutos hasta que se detengan las punzadas.

CONSEJO La abuela cocinaba mucho en **OLLAS**, sartenes y planchas de hierro fundido. Y aunque no lo sabía, servía más que comida deliciosa: agregaba hierro a la dieta. Los científicos han descubierto que los alimentos cocinados en esos utensilios pesados absorben algo del hierro. Y los alimentos muy ácidos son los que más absorben algo de ese Fe. (¡"Fe" debería traerle recuerdos de la clase de química de la escuela!). ¿Qué está esperando? ¡Saque su caldero favorito y prepare una tanda de salsa marinara!

CONSEJO ¿Necesita una tablilla temporal para un dedo lastimado? ¡Use una **PALETA DE MADERA PARA HELADO** limpia!

CONSEJO La abuela tenía un remedio inigualable para los forúnculos, y no podía ser más sencillo. Esto es todo lo que necesita hacer: sumerja una rebanada de **PAN** en un tazón con leche hasta que el pan esté húmedo, pero no empapado. Coloque la rebanada sobre el forúnculo, sujétela con una tira de tela y déjela actuar por unos 20 minutos. Repita varias veces al día hasta que el bulto doloroso sea historia.

CONSEJO Cuando se corte en la cocina, no salga corriendo al botiquín de medicamentos que mantiene en el baño. Lave la herida, y rocíe una pizca de **PIMIENTA DE CAYENA**. Eso detendrá el sangrado y la herida se cerrará pronto.

CONSEJO Si sufre de migrañas, este consejo tradicional podría poner fin a su agonía: a la primera señal de síntomas, hunda un palillo de punta plana en un frasco de **PIMIENTA DE CAYENA** e inhale una pequeña cantidad por cada fosa nasal. Este remedio funciona por dos motivos: la pimienta picante contiene magnesio, que ayuda a eliminar la migraña, y capsaicina, que bloquea los impulsos de dolor para que no lleguen al cerebro. No aspire demasiado: ¡una pizca de esta especia en la nariz será una sorpresa CALIENTE!

CONSEJO Nada calma el dolor de oído mejor que algo tan sencillo como el calor. ¿Qué hace con el dolor de oído si no tiene una almohadilla eléctrica ni una botella con agua caliente a la mano? Es fácil: caliente un **PLATO** resistente al calor en el horno. Luego envuélvalo en una toalla, recuéstese y apoye la oreja sobre el plato envuelto. Repita todas las veces que lo considere necesario: ¡no hay posibilidad de sobredosis con este remedio!

CONSEJO Hoy muchas personas pagan mucho dinero para que les blanqueen los dientes. Yo conozco una forma más barata, y mucho más agradable, para mantener los dientes blancos. ¿Cuál? Diga: ¡**QUESO**! Esta delicia y otros alimentos ricos en calcio como la nuez de nogal, las almendras, el arroz y la avena evitarán que los dientes se tornen amarillos.

CONSEJO ¿Tiene la nariz congestionada? Tome un frasco de **RÁBANO PICANTE** preparado del refrigerador y aspire. Repita dos o tres veces al día hasta que pueda respirar fácilmente. (Si la congestión dura más de una semana, o si está acompañada de mucosidad verde, dolor y otros síntomas, consulte al médico de inmediato).

CONSEJO La abuela debe de haber conocido un millón de remedios para comestibles y bebibles

TÓNICOS & PONCHES

FÓRMULA HIDRATANTE

Incluso un breve episodio de vómitos o diarrea elimina fluidos y electrolitos vitales. Pero esta simple bebida los regresa adonde pertenecen.

4 cucharaditas de azúcar
1 cucharadita de sal
1 cuarto de galón de agua

Mezcle los ingredientes en un pichel. Luego beba 2 tazas de la mezcla cada hora hasta que se sienta en perfecto estado de nuevo.

para el insomnio.

Pero este se basa en un sencillo utensilio de cocina: un **RODILLO PARA AMASAR** de madera. Colóquelo sobre el piso frente a su silla favorita, recuéstese y quítese los zapatos (puede quitarse los calcetines también si lo desea, pero no es necesario). Luego coloque ambos pies sobre el rodillo, aplicando tanta presión como pueda tolerar, y ruede los pies de adelante hacia atrás por tres minutos. Repita este procedimiento todas las noches, una o dos horas antes de dormirse, y en una semana debería estar durmiendo ocho horas continuas.

CONSEJO ¿Tiene la nariz congestionada? Límpiela como la abuela lo hacía: con una sencilla solución salina (como las que venden en la farmacia). Disuelva ¼ cucharadita de **SAL** y ¼ cucharadita de bicarbonato en 1 taza de agua. Use un gotero medicinal para introducir el líquido en la nariz cuando necesite algo de aire.

CONSEJO Contrario a lo que algunos creen, la tiña no es un gusano, es un hongo que produce parches circulares y escamosos en la piel, y puede contagiarse como un incendio incontrolado, incluso de una persona a otra. Afortunadamente existe una forma sencilla de extinguirlo. Primero remoje una gasa en una solución preparada con

UNA VEZ MÁS

¡Guarde los **BOTES DE ESPECIAS**! Su tamaño pequeño y la práctica tapadera los hace perfectos para servir dosis medicinales de sal, bicarbonato, mostaza en polvo y otros remedios caseros.

1 cucharadita de **SAL** disuelta en 2 tazas de agua destilada y colóquela sobre la zona afectada por media hora. Al día siguiente, repita el proceso con una gasa remojada en una solución preparada con 1 parte de vinagre y 4 partes de agua destilada. Alterne estas compresas: sal un día, vinagre al siguiente. En una semana más o menos (según la gravedad), el hongo habrá desaparecido.

CONSEJO Cuando el amigo Sol está muy caliente, la insolación puede atacar sin ninguna advertencia. Pero esta simple solución puede regresarlo a la normalidad de inmediato. Mezcle 1 cucharadita de **SAL** en un vaso de agua y beba despacio.

CONSEJO El NaCl (cloruro de sodio) es el mejor amigo que su boca pueda tener. Un vaso de 8 onzas de agua tibia con una cucharadita de **SAL** puede aliviar el dolor de muelas, reducir la inflamación de las encías y desinfectar abscesos. Tome un sorbo de agua salada y enjuáguela por toda la boca de 10 a 30 segundos, dirigiéndola al área adolorida tanto como sea posible. Continúe hasta terminar el vaso y repita durante el día, según sea necesario. (Nota: si está siguiendo una dieta reducida en sodio, use sales de Epson en lugar de sal de mesa).

CONSEJO La próxima vez que le empiece a doler la cabeza, dígale a ese dolor que se retire. Las siguientes son algunas sugerencias. Caliente unas pocas cucharadas de **SAL** en una sartén seca, sin que llegue a estar tan caliente que no se pueda tocar. Vierta la sal en una toalla delgada y dóblela para formar un paquete. Luego sosténgala en la parte de atrás de la cabeza (sí, aunque el dolor sea adelante) y frote suavemente. El calor seco debería alejar el dolor.

CONSEJO Los remedios para el pie de atleta no pueden ser más simples que este que el abuelo usaba: arroje ½ taza de **SAL** a una palangana con agua tibia y mezcle bien. Luego remoje los pies de 5 a 10 minutos. La solución salada matará al hongo causante del problema y también suavizará la piel para que cualquier medicamento antimicótico penetre mejor. ¿Dice que no tiene pie de atleta,

pero sus pies están muy cansados? Consiéntase con ese mismo baño de sal, calentado a la temperatura de su elección. Siéntese en una silla cómoda, y remoje los pies. ¡Qué placer!

TÓNICOS & PONCHES

PÓCIMA DE ESPECIAS CONTRA LA GRIPE

La próxima vez que le dé una gripe o un resfriado, enséñeles la puerta a los gérmenes con esta pócima tan eficaz como agradable.

1 rama de canela
3 o 4 clavos de olor enteros
2 tazas de agua
1½ cucharada de melaza residual
2 medidas de whisky
2 cucharaditas de jugo de limón

En una olla, coloque la canela, los clavos y el agua, y lleve a ebullición a fuego medio. Deje que hierva por unos tres minutos. Retire la olla del fuego y agregue la melaza, el whisky y el jugo de limón. Tape la olla y deje reposar unos 20 minutos. Beba ½ taza del ponche cada tres o cuatro horas. Caliéntelo antes de beberlo. Antes de que se dé cuenta, volverá a ser el mismo de siempre.

CONSEJO Nadie se salva del dolor de garganta. La abuela conocía innumerables remedios para eliminar esa molestia y regresar a su estilo cantante, pero este era el más sencillo: mezcle 1 cucharadita de **SAL** en 2 tazas de agua tibia. Luego incline la cabeza hacia atrás y haga gárgaras. ¡El dolor de garganta se alejará!

CONSEJO ¿Busca una forma simple de atacar los síntomas del resfriado? Busque en la alacena de la cocina, tome una botella de **SALSA PICANTE** y agítela bien. Luego agregue de 10 a 20 gotas del líquido ardiente en un vaso de agua y bébalo. Haga esto tres veces al día hasta que se sienta bien.

CONSEJO A mí me encantaba el pan de centeno casero que preparaba la abuela con **SEMILLAS DE AJONJOLÍ**. Pero horneados no era la única forma en que preparaba esas sabrosas pepitas. También preparaba un remedio eficaz para quemaduras y picaduras de insectos. Mezclaba de 3 a 4 cucharadas de semillas de ajonjolí molidas con la suficiente cantidad de agua para preparar una pasta espesa, y luego la aplicaba a la escena del "crimen". Casi inmediatamente, desaparecía el dolor y la hinchazón. (Puede moler las semillas en un mortero, como lo hacía la abuela, o puede usar un procesador de alimentos o un molinillo de café).

CONSEJO Si está amamantando, o conoce a una madre que amamante, puede aumentar el flujo de la leche materna con un té de **SEMILLAS DE ANÍS.** Para prepararlo, vierta unas 7 cucharaditas de semillas de anís en una olla con un cuarto de galón de agua y lleve a ebullición. Reduzca el fuego, deje hervir a fuego lento hasta que el agua se haya absorbido a unas 3 tazas y cuele las semillas. Luego, una o dos veces al día, beba dos tazas de té endulzado al gusto con miel, si lo desea. (Este té también alivia la indigestión y las molestias estomacales).

UNA VEZ MÁS

Ya sea que prefiera el **TÉ** en hebras o en bolsas, no tire las hojas que queden después de prepararlo. Guárdelas para elaborar un polvo para fregar casero. Mezcle 1 taza de hojas de té negro con 1 cucharadita de bicarbonato y unas gotas de detergente para vajilla, y úselo como usaría cualquier producto comercial.

CONSEJO Una vez, cuando mi prima Mary Ellen vino a pasar unas semanas, tuvo un horrible ataque de dolores menstruales. Pero la abuela los eliminó rápido con este simple té: coloque 4 cucharaditas de **SEMILLAS DE COMINO** sobre una tabla para picar o una hoja de papel encerado, y aplánelas ligeramente con la parte posterior de una cuchara. Lleve 2 tazas de agua a ebullición, agregue las semillas y hierva a fuego lento por cinco minutos. Retire la olla del fuego y deje reposar el té por uno o dos minutos más (pero no lo suficiente como para que se enfríe). Endulce con miel, si lo desea, y beba. Una sola taza debería resolver el problema, pero si no, beba una taza por hora hasta que el dolor desaparezca.

CONSEJO Cure el dolor de garganta con este ponche a base de té. Mezcle 1 parte de **TÉ** caliente con 1 parte de jugo de limón tibio y agregue una cantidad generosa de miel al gusto (lo suficiente para que recubra la garganta). ¡Y beba a su salud!

CONSEJO Este es un remedio eficaz para los forúnculos: un **TÉ**. Varias veces al día, sostenga una bolsa de té caliente sobre la protuberancia por unos 15 minutos. Antes de que se dé cuenta, habrá desaparecido. Este mismo tratamiento con una bolsa de té también alivia las dolorosas ampollas labiales que produce el resfriado.

TÓNICOS & PONCHES

CURA AGRIDULCE PARA EL DOLOR DE GARGANTA

Este gargarismo doble hará desaparecer al dolor de garganta de inmediato.

⅛ **cucharadita de clavo de olor en polvo**
⅛ **cucharadita de jengibre en polvo**
⅛ **cucharadita de pimienta de cayena**
8 **onzas de agua caliente**
jugo de piña helado

Mezcle las especias en el agua. Vierta el jugo en un vaso y déjelo a un lado. Primero haga gárgaras con un trago de la mezcla de agua condimentada. Luego siga con gárgaras con el jugo de piña. Alterne entre los líquidos caliente y frío una o dos veces más. Repita la rutina varias veces al día. La combinación de líquidos caliente y frío aliviará la sensación de ardor. Y la doble acción de las especias y la bromelina (una enzima de la piña) aflojará esa mucosidad irritante de la garganta.

Una Vez Más

 ¿Quién hubiera pensado que las **BANDEJAS PLÁSTICAS DE HUEVOS** tienen un uso medicinal? Permítame explicarle. La próxima vez que vacíe uno de esos prácticos recipientes, separe la parte de arriba de la de abajo, vierta vinagre de sidra de manzana en el compartimiento en forma de huevo y lleve al congelador. Cuando necesite alivio por un sarpullido, la picadura de un insecto o la picazón por quemaduras de sol, saque un trozo de vinagre congelado y frótelo sobre la piel afectada.

CONSEJO Incluso con los avances odontológicos, no es agradable que le extraigan una muela. Y tampoco lo son el dolor y la inflamación posteriores. Para eso es este remedio tradicional que alivia las encías adoloridas: coloque una bolsa de **TÉ** caliente y húmeda sobre la zona afectada y sosténgala por 15 minutos. Repita el procedimiento cuatro veces al día por tres o cuatro días, y las encías regresarán al estado normal. (Si no, consulte al dentista).

CONSEJO La próxima vez que una noche sin dormir o demasiadas horas frente a la computadora lo dejen con los ojos cansados e hinchados, pruebe este truco anterior a la época de las computadoras. Coloque una bolsa de **TÉ** húmeda y fría sobre cada ojo, y acuéstese por media hora. (Para evitar que el té manche la piel, envuelva cada bolsa con un pañuelo desechable).

CONSEJO Estoy seguro de que ya conoce la forma clásica de curar un ojo morado: coloque un bistec crudo sobre el ojo. Funciona. Pero lo que funciona no es la carne, es la temperatura fría. Así que la próxima vez que se encuentre en el lado equivocado de una puerta vaivén, guarde ese bistec para la cena. Abra el refrigerador y tome una bolsa de **VEGETALES** congelados. Envuelva un trapo suave sobre la bolsa, colóquela sobre el ojo morado y déjela actuar hasta que se sienta mejor. Luego regrese la bolsa al lugar de donde la sacó, ¡o cocine los vegetales con ese bistec!

CONSEJO ¿Está tratando de perder peso? Este truco podría ayudar: antes de cada comida, agregue 1 cucharadita de **VINAGRE** de sidra de manzana en un vaso de agua tibia (¡asegúrese de que esté tibia!) y bébalo. Si es como la mayoría de las personas, el elíxir reducirá su apetito.

CONSEJO ¿Se siente deprimido? Este tratamiento clásico suele aliviar la depresión leve: beba ½ taza de agua con 1 cucharadita de **VINAGRE** de sidra de manzana. Repita una vez al día por una semana más o menos y su ánimo debería mejorar. (Si se trata de una depresión grave, deje los consejos de este libro a un lado, y consulte al médico ahora mismo).

CONSEJO Al abuelo no le gustaba usar guantes, ni siquiera con las temperaturas más bajas. Un invierno aprendió la lección: salió a cortar madera para la chimenea, estuvo fuera más tiempo de lo debido, y regresó con las manos lastimadas y agrietadas. La abuela puso el grito en el cielo. Mezcló un poco de su crema para manos favorita con una cantidad igual de **VINAGRE** blanco y le dijo al abuelo que se la untara en las manos cada vez que se las lavara. En unos días, cicatrizaron las heridas.

CONSEJO Cuando el problema sea sinusitis o neuralgia facial, para aliviar el dolor, beba ½ cucharadita de **VINAGRE** de sidra de manzana en

un vaso de agua cada hora por siete horas.

CONSEJO Cuando un insecto clave sus colmillos (o su parte trasera) en su piel, aplique de inmediato **VINAGRE** de sidra de manzana en el sitio. Si actúa lo suficientemente rápido, extraerá el veneno y reducirá la inflamación. Incluso si es demasiado tarde para eso, el vinagre aliviará el dolor y la picazón.

CONSEJO Después de un contacto personal con hiedra venenosa u ortiga, mezcle partes iguales de **VINAGRE** de sidra de manzana y agua, y aplique la solución a la piel afectada.

En la Época de la Abuela

La abuela permaneció sana, vivaz y lúcida durante toda su larga vida. ¿Cómo lo logró? Decía que fue gracias al hábito de comer tres comidas balanceadas al día y, con cada una, bebía un vaso de agua con 1 cucharadita de **MIEL** y 1 cucharadita de **VINAGRE** de sidra de manzana.

El pie de atleta no puede competir contra el **VINAGRE** de sidra de manzana. Frote un poco en los dedos afectados varias veces al día ¡y despídase de la picazón!

CONSEJO En los veranos, yo solía pasar mucho tiempo en el nadadero. La abuela sabía que yo era propenso a enfermarme de "oído de nadador", así que antes de salir, me hacía enjuagar los oídos con una solución en partes iguales de alcohol para frotar y **VINAGRE** blanco. Todavía la uso para evitar infecciones.

CONSEJO Esta fórmula para eliminar callos suena demasiado buena como para ser cierta, pero la abuela confiaba ciegamente en ella. Cerca de la hora de dormir, coloque una rodaja de cebolla cruda, una rebanada de pan blanco y 1 taza de **VINAGRE** blanco en un tazón y deje reposar por 24 horas. La siguiente noche, coloque el pan sobre el callo, la cebolla encima, cubra con un vendaje y váyase a dormir. Es muy probable que el callo se caiga durante la noche. Si no se cae, repita el procedimiento hasta que la protuberancia dolorosa sea historia; no debería tomar más de un par de intentos.

CONSEJO La abuela siempre cortaba el hipo con una mezcla de 1 cucharadita de **VINAGRE** de sidra de manzana en un vaso de agua tibia. Lo bebía a sorbos, y listo. ¡Chau, hipo!

CONSEJO La abuela siempre mantenía una botella de **VINAGRE** de sidra de manzana en el

TÓNICOS & PONCHES

¡LINIMENTO MARAVILLOSO!

Una frotada suave con esta clásica receta le dará un rápido alivio para el dolor de artritis y muscular.

2 claras de huevo
½ taza de vinagre de sidra de manzana
¼ taza de aceite de oliva

Mezcle los ingredientes y masajee con el linimento sobre las partes adoloridas del cuerpo suyo o del paciente. (¡Tenga cuidado de no manchar muebles o sábanas con la crema!). Luego limpie el exceso con un paño de algodón suave.

Una Vez Más

 Después de vaciar un **ENVASE DE VINA-GRE** de material plástico, úselo para mantener los gusanos lejos de las manzanas; para eso, llénelo con la "Fórmula para Árboles Frutales sin Gusanos". Encontrará esta sencilla receta en la página 198.

refrigerador. Luego, cuando yo me quemaba por el sol, la abuela sacaba la botella y me aplicaba el líquido frío sobre la piel con cuidado cada 20 minutos. Aliviaba el dolor de inmediato, y evitaba que en mi piel quemada salieran ampollas o me pelara (porque no enjuagábamos el vinagre).

CONSEJO Las molestas y antiestéticas verrugas desaparecerán en la noche (por decirlo así) con este simple remedio. A la hora de dormir, cubra la protuberancia con **VINAGRE** de sidra de manzana. (¡No lo frote! Eso podría favorecer la formación de más verrugas). Empape una gasa en vinagre de sidra de manzana, colóquela sobre la verruga y cúbrala con un vendaje para retener la humedad. Déjela actuar toda la noche. En la mañana, retire el vendaje, pero no enjuague el vinagre. Repita todas las noches hasta que la protuberancia haya desaparecido.

CONSEJO Los vahídos pueden presentarse cuando menos lo espera. Cuando tenga uno, beba un vaso de agua con ½ cucharadita de **VINAGRE** de sidra de manzana. Antes de que se dé cuenta, volverá a estar firme.

CONSEJO Para cuando yo entré en escena, los ataques de náuseas matutinas de la abuela ya eran historia. Pero ella siempre les ofrecía estos consejos a las mujeres que están esperando a la cigüeña: todos los días, en cuanto se levante, beba un vaso de agua con 1 cucharadita de **VINAGRE** de sidra de manzana. Eso mantendrá el estómago relajado.

CONSEJO Para curar aftas y aliviar herpes, unte las zonas adoloridas con **VINAGRE** de sidra de manzana en una bola de algodón.

CONSEJO Para prevenir la indigestión, use el mismo procedimiento, pero aumente el **VINAGRE** a 2 cucharaditas por vaso de agua.

CONSEJO Si está llena de venas varicosas, sabe que su aspecto antiestético es el menor de los problemas. Duelen mucho, y son peligrosas porque pueden provocar coágulos de sangre. Pero antes de recurrir a medicamentos o cirugía, pruebe este viejo truco. Empape un par de paños en **VINAGRE** de sidra de manzana y envuélvalos alrededor de las piernas. Luego acuéstese con los pies elevados unas 12 pulgadas y mantenga esa postura por más o menos media hora. Haga esto dos veces al día hasta que esos mapas de carreteras azules desaparezcan.

CONSEJO Si necesita aliviar una congestión nasal, hierva **VINAGRE** blanco en una olla e inhale el vapor por unos minutos. Repita varias veces al día hasta que se limpien los conductos nasales. ¡Y tenga cuidado de no quemarse!

CONSEJO Si sufre dolor de artritis, este remedio sencillo puede darle algo de alivio. (Ayudaba a la abuela). En cada comida, beba 1 cucharadita de **VINAGRE** de sidra de manzana mezclada en un vaso de agua. Este remedio también sirve para calmar los calambres en las piernas.

CONSEJO También es útil tener **VINAGRE** a la mano en verano. Cuando pase demasiado tiempo en compañía del señor Sol, diríjase al baño y vierta 1 taza de vinagre blanco en una tina con agua tibia. ¡Y relájese!

CONSEJO Todos nos cansamos de vez en cuando. Pero si se siente cansado con frecuencia, el motivo podría ser que se ha acumulado el ácido láctico (eso suele suceder

durante períodos de estrés o ejercicio extenuante). Si ese es el caso, este truco sencillo podría ayudar: todas las noches a la hora de dormir, beba 3 cucharaditas de **VINAGRE** de sidra de manzana mezcladas en 1/8 taza de miel. Continúe con la rutina hasta tener la energía y el entusiasmo de siempre, pero si eso no sucede en unas pocas semanas, consulte al médico.

En la Época de la Abuela

Esta era la cura infalible de la abuela para el sangrado de nariz: moje una bola de algodón con **VINAGRE** de sidra de manzana e insértela con cuidado en la fosa nasal que sangra. Mantenga cerrada la nariz con los dedos, y respire por la boca por unos cinco minutos. Saque el algodón lentamente. Si el sangrado no se ha detenido, repita el procedimiento.

CONSEJO Trate los esguinces y las torceduras musculares como lo hacía la abuela. Mezcle una pizca de pimienta de cayena en una taza más o menos de **VINAGRE** de sidra de manzana, humedezca un paño con la solución, colóquelo sobre la parte del cuerpo lastimada y déjelo actuar por unos cinco minutos. Repita cuantas veces sea necesario.

CONSEJO Un invierno me enfermé con una infección de la vejiga y la abuela (con la aprobación del médico) me hizo tomar 2 cucharaditas de **VINAGRE** de sidra de manzana en un vaso de agua tres veces al día. Eso resolvió el problema antes de lo que pensaba.

CONSEJO Si está pasando por un período en el que a la hora de dormir da vueltas y vueltas en la cama, no se quede ahí despierto ni salga corriendo a la farmacia a comprar pastillas para dormir. Pruebe este antiguo truco de la abuela una hora antes de acostarse: vierta 2 tazas de **VINO** blanco en una olla y caliéntelo hasta que casi hierva (¡no deje que hierva!). Retire la olla del fuego, agregue 4 cucharaditas de semillas de eneldo y deje reposar la mezcla, tapada, por media hora. Beba la mezcla tibia de 30 a 45 minutos antes de acostarse.

Para Su
BUEN ASPECTO

CONSEJO No encontrará un humectante más sencillo ni más eficaz que este: frote **ACEITE DE OLIVA** en el rostro, deje actuar unos 10 minutos, enjuague con agua tibia y seque con cuidado.

CONSEJO Si su cabello está tan seco que las puntas están a punto de partirse, evite problemas con este tratamiento acondicionador intensivo. Masajee 1 taza de **ACEITE DE OLIVA** en el cabello y cúbralo con una bolsa plástica o un gorro de baño. Cubra con una toalla, sujete con alfileres de gancho y deje actuar toda la noche. A la mañana, lave con champú regular y enjuague con una solución en partes iguales de vinagre blanco y agua.

CONSEJO ¿Está cansado de pagar un ojo de la cara por las cremas para las manos? ¡Deje de comprarlas! Imite a la abuela: saque esa lata de **ACEITE VEGETAL** del mueble de la cocina y frótese un poco en las manos. Suavizará las manos igual que el producto de marca más caro.

TÓNICOS & PONCHES

EXFOLIANTE AGRIDULCE

Este exfoliante sencillo y energizante lo dejará lleno de energía y con la piel limpia y satinada.

**½ taza de azúcar morena
1 cucharadita de miel
el jugo de ½ limón pequeño**

En un tazón, mezcle todos los ingredientes. En la tina o la ducha, masajee suavemente la mezcla sobre la piel y enjuague. ¡Eso es todo!

CONSEJO Actualmente se habla mucho sobre cremas exfoliantes, y hay algunas que son bastante caras. Pero no es necesario que pague tanto. Esta simple fórmula eliminará las capas de células muertas y los ingredientes están en la cocina. Mezcle algún **ACEITE VEGETAL** prensado en frío (como el de girasol o cártamo) con suficiente sal como para formar una pasta granulosa. Luego agregue un par de gotas de su aceite esencial favorito. Frote esta mezcla sobre la piel húmeda (rostro, manos, codos y rodillas) y enjuague bien. ¡Sentirá la piel fresca, limpia y humectada!

CONSEJO La abuela casi nunca usaba maquillaje de ojos (ni de ningún otro tipo). Pero cuando se aplicaba rímel para una ocasión muy especial, como una boda o un bautizo, se lo quitaba con un poco de **ACEITE VEGETAL** en los párpados y lo frotaba suavemente sobre las pestañas con una almohadilla de algodón.

CONSEJO Las manos realmente secas o agrietadas requieren esta rutina supersuavizante: antes de acostarse, frote **ACEITE VEGETAL** sobre la piel. Luego póngase un par de guantes, mitones o calcetines viejos. Además de proteger las sábanas, esa cubierta permitirá que el aceite penetre más profundamente en la piel.

CONSEJO Cuando la abuela no tenía tiempo para lavarse el cabello, se hacía un champú seco con **AVENA**. Se ponía un puñado en la cabeza, la distribuía en el cabello con los dedos y la cepillaba para retirarla. El cereal eliminaba toda la grasa y dejaba el cabello de la abuela limpio y brillante.

Traducción, ¡por favor!

¿Alguna vez lo han detenido las medidas de una receta vieja o las
instrucciones de alguna pócima de belleza o medicinal? Esta tabla
lo ayudará a traducir esos términos al siglo XXI.

Receta Antigua	Medida Moderna
1 medida	1½ onza líquida (un vaso estándar para medir licor)
1 copa de vino	¼ taza
1 gill	½ taza
1 taza de té	¾ taza escasa
1 taza de café	1 taza escasa
1 vaso	1 taza
una pizca	la cantidad que puede tomar entre el dedo pulgar y los primeros dos dedos (ligeramente menos que ⅛ cucharadita)
½ pizca	la cantidad que puede tomar entre el dedo pulgar y un dedo
1 cuchara para sal	¼ cucharadita
1 cuchara de cocina	1 cucharadita
1 cuchara de postre	2 cucharaditas
1 cuchara llena	1 cucharada
1 platillo	1 taza colmada
mantequilla del tamaño de un huevo	¼ taza o media barra
mantequilla del tamaño de una nuez de nogal	1 cucharada
mantequilla del tamaño de una avellana	1 cucharadita

mientos faciales. Para usarla, muela cerca de ¼ taza de avena en un molinillo de café o un procesador de alimentos hasta que tenga la consistencia de harina gruesa. En un tazón, mezcle la avena con crema espesa para formar una pasta. (Si tiene piel grasosa, sustituya la crema por leche descremada). Deje que la mezcla se espese por un minuto o dos, luego masajéela en el rostro y el cuello. Enjuague con agua fresca.

CONSEJO ¡Oigan, chicas! En lugar de cubrirse las piernas con espuma de afeitar o jabón antes de rasurarlas, usen una solución de 1 cucharada de **BICARBONATO** por cada taza de agua. La rasuradora se deslizará sobre la piel, dejándola supersuave.

UNA VEZ MÁS

¿Le preocupa la celulitis de las caderas y los muslos? ¡Entonces huela **CAFÉ** cuando despierte! Después de beber una taza o dos, deje que los posos se enfríen y frótelos sobre las zonas afectadas. Contienen el mismo ingrediente activo (cafeína) que la mayoría de las cremas contra la celulitis.

CONSEJO ¿Se le acabó el desodorante? aplique un poco de **BICARBONATO** en polvo a la piel de la axila. Eso absorberá el sudor (y eliminará el olor), le hará sentirse más fresco y seco, y evitará que se formen manchas en la ropa.

CONSEJO Cuando se trata de "contaminación del cabello", los productos para modelar no son competencia para las altas dosis de cloro y otros productos químicos de las piscinas públicas. Descontamine el cabello con este tratamiento intensivo. Mezcle 2 cucharadas de **BICARBONATO** con ¼ taza de jugo de limón recién exprimido y 1 cucharadita de champú suave. Humedezca el cabello con agua y aplique la mezcla al cuero cabelludo y al cabello (hasta las puntas). Cubra con un gorro de baño o una bolsa plástica, y deje actuar por media hora. Enjuague bien y aplique champú como siempre. Repita el proceso cuando sea necesario. (La frecuencia del tratamiento depende de la frecuencia de nado, y de cuán bien enjuaga el cabello después del nado).

CONSEJO En poco tiempo, los productos para el cabello, como los geles, los aerosoles y los acondicionadores, pueden acumularse en el cabello y opacar el brillo. Pero es fácil hacer que las luces sigan brillando. Al menos una vez a la semana, vierta una cucharadita de **BICARBONATO** en la palma de la mano y mézclela con el champú regular. Lave el cabello como siempre y enjuague bien.

CONSEJO La abuela limpiaba sus peines y cepillos (los míos y los del abuelo) dejándolos en remojo toda una noche en una solución de 4 cucharadas de **BICARBONATO** por cada cuarto de galón de agua.

CONSEJO La abuela no necesitaba un enjuague bucal caro para mantener el aliento fresco, y tampoco lo necesita usted. Con la rutina diaria de la abuela, puede neutralizar el mal aliento, no solo enmascararlo. Mezcle una cucharadita de **BICAR-BONATO** en medio vaso de agua, enjuague la boca con la mezcla y escupa. ¡Quedará listo para un beso!

CONSEJO Siga el consejo de la abuela: mantenga un frasco de **BICARBONATO** junto al lavabo del baño y úselo para hacer una limpieza profunda y delicada del rostro. El bicarbonato elimina la grasa, la suciedad y el maquillaje que ni los mejores limpiadores eliminan. Este es el plan de acción: lávese la cara con un jabón o limpiador regular. Mezcle 3 partes de bicarbonato con 1 parte de agua y masajee suavemente sobre la piel moja-

En la Época de la Abuela

Todos los días, la abuela bebía un vaso de agua con **GELATINA** sin sabor. Estaba convencida de que este truco sencillo hacía que el cabello fuera más grueso. En esa época, yo creía que chocheaba. Pero no hace mucho, leí un estudio científico que explicaba que la abuela tenía razón. Los sujetos del estudio tomaron una ración diaria de 7 cucharaditas de gelatina disuelta en un vaso de agua, y después de un par de meses, cada cabello había aumentado en diámetro. (El único problema es que tenían que seguir con el tratamiento: cuando dejaron de beber la pócima, el cabello regresó al tamaño normal).

da. Enjuague con agua fresca y limpia, y seque con cuidado.

CONSEJO ¡Oigan, chicos! Si la piel de su rostro es sensible, este es un secreto que deben saber: el **BICARBONATO** puede curar la irritación producida por las rasuradoras. Mezcle 1 cucharada de bicarbonato por cada taza de agua y aplíquela al rostro, ya sea antes y/o después de rasurarse.

CONSEJO A la abuela no le interesaba teñirse el cabello, pero sabía cómo hacerlo. Si usted le hubiera preguntado cómo tener reflejos en el cabello, ella le habría dado este consejo: después de aplicar el champú como siempre, enjuague el cabello con **CAFÉ** negro fuerte a temperatura ambiente. Deje actuar unos 15 minutos y enjuague con agua fresca.

CONSEJO La próxima vez que se sienta tan tenso y estresado que podría gritar, relájese con una **CERVEZA**. O dos o tres. Vierta tres cervezas en una tina con agua tibia. ¡Y relájese!

CONSEJO Tenga un cabello suave y lustroso, como la abuela. Mezcle 3 tazas de **CERVEZA** con 1 taza de agua tibia y use la mezcla como enjuague final después del champú normal. (No se preocupe; no va a oler como el bar de la esquina. El aroma desaparecerá a medida que el cabello se seque).

CONSEJO Situación: va de prisa a una reunión y se da cuenta de que su aliento no tiene un aroma muy agradable. Rápido, tome el frasco de **CLAVOS DE OLOR** enteros

TÓNICOS & PONCHES

MASCARILLA FACIAL DE LIMPIEZA PROFUNDA

Las mujeres europeas han usado este tratamiento durante siglos para limpiar la piel a fondo. Y todavía funciona como si fuera magia: ¡compruébelo!

1 huevo
¼ taza de leche en polvo descremada
1 cucharada de ron oscuro o brandy
el jugo de 1 limón

Mezcle los ingredientes en una licuadora hasta que adquieran una textura cremosa. Vierta la mezcla en un tazón o frasco. Aplíquela al rostro y deje que se seque. Quedará algo de crema en el recipiente; úsela para retirar la mascarilla. Enjuague bien con agua tibia, y seque con golpes suaves. Continúe con el humectante habitual.

del estante de especias de la cocina, métase un par en la boca y mastíquelos por el camino. ¡Usted y sus colegas quedarán complacidos!

CONSEJO Encontrará alivio para los ojos hinchados e inflamados en la gaveta para cubiertos. Sí, así es. Saque dos **CUCHARAS** de metal (de plata o acero inoxidable) y páselas por agua fría hasta que se enfríen. Luego coloque una (con la parte curva hacia abajo) sobre cada ojo y relájese por uno o dos minutos. ¡Sus ojos se sentirán y lucirán mucho mejor!

CONSEJO Supongamos que recibe una invitación para salir y no hay una gota de gel para el cabello en la casa. Si hay **GELATINA** sin sabor en la cocina, ¡es su día de suerte! Mezcle el polvo con la mitad de agua especificada en las instrucciones, y úsela como usaría el gel para el cabello, ¡que probablemente no vuelva a comprar!

UNA VEZ MÁS

Algunos **ACEITES DE OLIVA** vienen en botellas que son casi una obra de arte. Así que ni piense en enviar las botellas vacías al camión de reciclaje. Lávelas bien y úsalas como recipientes para las cremas cosméticas caseras (con corchos nuevos, por supuesto). Aparte de ese propósito práctico, adornarán el mueble del baño.

La abuela usaba esta antigua fórmula como acondicionador, y todavía funciona tan bien o mejor que cualquier producto del mercado. Bata la clara de un **HUEVO** hasta que esté espumosa, luego agregue 5 cucharadas de yogur natural. Aplique la mezcla sobre pequeñas secciones de cabello. Déjela actuar por 15 minutos y enjuague.

CONSEJO Para reducir la apariencia de los poros abiertos, bata un **HUEVO** y mézclelo con 1 cucharada de miel. Aplique la mezcla en el rostro y déjela actuar por unos 20 minutos. Enjuague y vea cómo la piel quedó más suave, firme y delicada.

CONSEJO Independientemente de qué haya causado las bolsas debajo de los ojos, le diré cómo eliminarlas: separe un par de **HUEVOS** y aplique las claras sobre el rostro limpio con una brocha suave y limpia (una brocha de maquillaje o de repostería, o un pincel nuevos darán resultado). Deje que las claras de huevo se sequen y enjuáguelas con agua fresca. La piel del rostro estará más tensa, incluida la zona debajo de los ojos.

CONSEJO Esta es una forma estupenda para limpiar la piel grasosa. Mezcle una cucharada de **LEVADURA** de cerveza con suficiente agua tibia hasta formar una pasta. Úntela en el rostro, deje que se seque y enjuague con agua tibia. (Puede comprar levadura de cerveza en las tiendas de alimentos saludables o en la sección de alimentos naturales de la farmacia o el supermercado).

CONSEJO Esta es una dulce forma de eliminar los puntos

En la Época de la Abuela

La abuela decía que derramar **SAL** trae mala suerte. Al igual que la mayoría de las supersticiones, esta tiene algunas bases: en la antigüedad, cuando surgió esta creencia, la sal era un producto tan valioso que perder tan siquiera una mínima cantidad era mala suerte.

Y en cuanto a lo que se supone que tiene que hacer para detener la mala suerte (lanzar una pizca de sal sobre el hombro izquierdo), también hay un motivo para eso. En la mayoría de las culturas, se creía que los espíritus buenos lo seguían a uno por el lado derecho, y los espíritus malos rondaban por el lado izquierdo. Si lanzaba sal sobre el hombro izquierdo, la sal caería en el ojo del tipo malo, y obstaculizaría sus tretas.

negros. Caliente taza de **MIEL** y aplíquela sobre las imperfecciones. Déjela actuar por un par de minutos, retírela con agua tibia y enjuague con agua fresca. Seque con cuidado con una toalla suave.

CONSEJO ¿Ha estado picando cebollas o ajo? Elimine el olor de las manos con **MOSTAZA** en polvo. Frótela y enjuague.

CONSEJO Esta es una mezcla casera para baño que dejará la piel suave y satinada como la crema exfoliante más cara. Mezcle ¼ taza de **SAL** marina con 1 cucharada de bicarbonato y agregue suficiente aceite de almendra hasta formar una pasta espesa. En la tina o la ducha, frote la mezcla por todo el cuerpo y enjuague bien.

CONSEJO Media taza de **SAL** en una tina de agua tibia elimina la picazón causada por la hiedra venenosa, las picaduras de insectos, el sarpullido por alergias alimenticias e incluso la descamación por quemaduras solares.

CONSEJO Meterse al mar con frecuencia puede hacer que la piel se sienta suave como la seda. Pero aunque viva a cientos de millas del mar, puede tratar la

TÓNICOS & PONCHES

AEROSOL ESPECIADO PARA EL ALIENTO

Esta fórmula mata las bacterias que causan el mal olor y mantiene el aliento fresco.

¼ **taza de vodka**
5 **gotas de aceite de clavos de olor**
5 **gotas de aceite de canela**
5 **gotas de aceite de naranja**
¼ **taza de agua**

Mezcle todos los ingredientes, y vierta la solución en una botella oscura con atomizador. Agite bien antes de usar.

---

piel con baños salados. Agregue ½ taza de **SAL** a una tina de agua tibia y prepárese para un buen baño. Cuando salga, aplique una buena crema humectante para el cuerpo.

CONSEJO No podrá encontrar una cura más sencilla para la caspa que la que usaba la abuela. Vierta una cucharada de **SAL** sobre el cabello, frótela sobre el cuero cabelludo y lávese con champú como siempre. ¡Esas escamas blancas desaparecerán como nieve que cae en tierra caliente!

CONSEJO Si tiene piel grasosa, siga esta rutina para deshacerse de las células muertas y restaurar el equilibrio de la piel. Cúbrase el rostro con una toalla caliente y húmeda, y déjela actuar por unos cinco minutos. Mezcle 1 cucharadita de **SAL** con 1 taza de agua en un frasco con aspersor y rocíe la solución en el rostro. Sin enjuagar, seque la piel con cuidado con una toalla limpia y suave. Su rostro se sentirá fresco, limpio y saludable.

CONSEJO No encontrará un mejor limpiador facial que este: mezcle ¼ taza de **SUERO DE MANTEQUILLA** con ¼ taza de leche entera en polvo (no descremada) hasta formar una pasta. Aplíquela uniformemente sobre el rostro y el cuello con un pincel o una brocha para repostería. Espere de 15 a 20 minutos hasta que se seque, y enjuague con agua fresca. Guarde la mezcla que sobre en un recipiente cerrado en el refrigerador.

CONSEJO Si sus pies tienen... un aroma especial, elimine el olor como lo hacía mi tío Art. En una olla, coloque un par de bolsas de **TÉ** en 4 tazas de agua y lleve a ebullición. Retire la olla del fuego y deje en remojo de 10 a 15 minutos. Vierta la infusión en una cubeta donde quepan los pies, agregue un poco de agua fría para bajar la temperatura a un nivel que

En la Época de la Abuela

Por siglos antes de que la abuela naciera, las mujeres usaban **VINAGRE** de sidra de manzana para dar brillo y humectar el cabello. Pero con unos cuantos aditivos de hierbas, usted puede preparar un tratamiento más eficaz. Agregue 1 taza de hierbas secas a 1 cuarto de galón de vinagre de buena calidad, deje reposar unas semanas, cuele los sólidos y vierta el líquido en una botella limpia. En cuanto al tipo de hierbas, depende del efecto que busque. Aquí tiene la información detallada.

- **Caléndula:** buen acondicionador integral.

- **Manzanilla:** añade reflejos al cabello rubio o castaño claro.

- **Lavanda** y **verbena de limón:** brindan una fragancia seductora.

- **Ortiga:** controla la caspa.

- **Perejil** y **romero:** dan vida al cabello oscuro.

- **Salvia:** oscurece el cabello encanecido.

Cualquiera que sea la combinación de su preferencia, use esta pócima como enjuague final después del champú, aproximadamente 1 cucharada de vinagre por cada galón de agua tibia.

se sienta cómodo, y deje los pies en remojo por 30 minutos. Repita el procedimiento una vez al día. Después de una semana más o menos, los pies deberían oler a primavera, o algo así.

CONSEJO La abuela nunca se complicaba con astringentes caros. Después de lavarse el rostro, llenaba el lavabo del baño hasta la mitad con agua, agregaba unas cuantas cucharadas de **VINAGRE** de sidra de manzana y rociaba la solución en el rostro. Como dicen en la televisión, pruebe este truco en casa por 30 días. Si no lo conforma que cierre los poros, restaure el equilibrio de acidez de la piel y deje el rostro fresco, limpio y suave, ¡me sorprenderá mucho!

CONSEJO Los granos ya no los sufren sólo los adolescentes. Y nunca ha sido así. Incluso la abuela a veces tenía granos. No duraban mucho, porque los eliminaba mojándolos con una bola de algodón embebida en **VINO** blanco. (La abuela era de tez clara; si su piel es un poco más oscura, use vino tinto).

CONSEJO Para limpiar y tonificar la piel al mismo tiempo, nada es mejor que el **YOGUR** natural sin sabor. Úntelo en el rostro y el cuello, espere un par de minutos y enjuague con agua tibia.

En los Alrededores de la
CASA

CONSEJO Las cajas de detergente para la ropa y de arena para gatos son casi imposibles de abrir sin romperse una uña. Para evitar esa frustración (y el dolor), abra la tapa con un **ABREBOTELLAS** tradicional.

CONSEJO Independientemente de lo cuidadoso que sea, las mesas de madera tienden a tener manchas de agua. La abuela las quitaba con este método sencillo: coloque 4 cucharadas de A**CEITE DE OLIVA** virgen y 3 cucharadas de ralladuras de parafina en una olla para baño María, y caliente hasta que se haya derretido la cera. Retire la olla del fuego, revuelva para mezclar los ingredientes y deje que se enfríe. Sumerja un paño de algodón suave y limpio, y frótelo en la zona de la mancha con un movimiento circular. Luego lustre con otro paño.

CONSEJO ¿Por qué preocuparse por comprar brillo para muebles, cuando es tan fácil preparar su propio brillo que será más eficaz? Mezcle 1 taza de **ACEITE VEGETAL** con ½ taza de jugo de limón, y frótelo en las piezas de madera cuando las sacuda. Lustre con un paño suave hasta que la madera brille. ¡Y sí que lo hará!

UNA VEZ MÁS

 Esos tubos de cartón de los rollos de **PAPEL ALUMINIO, PAPEL ENCERADO** y **ENVOLTORIO PLÁSTICO** deben de tener mil y un usos. Dos de mis favoritos están en el armario del dormitorio.

▷ **Hormas para botas**. Para cada bota, pegue tres o cuatro tubos con cinta adhesiva. Luego meta una "horma" en cada bota. Para mantener las botas más cortas en perfecto estado, corte los tubos a la longitud correcta antes de pegarlos.

▷ **Colgadores de pantalones**. Corte el tubo a lo largo y colóquelo sobre la parte inferior de una percha. Luego doble los pantalones sobre la percha. Debido a que el rollo es tan grueso, a las piernas del pantalón no se le harán marcas a la mitad, como ocurre con las perchas normales (incluso las de madera).

CONSEJO Un método para limpiar y proteger los pisos de madera es frotarlos con una mezcla de partes iguales de **ACEITE VEGETAL** y vinagre blanco.

CONSEJO Teníamos un gran busto de bronce de Mozart sobre el piano. Había estado en la familia por tanto tiempo que la abuela ni sabía de dónde venía, pero atesoraba esa escultura. Para mantenerla impecable y brillante, la limpiaba todas las semanas con unas gotas de **ACEITE VEGETAL** en un paño suave.

LAS FÓRMULAS SECRETAS DE la Abuela Putt

POLVO PARA FREGAR CASERO

Este limpiador para uso intenso elimina la grasa y la suciedad de ollas y sartenes, electrodomésticos, baldosas, grifos del baño y prácticamente todas las superficies dentro y fuera de su hogar, dulce hogar.

1 taza de bicarbonato
1 taza de sal
1 taza de bórax

Mezcle estos ingredientes y luego guarde la mezcla en un envase cerrado. Úsela como usaría cualquier limpiador en polvo.

CONSEJO ¡Huy! El pan tostado con mantequilla se cayó del plato, y aterrizó hacia abajo sobre la alfombra. ¡No entre en pánico! Vierta **ALMIDÓN** sobre la mancha para que absorba la grasa. Deje que se seque y aspire los residuos.

CONSEJO Cuando heredé los libros de la abuela, algunos tenían moho. (Independientemente de lo bien que uno cuide la biblioteca, este molesto hongo busca formas de entrar). Pero no me preocupé. Lo eliminé como lo habría hecho la abuela: cubrí las manchas con **ALMIDÓN** y lo dejé actuar por unos días. Fuera de la casa, sacudí el polvo con un cepillo para que las esporas del moho no cayeran en otro objeto de la casa. Esos libros, desde Alcott hasta Twain, quedaron (y siguen) impecables.

CONSEJO Para limpiar a fondo la alfombra, rocíele **ALMIDÓN**. Espere 30 minutos y aspire.

CONSEJO Para evitar que a los libros humedecidos les salga moho, rocíe **ALMIDÓN** en las páginas. Espere varias horas hasta que absorba toda la humedad y retire el almidón con un cepillo. Si queda algo de humedad, repita el procedimiento.

CONSEJO Nunca olvidaré el día que encontré la vieja guitarra del abuelo Putt en el desván. Cuando dijo que podía quedármela, salté de alegría. (En mi cabeza de 10 años, pensaba: "Apártate, Roy Rogers, aquí vengo yo!"). Como era de esperarse, había mucho polvo dentro del instrumento, pero la abuela sabía cómo solucionarlo. Echó un puñado de **ARROZ** crudo en el centro del agujero, sacudió la guitarra con cuidado, y sacó el arroz, con todo y polvo. Luego, para asegurarse de que el interior estuviera muy limpio, repitió el proceso varias veces. Este mismo truco funciona igual de bien con violines, mandolinas y otros instrumentos de cuerdas.

CONSEJO Si usa su molinillo de café para moler especias y cáscaras de cítricos además de café, esta es una forma sencilla de evitar que todos esos olores se mezclen: vierta una cucharadita o dos de **ARROZ** crudo en el depósito, muélalo y tírelo. ¡Listo! ¡Cuchillas sin olor!

CONSEJO ¿Su sistema séptico está algo lento? Probablemente el escuadrón de descomposición subterráneo (es decir, las bacterias anaerobias) necesite un empujón de energía. Así que sírvales este bocadillo energizante: mezcle 1 libra de **AZÚCAR** moreno y 1 paquete de leva-

---

LAS FÓRMULAS
SECRETAS DE
la Abuela Putt

LIMPIADOR PARA ALFOMBRAS SIN PULGAS

Esta es una forma antigua y ultrasegura de eliminar las pulgas que entran en la casa con el perro, además de mantener las alfombras limpias y con un aroma fresco.

$1/2$ **taza de bicarbonato**
$1/2$ **taza de almidón**
$1/2$ **cucharadita de aceite de citronela, polea o romero***

Antes de acostarse, mezcle el bicarbonato, el almidón y el aceite. Rocíe la mezcla uniformemente en la alfombra e incorpórela a las fibras con un cepillo duro o una escoba. Déjela actuar toda la noche y aspire a la mañana siguiente.

* Si no tiene problemas de pulgas y desea limpiar la alfombra, puede usar su aceite favorito.

---

dura de panadero en 1 cuarto de galón de agua tibia, y vierta la mezcla en la taza del inodoro. Déjela reposar por 10 minutos y descargue el tanque. Antes de que se dé cuenta, todo fluirá fácilmente de nuevo.

CONSEJO La abuela creía en la filosofía de vivir y dejar vivir, incluso cuando se trataba de bichos.

¡Fuera, Manchas!

Antes de que existieran los aerosoles, los geles y las barras milagrosas, algunos de los ayudantes más eficaces del cuarto de lavado de la abuela venían de la cocina. Estos productos de uso diario todavía eliminan a la perfección las manchas comunes. Este es el resumen detallado.

Mancha	Material	Cómo Eliminarla
sangre	cualquier tela	Absorba con papel, luego vierta **AGUA GASIFICADA**. Repita si es necesario.
fruta o vino	cualquier tela lavable	Vierta **SAL** en las manchas y remoje la prenda en **LECHE** hasta que las manchas desaparezcan.
césped	cualquier tela lavable	Frote las manchas con **MELAZA**, deje actuar toda la noche y lave la prenda con jabón suave (no detergente).
grasa	telas tejidas	Vierta **AGUA GASIFICADA** (fría o a o aceite temperatura ambiente) sobre la mancha y restriegue con cuidado.
grasa o aceite	cualquier tela lisa	Cubra la mancha con **ALMIDÓN**, deje actuar 12 horas y sacuda con un cepillo.
tinta (seca)	cualquier tela lavable	Humedezca una esponja con **LECHE**, y absorba la mancha hasta que desaparezca (tenga paciencia: podría tomar tiempo eliminar toda la tinta). Luego lave como siempre.
tinta (mientras está mojada)	cualquier tela	Vierta **SAL** sobre la mancha y frote suavemente (con cuidado de no esparcir la tinta). Deje actuar dos o tres minutos y sacuda la sal con un cepillo. Repita, si es necesario.
moho	cualquier tela lavable	Humedezca las manchas con una mezcla en partes iguales de **SAL** y **JUGO DE LIMÓN**, luego deje la prenda al sol hasta que las manchas desaparezcan.
mostaza	cualquier tela lavable	Remoje la zona manchada con una solución en partes iguales de **VINAGRE** blanco y agua hasta que la mancha desaparezca. Absorba con un paño suave y lave como siempre.

Mancha	Material	Cómo Eliminarla
sustancias orgánicas a base de proteínas (como leche, huevo y sangre)	cualquier tela lavable	Prepare una pasta de **ABLANDADOR DE CARNE** mezclado con unas gotas de agua, incorpórelo a la mancha y lave de inmediato.
sudor	cualquier tela lavable	Mezcle 4 cucharadas de **SAL** con 1 cuarto de galón de agua y aplique a las manchas con una esponja hasta que desaparezcan. Lave como siempre.
óxido	cualquier tela lavable	Mezcle en partes iguales **SAL** y **VINAGRE.** Frote la pasta sobre la mancha, deje actuar 30 minutos y lave como siempre.
alquitrán	cualquier tela	Unte **MAYONESA** sobre la mancha y deje que la absorba la tela. Lave o limpie en seco como siempre.
vómito	cualquier tela	Elimine los residuos con un raspador plástico o toallas de papel. Luego cubra la mancha con **BICARBONATO DE SODA**, deje que se seque y sacuda con un cepillo. Lave como siempre o envíe la prenda a la lavandería.
vino (tinto	cualquier tela	Absorba el exceso de humedad y sature la mancha con **AGUA GASIFICADA** blanco) Frote suavemente y absorba hasta secar. Repita, si es necesario. Luego lave o limpie en seco como siempre.

Pero un otoño, las hormigas se convertían en una verdadera molestia en la cocina, y tenía que actuar. A usted también le puede pasar. Mezcle 2 cucharadas de **AZÚCAR** y 1 cucharada de levadura de panade-

ro en 1 pinta de agua tibia. Luego esparza la mezcla en trozos de cartón y colóquelos en las zonas afectadas. Las travesuras de las hormigas terminarán en un abrir y cerrar de ojos.

CONSEJO La abuela tenía un juego para café y té de plata que había recibido como regalo de bodas y que usaba con las visitas. Guardaba las piezas (cafetera, tetera, azucarera y cremera) sin taparlas, y metía un par de cubos de **AZÚCAR** blanco dentro de cada una. Eso evitaba que desarrollaran un olor rancio a humedad.

CONSEJO ¿Alguna vez ha tenido más huevos frescos de los que puede usar? La próxima vez que suceda, haga lo que hacía la vecina de la abuela cuando sus gallinas estaban muy generosas. Uno por uno, rompa cada huevo en un tazón, bátalos ligeramente y viértalos en una **BANDEJA PARA**

Una Vez Más

 Si piensa remodelar la cocina y decide cambiar los **GABINETES**, no los deseche; úselos en algún otro lugar de la casa. Si siguen en buen estado, píntelos y agregue jaladores nuevos si lo desea. Úselos para guardar (por ejemplo) útiles de escritorio en su oficina hogareña, toallas y artículos de tocador en el cuarto de baño, jabones y limpiadores en el cuarto de lavado, o juguetes y libros en la habitación de un hijo. Incluso si los gabinetes no son muy atractivos, puede usarlos en el cobertizo o el taller de trabajo y llenarlos con herramientas, artículos de ferretería o del jardín.

CUBOS DE HIELO engrasada. Cuando la bandeja esté llena, métala al congelador. Cuando se hayan congelado, páselos a un recipiente para congelador o a una bolsa con cierre para congelador. Luego tome los que necesite para una receta, deje que se descongelen y úselos como los demás. Sabrán igual de frescos como cuando los congeló.

CONSEJO Antes de ponerse un par de guantes de hule, rocíe una cucharadita de **BICARBONATO** en cada uno, sostenga la parte de arriba cerrada y agite para cubrir la superficie interior. Esto permitirá que los guantes se deslicen fácilmente para ponérselos y quitárselos, en lugar de que se peguen a la piel.

CONSEJO Con el tiempo, el algodón blanco y el lino pueden adquirir un aspecto sucio. Una manera de devolverles el brillo es hervir la tela por una hora en una solución hecha con ½ taza de **BICARBONATO** y otra ½ taza de sal en un galón de agua.

CONSEJO En uno de mis primeros intentos por cocinar en mi primer apartamento, derramé comida en un hornillo caliente y se prendió fuego. Afortunadamente, la abuela me

En la Época de la Abuela

Este dato es sorprendente: las comidas enlatadas aparecieron casi medio siglo antes que el **ABRELATAS**. El abrelatas con el que la abuela estaba más familiarizada apareció recién en 1925. Una lección de historia: un comerciante inglés llamado Peter Durand inventó el "envase de lata" en 1810, y lo usó para abastecer a la Marina Real Británica. Pero no desarrolló un aparato que abriera las benditas cosas. Los marinos usaban navajas, cinceles, bayonetas, y hasta disparos para poder comer. En 1858, Ezra J. Warner de Waterbury, Connecticut, patentó el primer abrelatas. Lamentablemente, no era mucho mejor que las pistolas y los cuchillos. Parecía una combinación entre una hoz y una bayoneta, con una cuchilla grande y curva que tenía que insertarse en la orilla de la lata y luego abrirse camino con fuerza alrededor del perímetro.

Y la historia sigue así. En 1870, a un inventor estadounidense llamado William Lyman se le ocurrió un dispositivo que incluía una rueda cortante que giraba alrededor de la orilla de la lata. Finalmente en 1925, la Star Can Opener Company de San Francisco modificó el abrelatas del Sr. Lyman agregando una rueda serrada que hacía que la lata girara contra la rueda cortante. ¡Bingo! ¡Así nació el actual abrelatas! (El primer modelo eléctrico apareció en el mercado en diciembre de 1931).

había enseñado qué hacer en esa situación. Tomé **BICARBONATO** y lo lancé al fuego. ¡Se apagó de inmediato!

CONSEJO La abuela limpiaba las superficies de madera pintada, como pisos, muebles y artesanías en madera, con una solución de 1 cucharadita de **BICARBONATO** en un galón de agua caliente. La aplicaba con un trapeador o una esponja, y secaba la superficie con un paño suave y seco. (Para secar un piso de madera, envolvía el paño en el extremo de una mopa).

CONSEJO Para eliminar las manchas negras de zapatos en cualquier tipo de piso, frote las manchas con una pasta preparada con 3 partes de **BICARBONATO** por cada parte de agua.

CONSEJO Para limpiar la lechada entre los azulejos de cerá-

Filtros para Café

Un químico alemán llamado Peter Schlumbohm inventó el filtro de papel para café (y la elegante jarra Chemex) en 1939. Pero fue recién a principios de la década de 1970 que los filtros de papel se convirtieron en un artículo básico de la cocina, cuando las cafeteras eléctricas conquistaron los Estados Unidos. Es una lástima, porque la abuela habría encontrado docenas de formas de usar estas porosas maravillas. Anímese. Esta es una lista de ejemplos.

Filtros Frescos y Limpios

▶ *Absorba un derrame.* Los accidentes ocurren incluso cuando se le acaban de terminar las toallas de papel. Así que absorba el desastre con un filtro de papel (o dos o tres).

▶ *Atrape las gotas.* Antes de darle a un niño (o incluso a un adulto) una paleta de helado, abra un agujero en un filtro de papel e inserte la paleta.

▶ *Limpie el vidrio.* Use filtros para café en lugar de toallas de papel para lavar ventanas y espejos. Hasta los puede usar para limpiar los anteojos si los lentes son de vidrio. Al igual que cualquier otro producto de papel, los filtros para café pueden dejar rayones minúsculos en el plástico.

▶ *Quítele el corcho al vino.* Cuando se rompe el corcho y caen pedazos dentro de la botella, vierta el vino a través de un filtro de café a un decantador limpio.

▶ *Filtre el aire.* En caso de necesidad, un filtro de papel puede funcionar como una mascarilla contra el polvo. Colóquelo sobre la nariz y la boca y sujételo con una cuerda o un elástico largo.

▶ *Filtre fórmulas, tónicos y ponches.* Cuando prepare una de las recetas de la abuela en la que haya que filtrar los ingredientes sólidos, utilice un filtro para café.

▶ *Refresque el refrigerador.* Cuando regrese de las vacaciones y descubra mucha comida, digamos, aromática que olvidó desechar antes de irse, deshágase del olor fácilmente. Saque entre seis y ocho filtros para café y llene cada uno con $1/2$ taza de bicarbonato. Colóquelos en los estantes y en las gavetas de frutas y verduras y demás compartimientos. Los filtros ayudarán al bicarbonato a absorber los olores más rápido.

▶ *¡Retenga la tierra!* Forre las macetas con filtros para café para evitar que la tierra se escurra por los agujeros de drenaje.

Cree recuerdos de fiestas. Llene cada uno con dulces, juguetes en miniatura y dulces pequeñeces. Luego una los lados para crear un costal y átelo con un listón colorido o un pedazo de rafia. Si quiere, puede atar un globo inflado con helio a cada paquete, o agregar una etiqueta con nombre (para que funcione también como tarjeta de ubicación).

Haga copos de nieve. Doble un filtro en cuatro, corte formas en las orillas y luego ábralo. Cuando tenga un juego completo de copos, péguelos en una ventana o cuélguelos del árbol de Navidad.

Caliente la comida. Use filtros de café para cubrir los platos cuando los ponga en el microondas.

Empaque los objetos de valor. ¿Está listo para mudarse? Envuelva la cristalería y la porcelana en filtros para café. Cuando desempaque, podrá usarlos para preparar café.

Proteja la porcelana. Separe los platos apilados con filtros para café para evitar que las partes toscas de abajo rayen las partes lisas de arriba.

Recicle el solvente de pintura. Después de limpiar las brochas, coloque dos filtros sobre un frasco limpio, sin ajustarlos. Vierta el solvente ya usado a través de los filtros al frasco y tápelo bien (deseche los filtros). Guarde el solvente para volver a limpiar las brochas, pero no lo use para diluir pintura o barniz porque tendrá algo de pigmento.

Proteja las sartenes. Y otros utensilios de hierro fundido, también. Coloque un filtro en el fondo de cada uno para que absorba la humedad y evite que se forme óxido.

Sirva perros calientes. Cuando salgan de la parrilla, olvídese de los platos de papel. Envuelva cada perro caliente en un filtro para café. Es un práctico combo de plato y servilleta. (También es práctico para tacos y sándwiches jugosos).

Lustre los zapatos. Unte el betún para calzado con un filtro en lugar de un trapo. Luego tírelo a la basura cuando haya terminado.

Siembre semillas. Si las semillas necesitan humedad fría para germinar, siga esta rutina: coloque un filtro para café dentro de una pequeña bolsa plástica con cierre, vierta 3 cucharadas de agua en el filtro y separe las semillas. Luego lleve la bolsa al refrigerador hasta que las semillas germinen.

(continua)

SOLUCIONES RÁPIDAS

(continuación de la página 165)

▶ *Pese comida.* Antes de colocar ingredientes picados sobre una balanza de cocina, póngalos en un filtro de café. Tendrán menos probabilidades de derramarse y el papel superfino no afectará el peso.

Filtros Usados, con Restos y Todo

▶ *Hágalos abono orgánico.* Tírelos a la pila o al depósito de compost. El papel se descompondrá muy rápido y el café usado es una excelente fuente de ingredientes ricos en nitrógeno (es decir, vegetales). Recuerde que cuando los restos se hayan convertido en compost, ya no aumentarán el nivel de acidez del suelo, porque el compost generalmente tiene un pH neutro.

▶ *Baje el pH.* Entiérrelos cerca de plantas que prefieran entornos ácidos (azaleas y rododendros, por ejemplo). Además de aumentar el nivel de acidez, el café agrega materia orgánica valiosa al suelo.

---

mica, humedezca la lechada con una esponja o un paño, remoje un cepillo de dientes en **BICARBONATO** y restriegue.

CONSEJO Para refrescar un desagüe con mal olor, vierta una taza de **BICARBONATO** y enjuague con agua caliente.

CONSEJO Para hacer una limpieza de rutina, la abuela limpiaba la encimera de laminado plástico con una pasta preparada con 1 parte de **BICARBONATO** y 3 partes de agua tibia. Luego enjuagaba la superficie con agua fresca.

CONSEJO Si los artefactos de su baño están hechos de porcelana teñida, sabe lo rápido que pueden acumularse las manchas de agua y otras cosas en las tinas y los lavabos. Son llamativas y bastante difíciles de sacar sin raspar la superficie, a menos que utilice este sencillo limpiador que no raya: mezcle 1 taza de **BICARBONATO** y otra de sal en un recipiente con tapa hermética y manténgalo a la mano. Use la mezcla como cualquier otro polvo para fregar. Este polvo delicado también funciona de maravilla en la encimera de la cocina y en otras superficies que se rayan con facilidad.

CONSEJO ¿Quién dice que un **BOTE DE GALLETAS** sólo sirve para guardar galletas? Una amiga mía usa su colorida colección de frascos por toda la casa para guardar artículos de tocador en el cuarto de baño, artículos de oficina en la casa y retazos en el cuarto de manualidades.

CONSEJO Cuando use un material de limpieza seco, como sal, harina de maíz o bicarbonato, puede ser complicado rociarlo de manera uniforme sobre una encimera, alfombra u otra superficie amplia. Así que no lo rocíe. Use un **CERNIDOR DE HARINA** para esparcir el limpiador que desee sobre la superficie.

CONSEJO A menos que viva en un clima muy seco, las bibliotecas de madera tienden a atraer moho, y se lo pasan a los libros. Para proteger la biblioteca, retire los volúmenes, rocíe aceite de **CLAVO DE OLOR** en los estantes y frótelo bien. Espere hasta que la madera se seque y vuelva a colocar los libros.

Cuando tenga que lavar ropa de trabajo con grasa, agregue una lata de bebida regular de **COLA** a la máquina lavadora con el detergente. Se deshará de esa desagradable grasa.

CONSEJO Después de limpiar las joyas finas, colóquelas en un **COLADOR DE TÉ** para enjuagar-las. Así no correrá el riesgo de perder los tesoros miniatura en el desagüe.

CONSEJO Los catálogos, las facturas y otro tipo de correo pueden acumularse rápido en el corredor de entrada de una casa u oficina.

LAS FÓRMULAS SECRETAS DE la Abuela Putt

LIMPIADOR DE BRONCE CAMPEÓN

La abuela limpiaba todos los objetos de bronce de la casa con esta mezcla milagrosa (también funciona de maravilla en utensilios de cocina de cobre).

- ½ **taza de harina multiuso**
- ½ **taza de sal**
- ½ **taza de detergente seco para ropa (sin lejía)**
- ¾ **taza de vinagre blanco**
- ¼ **taza de jugo de limón (fresco o embotellado)**
- ½ **taza de agua caliente del grifo**

En un tazón, mezcle la harina, la sal y el detergente. Agregue el resto de los ingredientes y mezcle bien. Sumerja un paño de algodón suave y limpio en la mezcla y frótelo en el bronce, con cuidado de que entre en todos los rincones. Lustre con un paño limpio. Guarde el limpiador que sobre en un frasco con tapadera hermética.

Pero un artículo tradicional de cocina puede detener el desorden postal antes de que se produzca. Busque o compre un **COLGADOR DE TAPADERAS DE OLLA** de madera, píntelo o adórnelo como desee y colóquelo sobre una mesa en el corredor. Luego coloque todo el correo en las ranuras, con cartas y tarjetas adelante, y catálogos, revistas y sobres grandes hacia la parte de atrás.

CONSEJO La mayoría de las fórmulas líquidas de limpieza de la abuela eran incoloras. La abuela siempre etiquetaba las botellas, y agregaba unas gotas de **COLORANTE ARTIFICIAL PARA ALIMENTOS** a cada una. Así podía diferenciar el quitamanchas del limpiador de vidrios con solo verlos.

CONSEJO Una fuga en el tanque del inodoro puede desperdiciar cientos de galones de agua al día, sin que usted lo note. Afortunadamente hay una forma fácil de averiguar si esto ocurre en su baño. Agregue unas gotas de **COLORANTE ARTIFICIAL PARA ALIMENTOS** en el tanque. Si se tiñe el agua de la taza del inodoro, llame a un plomero para reparar el sellado.

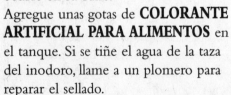

LAS FÓRMULAS SECRETAS DE
la Abuela Putt

LIMPIADOR PARA QUEMADURAS EN ALFOMBRAS

Cuando aparecía en la alfombra una mancha por quemadura (causada por, digamos, una vela que se cayó o una chispa de la chimenea), la abuela la limpiaba con esta pócima fácil de preparar.

1 taza de vinagre blanco
½ taza de polvo de talco (sin perfume)
2 cebollas medianas picadas no muy finas

Coloque todos los ingredientes en una olla, lleve el vinagre a ebullición y continúe hirviendo por unos tres minutos. Retire la olla del fuego, deje que la mezcla se enfríe y úntela sobre la mancha de la quemadura (la abuela usaba un cucharón para sopa). Deje que se seque y luego limpie con un cepillo de cerdas duras. ¡Adiós, quemadura!

CONSEJO ¡Caramba! Está escribiendo las tarjetas de Navidad en la cama y se le cae el bolígrafo a la alfombra blanca. ¿Y ahora? Rocíe una cucharadita de **CRÉMOR TÁRTARO** sobre la mancha y luego unas cuantas gotas de jugo de limón. Frote la mezcla en la mancha y sacuda el polvo. Enjuague de inmediato con agua tibia. Repita cuantas veces sea necesario hasta que la tinta haya desaparecido.

CONSEJO Un método para mantener los pisos de piedra limpios y relucientes es trapearlos una vez a la semana con una solución preparada con una cucharadita de **DETERGENTE PARA VAJILLA** por cada galón de agua. Enjuague con agua limpia. (No use un producto a base de jabón, porque el jabón deja un residuo que hace que la piedra se vea opaca).

CONSEJO Durante el invierno, una casa cerrada puede desarrollar un olor desagradable a rancio. Pero existe una forma sencilla para que el aire huela a flores de primavera: aplique un par de gotas de **EXTRACTO** de limón a las bombillas de las lámparas y los techos antes de encenderlas. (Si el limón no es su aroma favorito, reemplácelo por el extracto que le guste, como menta, almendra o vainilla).

CONSEJO Para que el refrigerador huela fresco y se vea apetitoso, humedezca una bola de algodón con su **EXTRACTO** de sabor favorito y colóquelo en un estante.

CONSEJO ¿Tiene un agujero de tornillo que es un poquito más grande que el tornillo? ¡No se preocupe! Sumerja un **FÓSFORO** en pegamento, métalo en el agujero y rómpalo de modo que quede a ras con la superficie. El tornillo debería entrar y mantenerse en su lugar.

CONSEJO Las cortinas siempre saldrán sin arrugas de la lavadora si usa este truco: disuelva un paquete de **GELATINA** sin sabor en 1 taza de agua hirviendo y agréguela al enjuague final.

CONSEJO Mantenga las ollas de acero inoxidable brillantes: frótelas con un paño limpio, suave y seco con **HARINA**. Luego lustre con otro paño.

CONSEJO Para limpiar el grifo cromado del baño o la cocina, rocíe un puñado de **HARINA**, frote con un paño limpio y seco, y lustre con otro paño.

CONSEJO Una Navidad, le regalé a la abuela una estatua de papel maché que yo había hecho en la clase de arte: era un modelo tamaño real de su perro Charley. Me preocupaba un poco cómo iba a mantener la delicada superficie limpia, pero ella conocía un antiguo truco. Primero lavaba la estatua con una esponja sumergida en agua fría (sin jabón). Mientras la superficie seguía húmeda, le rociaba **HARINA** por todos lados y la lustraba con un paño de franela de algodón. ¡La técnica funcionó tan bien que todavía tengo al otro Charley en mi casa! (P.D.: Puede usar el mismo método para limpiar platos decorativos, bandejas o cualquier objeto de papel maché).

CONSEJO No había nada que le gustara más al abuelo Putt que su sillón de cuero. Para mantenerlo como nuevo, la abuela lo limpiaba cada dos semanas con un trapo de algodón suave sumergido en clara de **HUEVO** batida. Luego lo lustraba con otro paño para darle brillo, ¡y uno podía ver su propio reflejo!

CONSEJO La abuela tenía una forma muy simple para que

En la Época de la Abuela

¡Otra pregunta! ¿Qué bebida clásica estadounidense (y una de las favoritas de la abuela) se presentó en sociedad en la Feria Mundial de 1904 en St. Louis? La respuesta: **¡EL TÉ HELADO!** ¿Y cómo disfrutaríamos del verano sin té helado?

duraran más las flores en el florero: llenaba el florero con una solución de 2 cucharadas de **JARABE DE MAÍZ** blanco por cuarto de galón de agua.

CONSEJO Aparte de nuestro árbol de Navidad tradicional, la abuela siempre mantenía uno pequeño sobre una mesa en la entrada. Y cuando llegaba el momento de regar su pequeña base, lo hacía con una **JERINGA PARA PAVO**.

CONSEJO Cuando pone demasiada agua en una olla grande y pesada sobre el hornillo y comienza a rebalsarse, no la cargue hasta el fregadero. Use una **JERINGA PARA PAVO** para succionar el exceso de agua.

CONSEJO La abuela usaba hule para cubrir las mesas, especialmente si estaban al aire libre y hacíamos un picnic. Igual que muchas otras cosas, esta tela de antaño está de moda. Si tiene en su casa, mantenga esta tela limpia como lo hacía la abuela: lávela una vez al mes con una solución preparada con partes iguales de **LECHE** descremada y agua. Una vez cada tres meses, limpie el hule con un paño suave de algodón con aceite de linaza hervido, y lustre con un retazo de seda. (Puede comprar el aceite de linaza hervido en la ferretería local. En cuanto a la seda, si no tiene una blusa o corbata de seda desgastada, puede usar algodón; o compre seda en la sección de retazos de su tienda de segunda mano preferida).

CONSEJO No llore por la tinta perdida, ni siquiera cuando se filtra del bolígrafo a la bolsa o chaqueta de cuero favoritas. Sumerja un paño suave de algodón en **LECHE** y frote las manchas hasta que desaparezcan. Enjuague con otro paño humedecido con agua limpia.

CONSEJO Cuando la abuela necesitaba una tapadera para una olla, usaba un **MOLDE PARA GALLETAS**.

CONSEJO Para ordenar rápidamente una gaveta de escritorio, introduzca un **MOLDE PARA PASTELILLOS** y llene los espacios con todos los objetos pequeños, como tachuelas, clips y papel autoadhesivo.

CONSEJO Elimine los olores de las botellas de vidrio o los jarrones de cuello angosto: sumérjalos toda la noche en una solución preparada con 1 cucharadita de **MOSTAZA** en polvo por cada 4 tazas de agua tibia. Enjuague y deje que los objetos se sequen al aire libre antes de guardarlos.

CONSEJO Para evitar que una olla tapada se rebalse en el

CEBO PARA HORMIGAS SEGURO PARA EL HOGAR

Cuando las hormigas lo vuelvan loco, dentro y fuera de la casa (con mascotas o niños pequeños), elimine esas plagas. Este cebo es tan seguro que no hay problema en que lo prueben los niños y las mascotas.

$\frac{1}{2}$ **taza de miel**
$\frac{3}{8}$ **taza de levadura de panadero**
$\frac{3}{8}$ **taza de azúcar**

Mezcle los ingredientes en un tazón. Distribuya la mezcla en tapas de botella o pedazos de plástico o cartón, y coloque las trampas en los caminos de las hormigas. Las plagas se congregarán alrededor del dulce banquete y ese será su fin.

hornillo cuando hierva, inserte un **PALILLO DE DIENTES** entre la tapadera y la parte superior de la olla. Esto formará una abertura lo suficientemente grande como para dejar que el vapor escape.

CONSEJO El azúcar moreno de la abuela siempre se mantenía suave y suelto, porque lo guardaba en un frasco de vidrio junto con una

Bolsas Plásticas para Residuos

Cuando en 1950, Harry Wasylyk y Larry Hansen inventaron las bolsas plásticas para residuos, su objetivo era que tuvieran un uso comercial (su primer cliente fue el Hospital General de Winnipeg, Manitoba). A finales de la década de 1960, Union Carbide compró los derechos, y las bolsas para residuos GLAD® estuvieron a la venta. Es una lástima que GLAD no haya aparecido un par de décadas antes, porque la abuela habría descubierto incontables usos para estas maravillas impermeables. Estos son algunos ejemplos.

▶ *"Mime" las plantas de interiores.* Antes de salir de viaje, forre la tina con bolsas para residuos y cúbralas con un toallón mojado. Coloque las plantas sobre el toallón y, antes de irse, riéguelas con abundancia. Si las macetas tienen agujeros de drenaje en el fondo, sus amigas verdes deberían mantenerse en buen estado por un par de semanas.

▶ *Cambie pañales por el camino.* Cuando salga de viaje por tierra o por aire, y lleve un bebé, coloque una bolsa para residuos (o tres o cuatro) para usar como cambiador de emergencia.

▶ *Ahuyente a los pájaros de las hortalizas.* Empezando en el extremo abierto de una bolsa (la parte de arriba), corte tiras de una pulgada de ancho hasta unas 3 pulgadas en el fondo. Pegue o engrape la franja de 3 pulgadas a la cerca del jardín, o a varas que haya clavado en el suelo. Cuando haya brisa, los flecos se sacudirán en el viento y asustarán a los pájaros.

▶ *Conquiste el desorden.* Ate las asas de las bolsas para residuos a perchas y cuelgue una en cada armario de la casa. Cada vez que se tope con algo que no ha usado en siglos (un vestido que no se pondría ni loca o un juguete con el que los niños ya no juegan), métalo a la bolsa. Cuando esté llena, llévela a la tienda local de artículos de segunda mano.

▶ *Ocúpese de los mapaches.* Coloque una tira de 3 pies de ancho de bolsas para residuos resistentes alrededor del cubo para residuos, el comedero para pájaros, la huerta del jardín o cualquier cosa que necesite proteger. Los mapaches tienen pies lampiños y muy sensibles y no les gusta caminar en plástico resbaloso. Cuando sienten la superficie resbaladiza, huyen.

▶ *Mantenga un yeso o un vendaje secos.* Cúbralos con una bolsa para residuos antes de bañarse o salir a la lluvia.

▶ *Manténgase seco.* Corte un agujero para la cabeza y otros para los brazos en una bolsa para residuos gigante y guárdela en la guantera del auto para usar como capa de lluvia en caso de emergencia. Mejor aún, guarde varias para que los pasajeros también puedan mantenerse secos.

▶ *Mude la ropa.* Cuando empaque para mudarse, improvise un portatraje. Corte un agujero pequeño en el fondo de una bolsa para residuos grande o gigante. Tome unas cuantas prendas colgadas y deslice la bolsa sobre las perchas, de modo que los ganchos salgan por el agujero que abrió. Para mayor protección, pegue la parte de abajo para que nada se caiga.

▶ *¡Pinte libremente!* Antes de pintar una habitación, cubra las luces y cualquier otro objeto fijo con una bolsa para residuos (o dos o tres).

▶ *Proteja la ropa.* Use una bolsa gigante para jardín como bata impermeable cuando tenga que hacer tareas, dentro o fuera de casa, en las que se ensuciará. Corte un agujero del tamaño de la cabeza en la parte inferior y un agujero para cada brazo a los lados, y deslice la bata por la cabeza.

▶ *Recicle latas y botellas.* Cuelgue una bolsa con asas en el interior de una puerta de armario o alacena, y tire ahí las latas y botellas vacías. Según cómo se manejen estas cosas en su ciudad, lleve los envases de regreso a la tienda y cobre el depósito, tírelos en el depósito de reciclaje en el día de recolección normal, o llévelos a la sección de reciclaje del basurero local.

▶ *Duerma seco.* Cuando sus hijos o nietos acampen, extienda bolsas para residuos sobre el suelo debajo de las bolsas de dormir.

▶ *Impermeabilice una mochila.* Meta la mochila dentro de una bolsa para residuos y haga cortes para las correas.

▶ *Impermeabilice un colchón.* Cuando un bebé que usa pañal (o una persona mayor con problemas de incontinencia) se quede a dormir en su casa, corte una bolsa para residuos gigante y extiéndala debajo de la sábana.

▶ *Prepare el parabrisas para el invierno.* Si el auto pasará la noche a la intemperie con temperatura baja, cubra el parabrisas con una o dos bolsas para residuos, para evitar que le caiga hielo, nieve o escarcha. Sujete el plástico debajo de los limpiaparabrisas.

Una Vez Más

Si prefiere la cerveza y las gaseosas en botella, como yo, guarde las **CAJAS DE LOS PAQUETES DE SEIS** (por lo menos, algunas). Úselas como kits de limpieza portátiles. Por ejemplo, coloque botellas con rociador llenas de vinagre, solución salina y agua en tres compartimientos; paños y esponjas en los demás. Mantenga un kit en cada piso de la casa, uno en el garaje y otro en el baúl del auto.

rebanada de **PAN** y lo metía en el refrigerador.

CONSEJO Para eliminar el olor a rancio (o la pestilencia) de una lonchera, sumerja una rebanada de **PAN** en vinagre blanco por un minuto. Póngala en la lonchera, cierre la tapadera y déjela toda la noche. A la mañana, estará fresca como pan recién salido del horno.

CONSEJO Si usa el molinillo de café para especias o distintos sabores de granos de café, puede terminar con un aroma bastante fuerte (y un café de sabor muy desagradable). Para evitar ese problema, después de cada uso, muela pedazos de **PAN** en el molinillo. ¡Así la taza de café por la mañana siempre tendrá el sabor que espera!

CONSEJO Cuando compré mi primer apartamento, venía equipado con un hornillo que era más viejo que yo. Seguía funcionando, pero la moldura cromada estaba oxidada. Como siempre, la abuela sabía cómo solucionarlo. Me dijo que envolviera un pedazo de **PAPEL ALUMINIO** en el dedo, con el lado brillante hacia fuera, que frotara las marcas y que luego lustrara el cromado con un paño de algodón humedecido en alcohol para frotar. Cuando terminé, ¡brillaba como un espejo!

CONSEJO Cuando sirva pan, panecillos o bollos recién salidos del horno, manténgalos calientes por más tiempo: coloque un pedazo de **PAPEL ALUMINIO** debajo de la servilleta de la panera. Además de mantener los manjares calientes, el papel aluminio protege la panera para que no se manche con grasa.

CONSEJO Después de una reunión familiar (como la cena de Navidad), cuando la abuela tenía que limpiar muchos cubiertos, los enjuagaba en agua fría para eliminar todos los residuos de comida. Luego seguía esta rutina: cubra el fondo de una palangana grande con **PAPEL ALUMINIO**, coloque los cubiertos encima y écheles agua hirviendo. Agregue 3 cucharadas de bicarbonato y espere 10 minutos. Luego enjuague con agua limpia y séquela.

CONSEJO En el verano, el **PAPEL ALUMINIO** puede ayudarlo a mantenerse fresco. Pegue o engrape hojas de papel aluminio entre los travesaños del techo. Eso reflejará los rayos del sol hacia fuera, lo que reducirá el calor que entra en la casa en un 20% o más.

CONSEJO Para que un radiador o calentador de zócalo funcione de forma más eficaz, envuelva un pedazo de **PAPEL ALUMINIO** resistente, con el lado brillante hacia arriba, alrededor de un trozo de madera o cartón, y colóquelo detrás del radiador o el calentador. El papel aluminio reflejará el calor hacia la habitación para que no lo absorba la pared.

CONSEJO Cuando vengan visitas, y usted desee darle brillo instantáneo al piso cerámico, envuelva una hoja de **PAPEL ENCERADO** en el trapeador y páselo por el piso.

CONSEJO La abuela conocía una manera muy especial para lograr que los pantalones del abuelo se vieran limpios e impecables, y que se mantuvieran así por más tiempo. Antes de planchar cada pierna, doblaba una hoja de **PAPEL ENCERADO** sobre la pierna y planchaba sobre el papel. Un poco de la cera se impregnaba en la tela, y hacía que el pliegue se mantuviera mejor.

CONSEJO Sáquele brillo a los zapatos con **PAPEL ENCERADO**. Frótelo en el cuero y lustre con un paño suave.

Una Vez Más

 Cuando vacíe un **ENVASE DE SAL** cilíndrico y resistente, no lo tire a la basura. Córtele la parte de arriba y úselo para guardar (por ejemplo) cucharas de madera en la cocina, agujas de tejer y tijeras en el cuarto de manualidades, o destornilladores y cinceles en el taller de trabajo.

Sustituciones de la Abuela

Nos sucede a todos en algún momento: está cocinando la cena o un antojo especial para los niños, y descubre que se le acabó un ingrediente crítico. ¡Qué problema! Pero para la abuela y sus pares, que tuvieron que alimentar a sus familias durante la Gran Depresión y la Segunda Guerra Mundial, el hecho de que les faltara un producto crítico era algo normal. ¿Se quejaban? ¡Para nada! Buscaban sustitutos que reemplazaban al ingrediente original. A usted también podría serle útil. Le explico.

Si le Falta Esto	Reemplácelo por Esto
1 cucharadita de polvo para hornear	½ cucharadita de crémor tártaro + ¼ cucharadita de bicarbonato
1 taza de suero de mantequilla	1 cucharadita de vinagre o jugo de limón + suficiente leche para medir 1 taza
1 taza de harina para pastel	$^7/_8$ taza de harina multiuso
1 cucharada de almidón	2 cucharadas de harina multiuso
¾ taza de migas de galletas de soda	1 taza de migas de pan
1 taza de jarabe de maíz oscuro	¾ taza de jarabe de maíz claro + ¼ taza de melaza
1 diente de ajo picado	$^1/_8$ cucharadita de ajo en polvo
1 cucharadita de sal de ajo	$^1/_8$ cucharadita de ajo en polvo + $^7/_8$ cucharadita de sal
1 taza de leche semidescremada	1 cucharada de mantequilla derretida + suficiente leche para 1 taza
1 taza de miel	1¼ taza de azúcar + ¼ taza de líquido *
1 cucharadita de jugo de limón	¼ cucharadita de vinagre de sidra de manzana
1 cucharadita de cáscara de limón	½ cucharadita de extracto de limón
1 taza de jarabe de maíz claro	1 taza de azúcar + 1 taza de líquido*
1 taza de melaza	1 taza de miel
1 cebolla pequeña picada	1 cucharadita de cebolla en polvo, 1 cucharada de cebolla deshidratada picada, o 2 cucharadas de cebolla congelada picada
1 cucharada de mostaza preparada	½ cucharadita de mostaza en polvo + 2 cucharaditas de vinagre
1 cuadrado de chocolate amargo (1 onza)	3 cucharadas de chispas de chocolate amargo o 1 cuadrado de chocolate sin azúcar (1 onza) + 1 cucharada de azúcar
1 taza de crema agria	1 taza de yogur natural

Si le Falta Esto	Reemplácelo por Esto
2 cucharaditas de tapioca	1 cucharada de harina multiuso
1 taza de salsa de tomate	¾ taza de pasta de tomate + 1 taza de agua
1 taza de azúcar blanca	1 taza de azúcar morena compacta o 2 tazas de azúcar impalpable cernida
1 taza de leche entera	½ taza de leche evaporada + 1 taza de agua

* Puede ser agua o cualquier otro líquido que lleve la receta, como leche, crema o jugo de fruta.

CONSEJO No hay nada más molesto que el que las gavetas se peguen constantemente, y a veces ni siquiera se puedan abrir. Afortunadamente existe una solución sencilla para ese problema. Primero limpie y lije todas las superficies de la gaveta que sobresalgan. Cúbralas con laca, deje que se sequen y frótelas con **PARAFINA**. ¡Así se desplazarán fácilmente!

CONSEJO Un día, la abuela rompió accidentalmente su jarrón de cerámica favorito. Pero no se enojó, ni parpadeó. Tomó un bloque de **PARAFINA** de la alacena, derritió la cera y virtió el líquido caliente en el jarrón. Luego giró el jarrón rápido para que la cera cubriera toda la superficie antes de que se enfriara. ¡Y listo! El viejo jarrón quedó como nuevo. (Esta técnica también impermeabiliza las superficies porosas, lo que significa que puede convertir casi cualquier recipiente en un florero).

Cuando los platos de porcelana están apilados en un estante, la parte inferior de uno puede rallar la superficie del que está debajo. Para evitar que suceda, coloque **PLATOS DE PAPEL** entre ellos.

CONSEJO Cuando necesite trasladar o guardar objetos pequeños y frágiles, busque en la alacena algunos **RECIPIENTES PLÁSTICOS PARA ALIMENTOS**. Luego envuelva sus pequeños tesoros en un envoltorio con burbujas o en tela suave y gruesa, métalos en los recipientes, y tápelos.

CONSEJO ¡Caramba! Al colocar un huevo en una olla con agua, accidentalmente se rajó la cáscara. No se preocupe. Imite a la abuela: lleve el agua a ebullición, agregue 1 cucharadita de **SAL** y luego meta el huevo. La sal hará que la clara del huevo se endurezca rápido, para que no se filtre por la rajadura.

CONSEJO Al igual que muchas amas de casa de su época, la abuela preparaba muchas gelatinas con fruta. Y cuando tenía prisa, para acelerar la preparación de la gelatina, llenaba un tazón con cubos de hielo y les rociaba **SAL**. Luego agregaba la fruta al tazón.

LIMPIADOR DE ALUMINIO DE ANTAÑO

La abuela mantenía las ollas y sartenes de aluminio como nuevas con este simple limpiador casero. (¡También funciona de maravilla con los muebles de aluminio para exteriores!).

- ½ **taza de crémor tártaro**
- ½ **taza de bicarbonato**
- ½ **taza de vinagre blanco**
- ¼ **taza de hojuelas de jabón (como Ivory Snow®)**

En un tazón, mezcle el crémor tártaro y el bicarbonato. Agregue el vinagre y mezcle hasta formar una pasta. Agregue las hojuelas de jabón, transfiera la mezcla a un frasco de vidrio con tapadera hermética y póngale una etiqueta. Aplique la pasta con un estropajo de acero y enjuague con agua limpia.

En muy poco tiempo, ese postre colorido y tembloroso estaba listo para servir.

CONSEJO Antes de usar pantis nuevos por primera vez, remójelos por tres horas en una solución preparada con 2 tazas de **SAL** por cada galón de agua. Enjuáguelos en agua fría y déjelos escurrir hasta que se sequen. Este tratamiento evita que se corran y hace que duren mucho más.

CONSEJO Como la abuela decía, la escoba nueva limpia bien. Y barrerá mejor y por más tiempo si la remoja en una cubeta con agua caliente y 1 taza de **SAL** antes de usarla por primera vez. Media hora es suficiente. Nota: esto funciona solo con las escobas (y los cepillos) de cerdas naturales, no con las sintéticas.

CONSEJO Como ya lo sabe si bebe té o café, estas bebidas tienden a dejar manchas cafés desagradables en las tazas, los pocillos y las teteras de cerámica. Pero hay una forma sencilla de deshacerse de esos "recuerdos". Mezcle partes iguales de **SAL** y vinagre blanco, y restriegue hasta que las manchas desaparezcan.

CONSEJO Cuando uno de los floreros o licoreras de vidrio empezaba a verse opaco, la abuela metía un puñado de **SAL** y 2 cucharaditas de vinagre y lo agitaba bien. Luego lo enjuagaba con agua limpia. ¡Quedaba reluciente!

CONSEJO Incluso si tiene un horno que se limpia automáticamente, este es un truco viejo que vale la pena tener en el repertorio (la próxima cabaña o casa de playa que alquile podría no tener lo último y mejor en aparatos de cocina). En cuanto se dé cuenta de que algo rebalsa en el horno, cubra las salpicaduras con **SAL**. La comida no se pegará a la superficie y cuando el horno se haya enfriado, podrá limpiar con toallas de papel.

CONSEJO La abuela tenía un método simple para eliminar las manchas de agua de las mesas de madera. Usaba una pizca de **SAL** en una gota de agua y la frotaba en la madera con un paño suave hasta que la mancha desaparecía. Luego terminaba con el abrillantador de muebles regular.

CONSEJO La **SAL** gruesa mantiene las ollas de hierro fundido limpias y sin óxido. Espolvoree la sal en el interior y restriegue el fondo y los lados con una esponja suave y ligeramente húmeda. Luego enjuague con agua limpia y seque bien la olla.

CONSEJO Las personas que viven en el frío y congelado norte

En la Época de la Abuela

Desde mucho antes de que la abuela apareciera en escena, la gente ha dado por sentado la existencia de las **CUCHARAS**. Pero no siempre fue así. Por ejemplo, en Inglaterra, durante el reinado de Elizabeth I, estos utensilios para comer eran tesoros tan poco comunes que cuando los aristócratas asistían a banquetes, llevaban sus propias cucharas plegables.

tienen toda clase de formas para evitar que las tuberías se congelen en el invierno. El método favorito de la abuela era agregar un puñado de **SAL** en cada drenaje antes de acostarse.

CONSEJO No sé usted, pero yo paso la mayoría de los fines de semana (y muchos días de la semana) en jeans. Y quiero que esos pantalones estén suaves y cómodos desde el primer día. Así que antes de usar un par nuevo por primera vez, agrego ½ taza de **SAL** al agua de la lavadora. Luego agrego el detergente y presiono el botón de inicio. Esos pantalones salen tan suaves que podría jurar que los he usado por años.

FABULOSO ABRILLANTADOR DE MUEBLES

Cuando se trata de hacer que los muebles se vean lo más elegantes posible, este fácil abrillantador cuenta con el Sello de Aprobación de la Abuela Putt.

¼ **taza de aceite de linaza**
⅛ **taza de vinagre**
⅛ **taza de whisky**

Mezcle los ingredientes en un frasco de vidrio con tapadera, y aplique la mezcla a los muebles de madera con un paño suave de algodón limpio. Luego lustre con otro paño. Tape lo que le sobre y guarde a temperatura ambiente.

CONSEJO Para las manchas muy resistentes en mármol, pruebe esto: cubra las manchas con **SAL**, vierta algo de leche agria y deje reposar de tres a cuatro días. Luego limpie con un paño de algodón suave y húmedo (no mojado).

CONSEJO Para sacarle lustre al bronce o el cobre, mezcle **SAL** con suficiente jugo de limón hasta formar una pasta y frote las manchas hasta

que desaparezcan. Luego enjuague la pieza con agua fresca y séquela.

CONSEJO Si derrama vino en la alfombra, inmediatamente rocíe **SAL** sobre la mancha. Rocíe el NaCl (cloruro de sodio) ligeramente sobre la zona y absorba con toallas de papel. Si queda algo de líquido, agregue más sal, deje reposar hasta que haya absorbido todo el vino y luego aspire.

CONSEJO Si tiene una o dos mesas de mármol, sabe que esta piedra suave es un imán para las manchas de agua. Afortunadamente existe un truco sencillo para eliminarlas. Cubra la mancha con **SAL**, espere unos minutos y sacuda. Repita hasta que la sal haya absorbido toda la mancha.

CONSEJO Trate los derrames sobre el hornillo de forma similar. Rocíe **SAL** sobre las manchas cuando los quemadores todavía estén calientes. Cuando estén fríos al tacto, límpielos con un paño, una esponja o una almohadilla de nailon para fregar.

CONSEJO Una tabla para picar de madera durará años, y se mantendrá sin bacterias, si sigue el plan de mantenimiento de la abuela. Cada dos o tres semanas, cubra la superficie de la tabla con una capa de **SAL** gruesa (kosher o de mar), luego restriéguela bien con el lado cortado de medio limón. Cuando haya terminado, enjuague la tabla con agua caliente, deje que se seque y aplíquele una capa delgada de aceite vegetal o mineral.

CONSEJO Cuando se mude, envuelva la vajilla en los artículos de **TELA** de la cocina. Ahorrará espacio, porque de todos modos tiene que empacar manteles, centros de mesa, manteles individuales y toallas limpiadoras. Y además, la tela no deja manchas, como el papel de periódico.

En la Época de la Abuela

Esta es una pregunta curiosa que puede hacer en su próxima reunión con amigos: ¿cuándo se inventó el **VINAGRE**? La respuesta: nadie, ni siquiera mi abuela, sabe la fecha precisa, pero fue, por lo menos, hace 10,000 años y con mayor probabilidad, creen los historiadores, cuando la cuba de algún vinatero se abrió prematuramente al aire. Las uvas, en lugar de madurar para convertirse en vino, "se transformaron" en un líquido desagradable pero mucho más versátil.

CONSEJO ¿Gasta demasiado dinero en aromatizantes de baño? La abuela diría: "¡Basta!". Cuando el... "incidente aromático" deje el baño oliendo a cualquier cosa menos a rosas, encienda una **VELA**. No se preocupe por comprar una perfumada. Cualquier llama de vela elimina los gases malolientes.

CONSEJO Actualmente las telas no destiñen tanto como en la época de la abuela. Aún así, a menos que esté seguro de que el tinte no se irá a ningún lado, no hay por qué correr riesgos. Antes de lavar una prenda de colores brillantes por primera vez, sumérjala por unos 15 minutos en una solución hecha con   taza de **VINAGRE** blanco por cada galón de agua fría. Luego lave y seque el artículo de acuerdo con las instrucciones de la etiqueta.

CONSEJO Al igual que muchas de las cosas que la abuela tenía en la casa, los pisos de linóleo vuelven a estar de moda. Si usted tiene este recubrimiento clásico en la cocina (o en cualquier otra habitación), una manera de mantenerlo fresco y limpio es trapearlo una vez al mes con una solución preparada con ½ taza de **VINAGRE** de sidra de manzana por cada galón de agua tibia. Esta preparación corta la grasa y la suciedad de inmediato, y también deja el aire con un aroma dulce.

CONSEJO Aunque el papel tapiz nuevo es muy fácil de quitar, el que se colocó en la época de la abuela es otra cosa. Para aflojar esa goma, debe usar un removedor potente, como el que puede preparar mezclando ½ taza de **VINAGRE** blanco en una cubeta con agua caliente. Luego pinte la pared con la solución, deje que se absorba y retire el papel de inmediato. (Si el papel es especialmente resistente, agregue más vinagre al agua).

CONSEJO Casi nada en el baño se ensucia más rápido que el riel de la puerta deslizante de la ducha (al menos, eso parece). Pero conozco una forma fácil de limpiarlo. Vierta **VINAGRE** blanco en el riel, espere dos o tres minutos y enjuague. ¡Suciedad yéndose por el carril número uno!

CONSEJO Con el tiempo, los anillos metálicos de las cortinas tienden a formar manchas de óxido. Esta es una manera de devolverles el brillo: hiérvalos en **VINAGRE** blanco hasta que desaparezcan las manchas.

CONSEJO Con el tiempo, los residuos de jabón tienden a acumularse sobre las superficies de esmalte horneado, como el exterior del hornillo y otros aparatos electrodomésticos. Con el tiempo, eso opaca el acabado, pero es fácil restaurar el brillo. Mezcle partes iguales de **VINAGRE** blanco y agua, empape una esponja en

la solución y limpie la película.

CONSEJO Cuando el agua deje marcas en su florero o jarrón favorito, imite a la abuela: sature una toalla o un paño (según el tamaño del recipiente) con

LAS FÓRMULAS SECRETAS DE
la Abuela Putt

LIMPIADOR SEGURO PARA DRENAJES DE BAÑO

Los residuos de jabón y el cabello pueden hacer un desastre asqueroso en los drenajes de la tina y el lavabo. Pero no necesita productos químicos tóxicos para limpiar. Esta suave fórmula eliminará las obstrucciones de las tuberías en un abrir y cerrar de ojos.

1 taza de bicarbonato
1 taza de sal
½ taza de vinagre blanco
2 cuartos de galón de agua hirviendo
agua caliente del grifo

Mezcle el bicarbonato, la sal y el vinagre, y vierta la mezcla en el drenaje. Deje actuar por 15 minutos, luego agregue el agua hirviendo. Abra el grifo del agua caliente y deje que fluya por un minuto. Para los casos de taponamiento, repita cuantas veces sea necesario.

VINAGRE blanco y métalo de modo que tenga contacto con los lados. Deje reposar toda la noche, y a la mañana esas marcas antiestéticas se limpiarán fácilmente.

CONSEJO Cuando la abuela compraba una cuchara de madera nueva, la sumergía en **VINAGRE** de sidra de manzana toda la noche y la secaba con una toalla a la mañana siguiente. Este tratamiento evitaba que la madera absorbiera los olores de la comida, por lo que la abuela no tenía que preocuparse porque las galletas de chispas de chocolate salieran del horno con un suave aroma a salsa de espagueti.

CONSEJO Cuando la abuela encontraba marcas de quemaduras en el hogar de ladrillo, las limpiaba con una esponja mojada con **VINAGRE** blanco y las enjuagaba con agua limpia. Para hacer una limpieza de rutina de ladrillo o piedra, usaba 1 taza de vinagre blanco en una cubeta con agua tibia.

CONSEJO Cuando necesite eliminar el olor a humo de una habitación, llene un frasco de vidrio con **VINAGRE** (de cualquier tipo) y colóquele una mecha de mechero. La mecha absorberá los olores desagradables y el vinagre se deshará de ellos.

TÓNICOS & PONCHES

VINAGRE CASERO DE LA ABUELA

La abuela solía preparar su propio vinagre de sidra de manzana. El proceso toma tiempo, pero la receta no podía ser más simple. Compruébelo.

12 manzanas maduras sin pelar y en cubos
1 paquete de levadura de panadero agua pura de manantial

Coloque las manzanas (con centro y todo) en una vasija de gres o en un tazón hondo de vidrio o cerámica. Agregue la levadura, y vierta suficiente agua para cubrir las manzanas (aproximadamente un cuarto de galón). Tape el tazón con un pedazo de paño para elaborar quesos, y sujételo con un elástico. Coloque el recipiente en un lugar cálido (idealmente donde la temperatura se mantenga a unos 80 °F) y déjelo reposar por tres o cuatro meses, o hasta que los azúcares naturales se hayan convertido en alcohol (por el sabor, detectará la sidra). En ese momento, cuele las manzanas y vierta el líquido en una vasija o tazón limpios. Regrésela a su lugar cálido, sin tapar, y déjela reposar por otros tres o cuatro meses. Luego vierta el vinagre en un frasco o una botella de vidrio, y guarde a temperatura ambiente.

CONSEJO El **VINAGRE** también puede evitar que los olores se impregnen en la piel. Así que la próxima vez que tenga que manipular un alimento aromático, como la cebolla, el ajo o el pescado, vierta unas gotas de vinagre de sidra de manzana en una palma y frótese las manos antes de tocar ese alimento oloroso.

UNA VEZ MÁS

Hasta a las personas más ordenadas y eficientes que conozco les cuesta tener ordenada y organizada la oficina hogareña. Esta es una docena de **ARTILUGIOS DE LA COCINA** que pueden ayudarl a acorralar el desorden de escritorios, mesas de trabajo y alacenas.

▷ **moldes para hornear**

▷ **canastas para bayas**

▷ **cajas de pan**

▷ **latas**

▷ **organizadores de cubiertos**

▷ **escurridores de platos**

▷ **vasos**

▷ **pocillos**

▷ **servilleteros**

▷ **colgadores de tapaderas de ollas**

▷ **especieros**

▷ **vasijas para utensilios**

▷ **canastas de malla de alambre para frutas y hortalizas**

CONSEJO En mi opinión, no hay nada mejor para empezar bien el día que una buena taza de café recién preparado, y ese café no puede prepararse en una cafetera con depósitos minerales.

Para mantener limpia la cafetera, llene el depósito con partes iguales de **VINAGRE** blanco y agua, coloque la jarra en su lugar y encienda la cafetera para que el vinagre recorra la máquina. Deseche lo que resulte del proceso y continúe con una jarra de agua limpia. La frecuencia con la que tendrá que realizar esta maniobra depende de cuánto café prepara, así que deje que la nariz y las papilas gustativas sean su guía.

CONSEJO Encontró una magnífica mesa barata en el mercado de pulgas. Hay un solo problema: la madera tiene una gruesa capa de barniz. ¿Cómo puede quitarlo? Simple:

aplique una solución de partes iguales de **VINAGRE** blanco y agua, y retírela de inmediato frotando. Repita en caso de ser necesario (probablemente no lo necesite).

CONSEJO La costra de sarro que se forma en la base de los grifos del baño puede ser muy difícil de sacar, y no hay forma de sumergirlos totalmente como con una espita (pág. 182). Pero la capa de suciedad saldrá de inmediato si sigue el consejo de la abuela. Empape toallas de papel en **VINAGRE** blanco y colóquelas sobre los grifos. Espere una hora aproximadamente, restriegue la suciedad con un cepillo y enjuague con agua fresca.

CONSEJO La lavadora de ropa también necesita una buena lavada cada cierto tiempo. Para eliminar los residuos de jabón, cabellos, pelusa y solo Dios sabe qué más, vierta 1 galón de **VINAGRE** blanco en el cilindro y ponga a funcionar la máquina en un ciclo normal para carga grande.

CONSEJO Limpie las aberturas de un duchador tapado; para ello, sumérjalo en un tazón con **VINAGRE** blanco tibio sin diluir hasta que se aflojen y floten los depósitos de sarro. Si no se destapan algunos agujeros, límpielos con un cepillo de dientes, un palillo de dientes o una aguja para zurcir.

CONSEJO Llámeme anticuado, pero a mí me encanta escribir con pluma fuente (todavía tengo la que la abuela me regaló cuando me gradué de la escuela secundaria). Para mantener esa, y las más recientes, limpias y en buen funcionamiento, las abro cada cierto tiempo y sumerjo las piezas en **VINAGRE** blanco. Las dejo reposar por una hora, las enjuago en agua tibia y las coloco sobre toallas de papel para que se sequen.

CONSEJO Mantenga brillante el cristal y esos antiguos vasos de vidrio con Howdy Doody utilizando la misma rutina de la abuela

En la Época de la Abuela

Cuando tenga que extender masa para tartas o galletas, y no encuentra el rodillo de amasar (o ni siquiera tenga uno), imite a la abuela: use una **BOTELLA DE VINO** de superficie lisa. Si desea mantener fresca la masa, llene la botella hasta la mitad con agua, tápela bien con un corcho o tapón de botella, y enfríela en el refrigerador por media hora antes de empezar a trabajar.

para la cristalería: después de lavarla, enjuáguela en una solución preparada con ½ taza de **VINAGRE** blanco por cada galón de agua.

CONSEJO Mantenga limpia la parte inferior de la plancha de vapor: pásele de vez en cuando un paño suave de algodón humedecido con **VINAGRE** blanco. (¡Asegúrese de que la plancha esté desenchufada y fría!).

CONSEJO Nada le gustaba tanto a la abuela para el desayuno como los huevos escalfados. Y para asegurarse de que mantuvieran su forma en la sartén, agregaba unas gotas de **VINAGRE** al caldo de cocción. (Puede usar vinagre blanco o de sidra de manzana).

CONSEJO Para eliminar el sarro del grifo de la cocina, llene una bolsa plástica resistente hasta la mitad con **VINAGRE** blanco y ate la bolsa al grifo para que quede sumergido en el vinagre. Deje actuar hasta que la suciedad se haya disuelto y enjuague con agua limpia.

CONSEJO Para evitar que se acumulen depósitos en el interior de la plancha, periódicamente llene el depósito para agua con **VINAGRE** blan-

UNA VEZ MÁS

No hay nada como un bloque de madera para cuchillos para mantener esas herramientas de cocina afiladas y sin muescas. Pero si necesita guardar los cuchillos en una gaveta con otros cubiertos, evite daños: amortigüe la punta de cada cuchillo insertándole un **CORCHO DE VINO USADO.**

co, coloque el indicador en vapor y siga con otros quehaceres mientras el aparato se limpia solo. Cuando el depósito esté seco, enjuáguelo con agua limpia. (La frecuencia con la que tendrá que realizar esta limpieza depende de cuánto planche: guíese a ojo).

CONSEJO Para limpiar teclas de piano plásticas (las que tienen todos los instrumentos de los últimos 30 años), use un paño de gamuza humedecido con una solución de agua tibia y **VINAGRE** blanco. Una cucharada por cada cuarto de galón de agua es suficiente.

CONSEJO Para que el piso cerámico rechine de limpio, trapéelo con ¼ taza de **VINAGRE** blanco en una cubeta con agua tibia.

CONSEJO Para tener las toallas más suaves y esponjosas, como en un hotel de cinco estrellas, pruebe este truco: agregue 2 tazas de **VINAGRE** blanco al agua de enjuague de la lavadora de ropa. La próxima vez que se seque después de una ducha, ¡creerá que está en el Ritz!

CONSEJO Si tiene un piano usado, sabe que las teclas de marfil pueden volverse amarillas más rápido de lo que puede decir o tocar "La rosa de Texas". Pero puede mantenerlas brillantes y relucientes si las limpia con un poco de **YOGUR** natural en un paño suave de algodón.

Familia y
AMIGOS

CONSEJO Ahora hay alimentos especiales diseñados para evitar que se formen bolas de pelos en los gatos, pero no existían cuando Eleanor, la gata de la abuela, los necesitaba. Así que una vez a la semana, la abuela agregaba una cucharadita de **ACEITE DE MAÍZ** a la cena de Eleanor. ¡Con eso era suficiente!

CONSEJO Cuando se acerque la época navideña, haga adornos únicos para el árbol con moldes de galletas y la receta de plastilina en la página 193, o exhorte a los niños para que los hagan. Y para asegurarse de que los moldes hagan un buen corte, rocíelos con **ACEITE EN AEROSOL PARA COCINAR** antes de presionarlos en la plastilina.

CONSEJO Antes de ponerle el pañal a un bebé, aplique una capa delgada de **ACEITE VEGETAL** al trasero. Eso formará una barrera de humedad y evitará el sarpullido causado por el pañal.

CONSEJO La próxima vez que su perro o gato tenga una pelea en un arbusto lleno de espinas y púas, vierta unas cuantas gotas de **ACEITE VEGETAL** en las espinas y peine cuidadosamente a su mascota. Las espinas deberían deslizarse de inmediato; si no lo hacen, agregue un poco más de aceite y vuelva a peinar.

CONSEJO Para evitar que un niño pequeño se deslice de la silla, coloque una **ALFOMBRA** de hule sobre el asiento.

Una Vez Más

 Una adivinanza: ¿qué obtiene después de sacar la tira con filo de una caja de **PAPEL ALUMINIO?** La respuesta: un sostén de cartas para niños pequeños o para cualquier persona a quien le cueste sostener una mano de cartas completa. Cierre la tapa y deslice las cartas por la ranura entre la pestaña y el lado de la caja. (Obviamente también puede hacerlo con cajas de envoltorio plástico y papel encerado).

CONSEJO ¿Se le acabaron los talcos para bebé? ¡No se preocupe! Use **ALMIDÓN**. Eso mantendrá al pequeñín seco, cómodo y libre del sarpullido causado por el calor, incluso en los días más cálidos.

CONSEJO Cuando se acerque Halloween, prepare maquillaje para un payaso, monstruo o estrella de cine joven, o incluso para su propio disfraz. Mezcle 2 cucharadas de **ALMIDÓN** con 1 cucharada de grasa sólida y luego agregue el colorante artificial para alimentos de su preferencia (o el de su pequeño).

CONSEJO Independientemente de lo cuidadoso que sea al cortar las uñas de un gato o un perro, uno tiende a cortarlas demasiado. Cuando eso suceda, aplique una pizca de **ALMIDÓN** en el extremo sangrante. Eso acelerará el proceso de coagulación y fundamentalmente aliviará el dolor.

CONSEJO Alivie el sarpullido producido por el pañal como lo hacía la abuela: limpie el trasero del bebé con una solución de 4 cucharadas de **BICARBONATO** por cada cuarto de galón de agua tibia.

CONSEJO Cuando mis amigos y yo pasamos por la fase de los juegos de espías, la abuela nos enseñó a escribir mensajes invisibles. Mezcle 1 cucharadita de **BICARBONATO** con 2 cucharaditas de agua, meta la punta de una pluma fuente en la solución y garabatee una nota importante en un pedazo de papel (en código, por supuesto). Cuando la "tinta" se haya secado, sostenga el papel cerca de una bombilla. ¡Bingo! Aparecerá la escritura café. Entonces todo lo que tendrá que hacer es recordar cómo decodificar el mensaje.

CONSEJO Un método para limpiar los zapatos blancos de los niños es rociar el cuero con **BICARBONATO** y limpiarlo con un paño húmedo.

CONSEJO ¿Qué hace cuando el peluche favorito de su

hijo o perro se ensucia, y resulta que no se puede lavar? Simple: llene una bolsa con **BICARBONATO**, meta el juguete y sacuda la bolsa hasta que toda la tela esté cubierta. Espere unos 15 minutos para que el bicarbonato absorba la suciedad y los aceites. Luego saque el juguete y sacuda o aspire el exceso de la sustancia blanca.

CONSEJO ¿Quiere conocer un condimento secreto para mantener a los perros y gatos alejados de las plantas de interior? Inserte **CANELA** en rama en la tierra de cada maceta. Aparentemente a los felinos y los caninos no les gusta su olor.

CONSEJO Si a sus hijos les encanta el Dr. Seuss tanto como a los míos, sorpréndalos una mañana con huevos verdes y jamón de verdad. ¿Y cómo se obtienen huevos verdes? Simple: antes de revolver los huevos, agrégueles unas cuantas gotas de **COLORANTE ARTIFICIAL PARA ALIMENTOS** azul.

CONSEJO En todas las festividades, la abuela se esforzaba para que todo estuviera muy bien. Incluso servía la comida en los tonos festivos y apropiados, con la ayuda de **COLORANTES ARTIFICIALES PARA ALIMENTOS**. Por ejemplo, en su picnic anual para el 4 de Julio, el postre era

siempre un pastel de tres capas: rojo, blanco y azul. Y en Navidad, preparaba panqueques rojos y verdes para el desayuno (en tandas separadas, por supuesto).

CONSEJO Cuando era niño, los veranos pasaban volando y mis amigos y yo nunca queríamos

TÓNICOS & PONCHES

FÓRMULA DE BAÑO PARA BEBÉS

Cuando una de sus amigas jóvenes tenía un bebé, la abuela le regalaba un frasco o dos de esta mezcla supersuave para baño.

¼ **taza de leche en polvo descremada**

¼ **taza de suero de mantequilla de leche entera en polvo**

1 **cucharada de almidón**

Mezcle todos los ingredientes y guarde la mezcla en un frasco de vidrio con tapadera. Cuando llegue la hora del baño del bebé, vierta 1 cucharada del polvo en una bañera de bebé o ¼ taza en una tina normal.

desperdiciar un minuto de nuestro tiempo de juego al aire libre. ¡Ni siquiera entrábamos en la casa a la hora del almuerzo! Afortunadamente, la abuela entendía cómo nos sentíamos (después de todo, ella también fue niña alguna vez). Y encontró una forma ingeniosa de llevarnos el almuerzo: lo servía en **CONOS DE HELADO** de fondo plano. Los rellenaba con ensalada de pollo o atún, queso cottage y fruta en trocitos, y hasta perros calientes. ¡Qué delicia!

UNA VEZ MÁS

 Para usted, más **UTENSILIOS DE COCINA** probablemente signifique más desorden, pero para un niño pequeño, esos cacharros y objetos raros pueden significar horas de sana diversión. Le presento una docena de útiles desechos que podría donar a la colección de juguetes de bañera, arenero o piscina inflable (y seguramente a usted se le pueden ocurrir muchos más).

▷ **escurridores**

▷ **embudos**

▷ **cucharas para servir helado**

▷ **tazas medidoras**

▷ **cucharas medidoras**

▷ **cucharas para revolver**

▷ **bandejas plásticas para hielo**

▷ **envases plásticos para comida**

▷ **ollas y sartenes**

▷ **cucharones**

▷ **coladores**

▷ **jeringas para pavo**

CONSEJO Para detener un caso de diarrea en un niño, mezcle un paquete de 3 onzas de **GELATINA** con sabor a fruta en 1 taza de agua fría y haga que el pequeño se la tome. Si eso no detiene el flujo, o si hay otros síntomas, consulte al médico de inmediato.

CONSEJO Al igual que cualquier otro felino que se respeta a sí mismo, la gata de la abuela, Eleanor, se negaba a acercarse a cualquier objeto con agua que fuera más grande que su tazón de agua para beber. Así que cuando La Señora necesitaba un baño, la abuela frotaba **HARINA DE MAÍZ** en su pelo y la cepillaba. Listo: ¡impecable sin ningún ataque de pánico!

CONSEJO En más de una ocasión, "atrapé" una bola alta con el ojo. Y la abuela siempre tenía la cura perfecta para mi frente. Sacaba un **HELADO DE PALETA** del congelador, lo envolvía en una toalla limpia y me decía que lo sostuviera sobre mi ojo herido. Y cuando el dolor desaparecía, podía comerme la compresa (¡sin el envoltorio y la toalla, obviamente!).

CONSEJO ¿Necesita un baúl para un pequeño que se va de campamento? Use una **HIELERA PORTÁTIL**. Coloque la ropa en la parte de abajo, y los artículos de tocador y otros artículos personales pequeños en la bandeja de arriba. Las agarraderas la hacen fácil de llevar y además puede usarse como banca en la cabaña o la barraca del pequeño.

CONSEJO Use una **JERINGA PARA PAVO** para rellenar el bebedero de su pájaro: métala por las barras de la jaula (por supuesto, por lo menos una vez al día, le recomiendo que saque el bebedero, lo limpie y agregue agua fresca).

CONSEJO La próxima vez que envíe un regalo frágil por correo, olvídese de rellenar la caja con "maní" de poliestireno para empacar. Use **MANÍ** de verdad. El maní servirá de amortiguador, ¡y el destinatario podrá comérselo!

CONSEJO A veces todos los pequeños necesitan un viaje en alfombra mágica. Afortunadamente,

TÓNICOS & PONCHES

FÓRMULA PARA ELIMINAR EL OLOR A ZORRILLO EN MASCOTAS

Nada puede arruinar su día, o su sueño, como descubrir que su perro tuvo un contacto personal con un zorrillo. Afortunadamente, con esta increíble solución, le quitará el olor a zorrillo a su perro para que vuelva a oler a rosas. O algo así. (También puede aplicarse a personas que huelen a zorrillo).

1 cuarto de galón de peróxido de hidrógeno
1 taza de bicarbonato
2 cucharadas de champú para perro o cachorro*

Mezcle los ingredientes en una cubeta o una palangana y, con un trapo o una esponja, aplique la solución al pelaje del perro (pero no la aplique a la cabeza, los ojos o las orejas). Masajee la solución y luego enjuague con agua limpia.

* Si no tiene otra opción, sustituya por jabón líquido o detergente para vajilla suave a base de jabón.

cuando me moría de ganas por un vuelo, la abuela me proporcionaba "transporte" en la forma de un colorido y decorado **MANTEL**.

CONSEJO Para sacar goma de mascar del cabello de un niño, frote **MANTEQUILLA DE MANÍ**

En la Época de la Abuela

Si a sus hijos o nietos les encantan las paletas de helado **POPSICLES**® (¡a la abuela le encantaban!), escuche esto: esa delicia (que es una mina de oro) fue inventada, por accidente, en 1905 por un niño de 11 años llamado Frank Epperson. Frank mezcló un frasco de polvo para bebida gaseosa y agua, y lo dejó en el pórtico trasero, donde podía beberlo mientras jugaba en el jardín. Y se olvidó de llevarlo consigo cuando entró en la casa (algo frecuente en los niños). A la mañana siguiente, estaba congelado con el revolvedor hacia arriba. Cuando jaló el revolvedor, salió con todo y bebida congelada. Cuando Frank lo probó, supo que se había topado con algo realmente delicioso.

Al siguiente verano, preparó lo que llamó "Epperson Icicles" (que pronto cambiaron a "Epsicles") en el refrigerador familiar y los vendió en el vecindario por cinco centavos cada uno. Más adelante, cambió el nombre a "Popsicle" porque había hecho su prototipo (por así decirlo) con bebida gaseosa. Y el resto es historia.

en la bola. Masajéela con los dedos, luego use un peine para retirar la goma de mascar y la mantequilla de maní, y termine con el champú habitual del pequeño.

CONSEJO Cuando haga una fiesta para un grupo de niños, como una fiesta de Navidad o de cumpleaños, use **MOLDES PARA GALLETAS** para hacer sándwiches en formas divertidas; por ejemplo, Santa Claus, estrellas, animales o botas vaqueras.

CONSEJO Los **MOLDES PARA GALLETAS** también son excelentes plantillas. Trace alrededor de ellos para dibujar patrones como decoración de paredes, papel de regalo casero, tela pintada a mano y muchísimos otros proyectos de manualidades.

CONSEJO Cuando uno juega tantos juegos de cartas como lo hacíamos en la casa de la abuela, las cartas pueden ensuciarse y engrasarse muy rápido. Para mantenerlas limpias, la abuela las frotaba con frecuencia con una rebanada de **PAN** blanco.

CONSEJO Si desea mantener al perro fuera del sofá, coloque tiras de **PAPEL ALUMINIO** en los cojines. Cuanto salte, el sonido del crujido lo asustará y se bajará de inmediato. (Por lo menos, la mayoría de los perros se asusta).

CONSEJO ¿Tiene hijos o nietos que coleccionen calcomanías?

Si tiene, la próxima vez que reciban un juego nuevo, deles una hoja de **PAPEL ENCERADO** para poner a prueba sus diseños. Pueden mover las calcomanías de un lugar a otro en la superficie resbalosa una y otra vez cuando elijan un diseño permanente para las páginas del álbum de manualidades.

CONSEJO ¿Necesita un regalo ingenioso para un niño? ¿Qué tal una "planta" **PIRULETA**? Consiga una maceta de barro del color que prefiera, y una pelota de poliestireno que sea un poco más grande que la parte superior de la maceta. Pegue la pelota al borde, luego inserte piruletas de colores en el poliestireno hasta que haya cubierto la esfera. Ate un listón a la maceta, agregue una tarjeta de regalo divertida y entréguesela al pequeño.

CONSEJO Agregue una **PRENSA PARA AJOS** al kit de suministros de su pequeño artista. Es el boleto para producir "cabello" para las creaciones de plastilina o arcilla. En el tazón de la prensa, coloque un poco del material, presione las agarraderas y por los agujeros saldrá la barba de Santa o la melena de un león.

CONSEJO Cuando era pequeño, estaba convencido de que mi tío Art era mago. ¡Podía hacer que las llamas de la chimenea pasaran del color anaranjado rojizo normal a un dorado intenso! Luego me enteré de que para lograr esta hazaña, lanzaba un puñado de **SAL** al fuego. Ahora hago el

LAS FÓRMULAS SECRETAS DE
la Abuela Putt

PLASTILINA

Su joven escultor puede dar rienda suelta a su espíritu creativo con este medio casero de modelaje.

2 tazas de bicarbonato
1 taza de almidón
1½ taza de agua
colorante artificial para alimentos (opcional)

En una olla, mezcle los ingredientes y cocine a fuego medio, revolviendo continuamente, hasta que se espese. Distribuya la mezcla en un plato o una tabla para picar, cúbrala con un paño húmedo y déjela reposar hasta que esté lo suficientemente fría como para manipularla. Amase hasta que la preparación quede suave, y agregue colorante artificial para alimentos, si lo desea (utilice la cantidad de colorante necesaria para llegar al tono deseado). Guarde la plastilina en un recipiente hermético en el refrigerador.

Tiene dos opciones de secado para los productos terminados: déjelos reposar, destapados, por unos días, u hornéelos a la temperatura más baja por media hora, revisando cada pocos minutos para asegurarse de que no se "cuezan de más" (con cualquiera de los métodos, el tiempo de secado variará según el grosor de los objetos). Cuando las obras de arte se hayan secado, el artista puede exhibirlas al natural o pintarlas con pintura acrílica.

mismo truco de magia para todos mis nietos (hasta que sean lo suficiente-

mente grandes como para darse cuenta).

CONSEJO Para un bebé, tener la nariz congestionada es una molestia. Pero usted puede destapar la nariz como lo hacía la abuela. Disuelva ¼ cucharadita de **SAL** en 8 onzas de agua e inserte dos gotas de la solución en cada orificio nasal con un gotero medicinal. Luego use un aspirador nasal para extraer la solución salina y la mucosidad. Una advertencia: no use este tratamiento más de seis veces al día.

CONSEJO Para nosotros los adultos es fácil olvidarnos del miedo que puede causar perder el primer diente y ver cómo sangra la boca. Pero usted puede detener el sangrado y calmar al pequeño como siempre lo hacía la abuela. Enrolle una bolsa húmeda de **TÉ** para formar un cilindro apretado y sosténgala en el punto donde solía estar el diente.

CONSEJO Aunque me encantaba jugar al aire libre, no me molestaban los días de lluvia porque la abuela conocía mil formas de entretenimiento dentro de la casa. Una de mis favoritas era un experimento de ciencia que llamábamos "conchas de mar productoras de burbujas". Llene un vaso o tazón hasta un cuarto de su capacidad con **VINAGRE** (de cualquier tipo). Luego deje caer suavemente dos o tres conchas y observe cómo suben las bur-

---

En la Época de la Abuela

La abuela sabía que hasta el gato o perro mejor entrenado tiene algún accidente ocasionalmente. Por supuesto, no era divertido cuando el accidente ocurría sobre la alfombra, y tampoco tenía los lujosos limpiadores de enzimas que eliminan el olor de inmediato. Afortunadamente tenía productos eficaces, y usted, también. Esta es la rutina: primero absorba la mayor cantidad de orina posible con toallas de papel o trapos viejos (si el acto acaba de suceder, este paso resolverá el 90% del problema). Empape la mancha con **AGUA GASIFICADA**, deje reposar un minuto o dos, y absorba de nuevo. Mezcle partes iguales de vinagre blanco y agua fresca, y restriegue la solución en la alfombra con un cepillo duro. Absorba el exceso de líquido, enjuague con agua fresca y deje secar. Si la mancha persiste, vuelva a aplicar la solución de vinagre y agua, deje actuar 15 minutos, enjuague y absorba.

TÓNICOS & PONCHES

GOLOSINAS CONGELADAS PARA PÁJAROS

¿Quiere darle a su pájaro una golosina fría y saludable? Prepare una tanda de estos manjares.

1 cuarto de galón de yogur de vainilla
1 taza de fruta triturada*
2 cucharadas de mantequilla de maní
2 cucharadas de miel

En una licuadora o procesador de alimentos, procese los ingredientes hasta lograr un puré y congele la mezcla en bandejas para cubos de hielo o, para pájaros más grandes, en vasos plásticos de 3 onzas. Cuando el loro quiera una merienda, meta una porción al microondas, caliéntela por unos segundos y sirva. Si es partidario de los métodos más lentos y sencillos de la abuela, meta la golosina congelada en un plato resistente al calor y llévela al horno a 350 °F por unos 20 minutos.

* No use aguacates, ¡son venenosos para los pájaros!

bujas a la superficie. La abuela explicaba que esto sucede porque el ácido acético del vinagre reacciona con la piedra caliza de las conchas para formar dióxido de carbono, la misma sustancia que hace efervescentes las gaseosas.

CONSEJO Cuando era pequeño, mantenía unos cuantos ratones blancos como mascota. Eran excelentes amiguitos, pero había un problema: sin importar qué tan limpia mantuviera la jaula, los pequeños roedores siempre despedían un olor característico. Para absorberlo, la abuela me hacía colocar un tazón de **VINAGRE** junto a la jaula (no adentro). Lo cambiaba cada pocos días, y mi habitación siempre olía fresca como una margarita.

CONSEJO Para mantener a su perro libre de pulgas y garrapatas, la abuela siempre agregaba a su tazón de agua para beber 1 cucharadita de **VINAGRE** de sidra de manzana por cada cuarto de galón de agua.

CONSEJO ¿Tiene en la casa algún cachorro al que le estén saliendo los dientes? Entonces proteja los muebles, las artesanías en madera y Dios sabe qué mas dándole al cachorro un suministro continuo de **ZANAHORIAS** grandes y frías para morder. La temperatura fría aliviará el dolor de las encías y le gustará tener algo para morder. (¡Pero no le diga al cachorro que estos ricos antojos son saludables!).

El Mundo
EXTERIOR

CONSEJO Las tijeretas casi nunca causan problemas en el jardín. Pero a veces, esos bichos masticadores pueden salirse de control. Si eso sucede en su casa, vierta partes iguales de **ACEITE VEGETAL** y salsa de soya en latas vacías de atún o comida para gatos. Coloque las trampas en la noche, y deséchelas (junto con el contenido) temprano en la mañana antes de que las mariposas y los insectos buenos lleguen a beber.

CONSEJO Los vidrios del auto más sucio quedarán cristalinos (casi sin esfuerzo) cuando los lave con la fórmula favorita de la abuela: mezcle una pizca o dos de **ALMIDÓN** y una taza de amoníaco en una cubeta con agua y aplique la solución a los vidrios con toallas de papel. Enjuague con agua limpia.

CONSEJO Esta es una dulce manera de deshacerse de los nemátodos. Incorpore **AZÚCAR** al suelo a una dosis de 5 libras por cada 50 pies cuadrados de área sembrada. Los gusanitos se la comerán y se ahogarán. Una advertencia: no use este truco más de una vez en el mismo lugar, porque el azúcar también mata los organismos beneficiosos del suelo y entonces realmente estará en problemas.

CONSEJO Al abuelo Putt le encantaba entretenerse con el auto y era muy cuidadoso para evitar derrames de aceite en el suelo del garaje. De vez en cuando, sin embargo, hasta él tenía manchas de aceite en el concreto. Para limpiar los derrames, los cubría con partes iguales de **BICARBONATO** y harina de maíz. Esperaba hasta que el aceite se hubiera absorbido, y luego barría lo que quedaba. Si quedaban manchas, mojaba el piso con agua limpia y restregaba las manchas con un cepillo grueso con bicarbonato; luego enjuagaba.

CONSEJO Cuando se acumule corrosión en la batería del carro, limpie los postes y los conectores de cables frotándolos con una pasta preparada con 3 partes de **BICARBONATO** por cada parte de agua. Luego seque las partes limpias con un paño suave y cúbralas ligeramente con vaselina.

CONSEJO Incluso antes de que yo aprendiera a conducir, la abuela me enseñó cómo apagar incendios pequeños de gas, aceite o el motor: párese a una distancia segura y lance **BICARBONATO** a las llamas. Siempre mantengo una caja grande de bicarbonato en el garaje, el baúl del auto y el bote por si acaso, ¡y usted también debería!

CONSEJO La abuela tenía las hortensias más grandes y vistosas del vecindario. Decía que florecían fácilmente porque les daba un trago ocasional de **BICARBONATO** disuelto en agua. Nunca lo medía, pero yo diría que 2 cucharaditas de bicarbonato por cada galón de agua es suficiente. Y dicho sea de paso, las begonias, los geranios (pelargonio) y todas las demás flores que prefieren un suelo alcalino también disfrutan este tratamiento.

Las toallas que usa en la playa o en la piscina tienden a absorber demasiados olores. Así que, cuando las lave, en el último enjuague agregue al detergente ½ taza de **BICARBONATO**.

CONSEJO Limpie el casco de un bote de fibra de vidrio con una esponja mojada con **BICARBONATO**. Luego enjuague con agua limpia y seque con un paño de algodón suave. Para las manchas muy resistentes, deje que el bicarbonato se seque y luego límpielo con una esponja o un paño húmedo.

CONSEJO Para eliminar manchas de grasa de las alfombras de

UNA VEZ MÁS

Cuando llegaba la época de sembrar semillas en la casa de la abuela, no podía ir al vivero local y comprar un montón de hermosas macetas, porque no existían. Tenía que crear sus propios semilleros y macetas con los elementos que tenía en la cocina o que terminarían en la basura. Todavía siembro semillas en **DESECHOS DE LA COCINA**. Estos son algunos de los recipientes que me gusta usar (después de lavarlos bien y abrirles agujeros en la parte de abajo, por supuesto).

▷ **tazas y pocillos de porcelana rajados**

▷ **envases de margarina, queso cottage y yogur**

▷ **cajas de leche**

▷ **moldes de pastelillos**

▷ **vasos de papel, plástico y poliestireno**

▷ **moldes para tartas y pasteles**

▷ **recipientes plásticos y de poliestireno para llevar la comida que sobra en los restaurantes**

tela del auto o de la tapicería de los sillones, cúbralas con partes iguales de **BICARBONATO** y sal. Cepille suavemente para que el polvo penetre en las fibras, deje actuar por unas horas y aspire.

LAS FÓRMULAS SECRETAS DE
la Abuela Putt

FÓRMULA PARA ÁRBOLES FRUTALES SIN GUSANOS

Con esta fácil receta, resolverá el problema de la fruta con gusanos: atrapará a los insectos que ponen los huevos.

½ **taza de vinagre de sidra de manzana**
½ **taza de azúcar**
1 cucharada de melaza

Mezcle los ingredientes y vierta la mezcla en una jarra plástica limpia o, para plantas más pequeñas, en envases de yogur con un agujero a cada lado del borde. Cuelgue dos o tres trampas de cada árbol o arbusto.

CONSEJO Si le gusta el mar, sabe lo rápido que puede acumularse el verdín (esa mancha verde) en los acabados de cobre del barco. Pero puede dejar esos accesorios náuticos impecables en un instante. Mezcle **BICARBONATO** con suficiente jugo de limón para formar una pasta, frótela en el metal, y deje actuar de tres a cinco minutos. Enjuague con agua limpia. Si queda algo verde, apli-

que más pasta y restriegue hasta que desaparezca.

CONSEJO El **COLORANTE ARTIFICIAL PARA ALIMENTOS** funciona bien como tinte para macetas de madera, casas de madera para pájaros o cualquier objeto de madera sin acabado (el pino blanco es el que mejor lo absorbe). Mezcle 1 parte de colorante artificial para alimentos en 5 o 6 partes de agua. Sature la superficie de la madera, espere unos cinco minutos y limpie con un paño suave. Deje que la pieza se seque durante la noche y luego vuelva a pasarle el paño.

CONSEJO El día que me dieron el primer auto, la abuela me enseñó a preparar este limpiador supersencillo (y superbarato). En una cubeta, vierta ½ taza de **DETERGENTE PARA VAJILLA** y ¼ taza de bicarbonato en un galón de agua fresca, y revuelva muy despacio (para que se forme la menor cantidad de espuma posible). Vierta 1 taza de la fórmula en una cubeta con agua tibia, mezcle y limpie bien el auto. Mantenga la "fórmula base" cerca, porque posiblemente necesite mezclar varias cubetas de limpiador.

CONSEJO En la época en que la abuela luchaba contra los mosquitos del jardín, no eran los actuales viles portadores de enfermedades. Pero aunque actualmente los riesgos sean mayores, el plan de batalla de la abuela sigue siendo eficaz para mantener baja la población de mosquitos. Coloque algunas sartenes viejas por el jardín, llénelas con agua y agregue un poco de **DETERGENTE PARA VAJILLA** a cada una. Cuando esos chupasangre bajen a poner huevos, no podrán volver a subir. Y las larvas también se ahogarán.

CONSEJO ¡Llamando a todos los jardineros, mecánicos de autos y lustradores de botes! Limpie las manos sucias por el trabajo con una mezcla de **HARINA DE MAÍZ** y suficiente vinagre de sidra de manzana para formar una pasta. Restriegue las manos a fondo para que la mezcla llegue a todas las articulaciones y hendiduras. Luego enjuague bien las manos y séquelas. Si quedan sucias, repita el procedimiento. (A diferencia de los limpiadores químicos, esta mezcla no daña la piel; la vuelve más suave y tersa).

CONSEJO La abuela marcaba las parcelas rectas con estacas y cuerda, pero cuando quería formas sofisticadas, como círculos o lunas, "dibujaba" los bordes en el suelo con **HARINA** multiuso. Si no le gustaba el resultado, cepillaba la sustancia blanca y volvía a probar.

CONSEJO Los ratones pueden hacer desastres en el jardín, pero sus primas grandes son peligrosas. Si las ratas empiezan a merodear la casa, no ande con contemplaciones. Prepare este veneno casero. Mezcle partes iguales de **HARINA** y cemento en polvo, y coloque la mezcla en un recipiente poco profundo, como la tapadera de un frasco, o un molde para pastel desechable. Colóquela junto a un recipiente con agua en un lugar donde las ratas la encuentren, pero manténgala alejada de los niños y las mascotas. Los desventurados roedores comerán el polvo y luego beberán el agua. El cemento se les endurecerá en el estómago.

CONSEJO Esta es una de las formas más fáciles que conozco para atrapar al escarabajo japonés. Colo-

---

UNA VEZ MÁS

Cuando la **LICUADORA** tenga una larga experiencia, dele una jubilación útil en el cobertizo del jardín: prepare "Jugo de Escarabajos" (pág. 200).

JUGO DE ESCARABAJOS

Cuando lo vuelvan loco los escarabajos, gorgojos o cualquier otro bicho, aproveche la licuadora jubilada. Reúna varios de estos bichos problemáticos y prepárelos en esta potente pócima.

½ **taza de bichos problemáticos (adultos, larvas o ambos, vivos o muertos)**
2 tazas de agua
1 cucharadita de detergente para vajilla

Licúe los bichos y el agua en una licuadora vieja (una que nunca volverá a usar para preparar alimentos para personas y mascotas o para tratamientos cosméticos). Cuele la mezcla por un paño para elaborar quesos y agregue el detergente para vajilla. Vierta ¼ taza de la mezcla colada jabonosa en un frasco con aspersor de 1 galón, y llene el resto con agua. Rocíe las plantas desde arriba hacia abajo, y asegúrese de cubrir ambos lados de las hojas. Nota: también puede usar este jugo para matar las larvas y los adultos que hibernan en la tierra (por lo general, en otoño o a comienzos de la primavera). Vierta el líquido en una cubeta de 2 galones y llénela hasta arriba con agua; empape el suelo alrededor de la planta.

que una sartén con agua jabonosa en el suelo a unos 25 pies de la planta que desee proteger. En el centro de la sartén, coloque una lata abierta de **JUGO DE UVAS** con un trozo de mosquitero arriba. Los escarabajos formarán una línea recta para llegar al jugo (¡les encanta ese jugo!) y caerán al agua. Y así la historia tiene un final feliz... para usted.

CONSEJO La abuela guardaba las semillas de casi todas las hortalizas y flores anuales. Para mantenerlas frescas hasta el momento de sembrarlas, las guardaba en **LECHE** en polvo. En un frasco de vidrio con tapadera hermética, ponía 1 parte de semillas por cada parte de leche y lo guardaba en el refrigerador (no en el congelador).

CONSEJO Mantenga los helechos de exteriores frondosos y bellos: aliméntelos dos o tres veces durante el verano con ½ taza de **LECHE** y 1 cucharada de sales de Epson por cada galón de agua.

CONSEJO La **MELAZA** tradicional funciona como excelente fertilizante multipropósito. Aplíquesela a cualquiera de las plantas a una dosis de 4 o 5 cucharadas por cada galón de agua.

CONSEJO Un verano, descendieron hordas de saltamontes a

nuestro jardín. La abuela les arruinó la diversión: enterró frascos hasta el borde y los llenó con una mezcla en partes iguales de **MELAZA** y agua. Los saltamontes quedaron en la bebida.

CONSEJO Cuando la abuela entraba las hierbas y los geranios en la casa por el invierno, colocaba las macetas en los sillares de las ventanas que había forrado con **PAPEL ALUMINIO**, con el lado brillante hacia arriba. El papel reflejaba la luz a las plantas y las mantenía fuertes durante todo el invierno.

CONSEJO Después de su próxima barbacoa, coloque una hoja de **PAPEL ALUMINIO** sobre la parrilla caliente. Cuando se haya enfriado, retire el papel, hágalo una pelota y restriéguelo en la parrilla para limpiarla. Los restos quemados de las hamburguesas desaparecerán más rápido de lo que puede decir: "La mía término medio, por favor".

CONSEJO En mi opinión, no hay nada más relajante que sentarse a la sombra de un árbol y disfrutar una buena bebida refrescante. Y no hay nada más molesto que tener que espantar a un montón de bichos que quieren compartir esa bebida. Para evi-

UNA VEZ MÁS

¡No tire a la basura ese viejo **ESCURRIDOR DE PLATOS**! Llévelo al cobertizo del jardín. Es ideal para lavar los vegetales antes de llevarlos a la casa. Coloque los vegetales en el escurridor, riéguelos con la manguera y deje que se escurran.

tarlos, cubra la parte superior del vaso con **PAPEL ALUMINIO**, ábrale un agujero y meta una pajilla. Luego beba por la alegría de su corazón, sin bichos.

CONSEJO La abuela solía enraizar muchos esquejes en agua, y tenía su propio sistema especial. Siempre estiraba un pedazo de **PAPEL ALUMINIO** sobre la parte superior del vaso y le abría agujeros. Luego metía los esquejes por los agujeros. El papel aluminio sostenía los tallos y evitaba que el agua se evaporara tan rápido como lo habría hecho en un recipiente sin tapar.

CONSEJO ¿Necesita un embudo para usarlo una sola vez para un trabajo sucio, como verter aceite en la podadora de césped? Doble en dos un pedazo de **PAPEL ALUMINIO** y enróllelo como un cono.

CONSEJO ¿Va a acampar? Ilumine el sitio de acampada dándole un fondo reflectivo a los quinqués. Envuelva pedazos de madera o cartón en **PAPEL ALUMINIO**, con el lado brillante hacia arriba, y coloque uno detrás de cada luz.

CONSEJO Antes de irme a un viaje de campamento con mi tropa de Boy Scouts, la abuela me preparaba un suministro de cerillos de madera impermeables. Era fácil. Derretía **PARAFINA** y metía la punta de cada cerillo en la parafina. Cuando se secaba la cera, guardaba los cerillos en una lata pequeña y los metía en mi mochila. (Si no tiene una lata a la mano, puede usar una caja plástica pequeña o una bolsa plástica con cierre).

CONSEJO Antes de salir al exterior para hacer mis tareas de invierno, me pongo un par de calcetines finos. Luego tomo un par más grueso, y agrego aproximadamente ½ cucharadita de **PIMIENTA DE CAYENA** en cada calcetín. Y estoy listo para salir con los dos pares de calcetines. Mis pies se mantienen calientes, incluso cuando todos los demás tienen los pies congelados.

CONSEJO La **SAL** es una solución definitiva contra las babosas. Pero nunca les eche la sal encima; si no tiene buena puntería, podría hacer más daño a las plantas que el daño que harían las babosas. Vierta un cuarto de pulgada de sal en una bolsa de papel o lata para café. Luego recoja las babosas (yo uso unas pinzas viejas), déjelas caer en la sal y agite el recipiente.

LAS FÓRMULAS SECRETAS DE
la Abuela Putt

¡ADIÓS, MANCHAS NEGRAS!

Si le gustan las rosas tanto como a la abuela, este ayudante no puede faltar en su libro de recetas para el jardín. Parece un truco de magia para hacer desaparecer la temida mancha negra.

1 cucharada de bicarbonato
1 cucharadita de detergente para vajilla
1 galón de agua

Mezcle los ingredientes, vierta la solución en un frasco con aspersor, y rocíe las rosas cada tres días durante la temporada de crecimiento. ¡Así ya no volverá a deprimirse por la mancha negra!

En la Época de la Abuela

Si el ayote, los pimientos, los tomates y las flores anuales no se desarrollan bien, el motivo podría tener seis letras: a-b-e-j-a-s. O, mejor dicho, su ausencia. Si las pequeñas zumbadoras no visitan las plantas en cantidades suficientes, podría verse afectada la tasa de polinización y, en consecuencia, la producción. Pero no se preocupe. La abuela conocía una forma de atraer a las abejas. En una olla, agregue 2 tazas de agua y ½ taza de **AZÚCAR**. Lleve a ebullición, revolviendo hasta integrar. Deje que la mezcla se enfríe, diluya con 1 galón de agua y vierta la solución en un frasco con aspersor. Rocíe las plantas en floración. ¡Y las trabajadoras serviciales volarán a su rescate!

CONSEJO Cuando se tope con una pandilla de babosas, no podría tener un arma más eficaz que el **VINAGRE** blanco. Vierta un poco en un frasco con aspersor, y dispare. Morirán al instante.

CONSEJO Las azaleas, rododendros, camelias y otras plantas de suelos ácidos florecerán bellas si las riega cada pocas semanas con una solución de 2 cucharadas de **VINAGRE** por cada cuarto de galón de agua.

CONSEJO ¿Lo visitó un zorrillo y dejó una olorosa tarjeta de presentación? No se preocupe. Mezcle 1 taza de **VINAGRE** blanco y 1 cucharada de detergente para vajilla con 2½ galones de agua. Sature las paredes, las escaleras, los muebles de exterior o cualquier otra cosa no viviente que apeste a zorrillo. (Si usted, su perro o sus hijos fueron quienes recibieron los favores de Pepé Le Pew, use la Fórmula para Eliminar el Olor a Zorrillo en Mascotas de la página 191).

CONSEJO Para hacer que las macetas de terracota nuevas se vean como si fueran de la abuela, píntelas con **YOGUR** natural y sáquelas al aire libre a un lugar con sombra. A medida que el yogur se seque, crecerán moho y líquenes sobre la superficie de arcilla. Esté pendiente, y cuando adquieran el aspecto deseado, lávelas con una manguera. Suele tomar una semana producir un aspecto "antiguo".

CAPÍTULO CINCO

En el

CUARTO DE LAVADO

¡A su
SALUD!

CONSEJO ¿Una erupción lo tiene rascándose como loco? Pulverícela con una lata de **ALMIDÓN** en aerosol.

CONSEJO La próxima vez que un mosquito perfore su piel y le succione sangre, elimine la picazón y la hinchazón con unas gotas de **AMONÍACO** sobre la picadura. Pero hágalo rápidamente, antes de comenzar a rascarse. Si aplica amoníaco sobre el tejido herido, le dolerá mucho más que la picadura del mosquito.

CONSEJO Cuando se pasa tanto tiempo en un jardín de flores como la abuela, es muy probable que una abeja deje un mal recuerdo ocasionalmente. Y si es inteligente (¡ella sí que lo era!), contará con unos cuantos trucos para aliviar el dolor y reducir la hinchazón. Y uno de los remedios favoritos de la abuela para las picaduras de abejas proviene del cuarto de lavado. Después de retirar el aguijón, mi abuela colocaba algunas gotas de **BLANQUE-ADOR** sobre la picadura para aliviarla al instante.

CONSEJO Alivie la picazón de la erupción cutánea por

En la Época de la Abuela

Los jabones, los detergentes y las lejías son campeones en la limpieza de suciedad y manchas. Pero el número uno del día de lavado de la abuela era el **BLANQUEADOR** azulado, porque funciona mágicamente por ilusión óptica. Suena extraño, lo sé, permítame explicarle.

De los 300 y tantos matices de blanco que existen, los más brillantes tienen un ligero tinte azulado. Pero el algodón y la lana sin teñir tienen un tono amarillento, el lino tiene una coloración que tiende al marrón y la mayoría de los sintéticos presentan una escala de grises. A fin de obtener el color de la nieve que clasificamos como blanco, los fabricantes aplican lejía y luego blanqueador azulado. Esta sustancia es un polvo de hierro muy fino que agrega microscópicas partículas de azul a la tela, y hacen que se vea más blanca. Con el tiempo, la lejía y el blanqueador azulado se eliminan con los lavados y la tela recobra su apariencia "deslucida". Pero la abuela tenía la solución: agregaba ¼ cucharadita de blanqueador azulado a un galón de agua fría, y lo vertía en la lavadora al comenzar el ciclo de lavado. Así los blancos salían tan inmaculados como un muñeco de nieve.

contacto con hiedra venenosa mediante la aplicación de la siguiente solución con golpes suaves sobre las repugnantes manchas rojas: una cucharadita de **LEJÍA** para el hogar por cada cuarto de galón de agua.

CONSEJO Como sabía bien mi tío Art, la **LEJÍA** también es la solución para eliminar los hongos que causan el pie de atleta. Dos veces por día, ponga los pies en remojo en una solución de ½ taza de lejía por cada galón de agua. Antes de que se dé cuenta, el ardor y la picazón habrán pasado a la historia (precaución: si tiene diabetes, consulte al médico antes de poner los pies en remojo en cualquier tipo de solución).

CONSEJO Para todos los que viven en las ciudades del Cinturón del Sol, este consejo está hecho a su medida: pueden extinguir el ardor de la picadura de hormiga colorada si aplican con cuidado sobre la zona una solución de partes iguales de agua y **LEJÍA**. Si la aplica dentro de los 15 minutos siguientes al momento en que se produjo la picadura, reducirá el dolor y la hinchazón (ero si tiene varias picaduras, si el dolor es intenso o se extiende más allá del área de la picadura, diríjase inmediatamente al médico más cercano).

Para Su
BUEN ASPECTO

CONSEJO Es un hecho: la abuela nunca usaría un peine sucio en su cabello limpio y sano. Supongo que usted piensa lo mismo. Mantenga los peines impecables: lávelos casi todas las semanas en 2 tazas de agua fría con unas gotas de **AMONÍACO**.

CONSEJO Señoritas, si les preocupa el vello oscuro en el bozo, este consejo es para ustedes. Mezclen 1 cucharadita de **AMONÍACO** con ¼ taza de peróxido de hidrógeno (al 6%), y apliquen la solución con una bola de algodón. Déjenla actuar por 30 minutos, luego enjuáguenla con agua fría.

CONSEJO La abuela nunca se tiñó el pelo, pero cuando el oro se convirtió en plata (como dice la canción), tenía un truco para que su cabello estuviera siempre brillante: después de lavarse el cabello, agregaba unas gotas de **BLANQUEADOR** a un cuarto de galón de agua y lo usaba como enjuague final. Algunas personas usan este tratamiento cada vez que se lavan el cabello, pero la abuela solo lo hacía cuando creía que necesitaba realzar el color.

No es un secreto que el **BÓRAX** puede limpiar casi cualquier objeto. Pero hay algo que probablemente no sepa: esta sustancia natural y ligeramente alcalina también es un suave limpiador que no seca la piel. Puede elegir diversos métodos: reforzar su limpiador favorito agregándole alrededor de ½ cucharadita de bórax cuando se lava la cara, o usar el bórax con agua para formar una pasta. Limpie el rostro como de costumbre y enjuague con agua tibia.

CONSEJO Para limpiar el cepillo del cabello, llene el lavabo con agua tibia y agregue ½ taza de **BÓRAX** y 1 cucharada de detergente para la ropa (líquido o en polvo). Mueva los cepillos en el agua varias veces, enjuáguelos con agua limpia y déjelos secar.

CONSEJO El **SUAVIZANTE PARA ROPA** reemplaza muy bien al espray para el cabello. En un frasco con aspersor, mezcle 1 parte de suavizante con 2 o 3 partes de agua (la proporción dependerá del control del cabello que desee), y aplíquelo al peinado. ¡Su cabello ordenado brillará como el sol!

TÓNICOS & PONCHES

FABULOSO REFRESCANTE PARA EL ROSTRO

Aplique esta loción al rostro después de hacer ejercicio, o en cualquier momento que necesite refrescarse. También puede usarlo después de la limpieza como un excelente astringente para eliminar todo rastro de jabón o crema de limpieza.

$^1/_2$ **cucharadita de bórax**
$^3/_4$ **taza de agua destilada***
2 cucharadas de vodka

Mezcle el bórax en el agua hasta que se disuelva. Agregue el vodka y revuelva. Guárdelo en un frasco bien cerrado para evitar que el alcohol se evapore. Y cuando sienta que necesita refrescar el rostro, aplique la solución con una bola o un disco de algodón.

* Si prefiere una loción perfumada, use 6 cucharadas de agua destilada y 6 cucharadas de su agua de colonia preferida (agua de azahar, de rosas o de lavanda).

CONSEJO ¿Se ha quedado sin acondicionador? ¡No se preocupe! Visite el cuarto de lavado y tome el **SUAVIZANTE PARA ROPA** líquido. Úselo como el acondicionador normal, coloque en sus manos una cantidad similar a la que usa siempre y apliquesela al cabello. Espere dos o tres minutos y enjuague. (Nota: asegúrese de usar un producto de buena calidad. Las marcas más económicas no parecen ser tan eficaces según me comentan mis amigas que tienen mucho más cabello que yo).

En los Alrededores de la
CASA

CONSEJO Si le gusta coser en tejidos simples como el de camiseta, sepa que tiende a enrollarse en las puntas cuando intenta coserlo. Para resolver rápidamente ese problema, rocíe los bordes con **ALMIDÓN** en espray y déjelos secar antes de empezar a trabajar. El almidón endurecerá la tela lo suficiente para que no se enrolle, pero la dejará flexible para que la aguja penetre con facilidad.

CONSEJO ¡Caramba! Colocó una carga en la lavadora, se

LIMPIADOR PARA PAREDES DE ALTO RENDIMIENTO

Cuando las paredes sucias lo vuelvan loco, este eficaz limpiador saldrá al rescate. Funciona como por arte de magia en cualquier tipo de pintura al óleo o látex.

$\frac{1}{2}$ taza de amoníaco
$\frac{1}{4}$ taza de carbonato de sodio*
$\frac{1}{4}$ taza de vinagre blanco
1 galón de agua tibia

Mezcle todos los ingredientes en una cubeta y restriegue la pared. Guarde lo que le sobre en un frasco sellado en un lugar fresco y seco.

* Disponible en ferreterías y en la sección de artículos de limpieza del supermercado.

puso a hacer otras cosas y se olvidó de la ropa. Para cuando recordó ponerlas en la secadora, ya olían mal. No se preocupe. Póngalas nuevamente a lavar, pero esta vez con alrededor de una cucharada de **AMONÍACO** sin detergente. ¡Olerán frescas como una campo de margaritas!

CONSEJO A algunas personas les gusta el verdete en el cobre y el bronce. Pero si usted no es una de ellas, o si el metal se ha vuelto demasiado verde para su gusto, devuélvale el lustre original: frote la superficie con una solución de partes iguales de **AMONÍACO** y sal, y enjuáguelo con agua limpia.

CONSEJO Antes de que se inventaran el poliuretano y otros acabados de larga duración, casi todos protegían las finas mesas de madera con un vidrio. La abuela limpiaba este vidrio con una solución de 2 cucharadas de **AMONÍACO** por cada cuarto de galón de agua, y lo secaba con un paño suave de algodón. (Le advierto que si el vidrio que desea limpiar está rodeado de madera, debe rociar la solución en medio del vidrio y tener cuidado con los bordes: evite que el limpiador toque la madera). Y ya que está limpiando, use esta misma solución para que los vidrios opacos de las ventanas vuelvan a brillar.

CONSEJO En los años 1950, con el apogeo de la televisión en vivo, la abuela tuvo uno de los primeros televisores del vecindario. Y mi abuela mantenía la pantalla impecable (es que cada vez que cantaba Perry Como, o que el Presidente ofrecía

un discurso, ¡la abuela quería una visión perfecta!). Su fórmula era sencilla: preparaba una solución con ¼ taza de **AMONÍACO** y 2 cuartos de galón de agua tibia, y limpiaba la pantalla con una pequeña cantidad en un paño suave de algodón. Luego la secaba con un paño seco.

CONSEJO Existen muchas formas de sacar manchas de sangre fresca: encontrará algunas muy interesantes en el capítulo 4. Una vez que las manchas se han secado, es más difícil sacarlas, pero la abuela lo lograba con la

En la Época de la Abuela

Se ha usado **AMONÍACO** por miles de años (los antiguos egipcios lo producían quemando excremento de camello). Pero recién en 1918, el químico alemán Fritz Haber descubrió cómo producirlo en laboratorio. Y la abuela estaba en la mitad de su vida cuando este útil líquido de olor intenso entró en los cuartos de lavado del mundo. Le debemos ese avance a otro químico alemán, Carl Bosh, que refinó la fórmula de Haber para la comercialización. Ambos ganaron el premio Nobel por sus esfuerzos.

siguiente técnica: ponga en remojo la tela manchada en una solución de 2 cucharadas de **AMONÍACO** por galón de agua fría hasta que las manchas desaparezcan. Y luego, en lugar de usar su detergente habitual para la ropa, lave la prenda en agua fría con detergente para lavar platos (quitará mejor los últimos rastros de la mancha).

CONSEJO Para limpiar sus joyas, sumérjalas unos minutos en una solución espumosa de partes

iguales de **AMONÍACO** y agua. Use un suave cepillo de dientes para remover la suciedad acumulada en grietas, hendiduras y trabajos con diseños intrincados. Enjuague con agua limpia, y seque con un paño suave. Precaución: no use esta técnica sobre joyas con baño de oro, ni en joyas que tengan piedras blandas como ópalos, perlas o jade.

CONSEJO Los hornos autolimpiantes no existían cuando la abuela cocinaba todo el día. Pero sabía un truco para limpiar las paredes del horno. Mezclaba ¼ taza de **AMONÍACO** y 2 tazas de agua tibia en una bandeja para horno de vidrio, llevaba la mezcla al horno y lo cerraba para que reposara toda la noche. A la mañana siguiente, retiraba la suciedad sin esfuerzo con una esponja húmeda.

CONSEJO Para aflojar una tuerca o un tornillo oxidado, rocíelo con **AMONÍACO**. Dele al líquido unos minutos para que penetre, y la testaruda pieza saldrá sin esfuerzo.

CONSEJO Para lustrar el peltre, use un paño suave de algodón embebido en una solución de 2 cucharadas de **AMONÍACO** en 1 cuarto de galón de agua caliente y jabonosa.

CONSEJO Si cree en la publicidad de las revistas y la televisión, es posible que crea que no puede vivir sin los costosos quitamanchas en

---

LAS FÓRMULAS SECRETAS DE
la Abuela Putt

EXCELENTE LIMPIADOR PARA LECHADA

Hasta la lechada más desagradable quedará impecable con este espray casero "milagroso".

3 tazas de alcohol para frotar
2 tazas de lejía
¹/₂ taza de limpiador líquido para pisos
1 cuarto de galón de agua

Mezcle los ingredientes en una cubeta. Coloque el limpiador en un frasco con aspersor. Guarde la mezcla restante en un frasco bien sellado, fuera del alcance de los niños y las mascotas.

espray. ¡No es verdad! Cree su propio quitamanchas "milagroso": llene un frasco con aspersor con 2 partes de agua y 1 parte de **AMONÍACO**. Rocíelo sobre cualquier mancha (¡pruébelo antes para comprobar que no decolorará!) y verá que la mayoría de las manchas desaparecerán en el lavado.

CONSEJO Algunos rayones en la superficie de un adorno navideño de vidrio pueden agregarle personalidad (y hasta traer gratos recuerdos de Navidades pasadas). Pero si la pintura se está descascarando, ahí la

cosa cambia. Pero puede conservar esos adornos. Retire la pintura vieja con una solución de partes iguales de **AMONÍACO** y agua. Enjuague con agua limpia. Cuando el adorno esté totalmente seco, píntelo con esmalte brillante (con pincel o rociador, lo que prefiera), y cuélguelo del árbol. Nota: asegúrese de usar guantes al retirar la pintura de los adornos, así como en cualquier otro momento que trabaje con amoníaco.

CONSEJO ¡Atención, amantes del chocolate! La próxima vez que termine luciendo su comida preferida en la ropa, no se desespere. Frote las manchas marrones con **AMONÍACO** fuerte y lave la prenda como lo hace habitualmente. Las prendas manchadas con chocolate saldrán con su matiz de color vainilla (o fresa) original.

CONSEJO ¡Huy! Acaba de tirar una crema helada sobre el sofá. ¿Y ahora? Haga lo que hacía la abuela cuando se me caía la crema helada. Frote suavemente la zona con una mezcla de aproximadamente una cucharadita de detergente para lavar platos por cada taza de agua tibia. Siga con una solución de 1 cucharada de **AMONÍACO** diluida en 2 tazas de agua. Vuelva a lavar la zona con detergente para lavar platos y agua. Embeba un paño de algodón limpio en agua tibia, estrújelo y frote con suavidad. Deje que la tela se seque naturalmente.

CONSEJO Cada vez que limpie y recargue el humidificador, agregue una cucharada de **BLANQUEADOR** al agua. Esto evitará la formación de algas desagradables.

CONSEJO La abuela tenía una araña de cristal que había heredado de su abuela. Adoraba el brillante tesoro, pero limpiar cada uno de esos pequeños cristales era un sacrificio. Afortunadamente no lo hacía muy a menudo, porque conocía una técnica que le ahorraba esfuerzo. Cada vez que los lavaba, agregaba unas gotas de **BLANQUEADOR** al agua del enjuague. El blanqueador diluido en agua repelía las partículas de polvo y mantenía los cristales limpios por más tiempo.

CONSEJO Si piensa que el inodoro está perdiendo y malgastando así este recurso esencial, pruebe esto: vierta aproximadamente una cucharada de **BLANQUEADOR** azulado en el tanque. Si el agua del inodoro se torna azulada, ¡deberá reparar una pérdida!

CONSEJO Tiña las flores blancas de azul con ¼ taza de **BLANQUEADOR** azulado en el agua del florero. El color subirá por los tallos

hasta los pétalos. (Claro, cuanto más blanqueador use, más intenso será el color).

CONSEJO Como cualquier niño, yo ensuciaba las prendas con barro con regularidad. Afortunadamente la abuela sabía sacar esas manchas. Tras cepillarlas lo más que podía, restregaba las manchas con una solución de 1 cucharada de **BÓRAX** en 1 taza de agua. Luego ponía esas prendas con el resto de

la ropa para lavar, y siempre quedaban impecables.

CONSEJO En la época en que la abuela preparaba su propio café para el desayuno, no había cafeteras eléctricas. Se usaba un percolador. Como tantas otras cosas de esa época, estas maravillas de metal están volviendo a los hogares. Si tiene un percolador, le recomendamos un modo sencillo de mantenerlo limpio (para que su café sepa bien fresco). Llene el percolador con agua y agregue 1 cucharadita de **BÓRAX** y otra de detergente en polvo para ropa. Ponga el agua a hervir y déjela percolar unos minutos. Luego vacíelo y enjuáguelo bien con agua limpia.

CONSEJO Las manchas de vino y otras bebidas alcohólicas pueden ser una pesadilla para sacarlas de la alfombra, pero no si utiliza el método de la abuela. Mezcle ½ taza de **BÓRAX** en 2 tazas de agua. Aplique la solución con esponja sobre la zona manchada, deje actuar por 30 minutos, y prosiga con el limpiador habitual. Deje secar y aspire. Repita el proceso, de ser necesario. Y recuerde: cuanto antes actúe sobre las manchas en las alfombras, más posibilidades tendrá de eliminar todo rastro.

CONSEJO Nadie espera que el cubo para residuos huela a rosas, pero tampoco queremos que huela a basura. Espolvoree alrededor una cucharada de **BÓRAX** en el fondo del cubo antes de colocar la bolsa. Para lavar el cubo, vierta un poco de agua y use el bórax como polvo para restregar.

Una Vez Más

Permítame suponer que quitar el polvo no es uno de sus pasatiempos favoritos. Bueno, conozco una herramienta que podría facilitarle la tarea y hasta hacerla algo más divertida. ¿Cuál? Un **ROCIADOR** de gatillo vacío, como los que vienen con los limpiadores o los quitamanchas líquidos. Lave la botella y déjela secar bien. Luego apunte y jale el "gatillo": desaparecerá el polvo de esos lugares difíciles como los recovecos de estatuillas, los marcos elaborados y los muebles labrados.

CONSEJO Si el agua corriente es dura, rápidamente se pueden acumular depósitos invisibles en la taza del inodoro. Pero hay un modo sencillo de eliminarlos. Prepare una pasta: alrededor de 3 partes de **BÓRAX** por cada parte de vinagre blanco, pásela sobre las marcas y déjela reposar entre tres y cuatro horas. Enjuague con agua limpia.

EXTERMINADOR DE CUCARACHAS

A diferencia de lo que algunos creen, las cucarachas pueden invadir hasta las casas más limpias. Si se han mudado a su hogar, elimínelas con esta fórmula sencilla.

4 cucharadas de bórax
2 cucharadas de harina
1 cucharada de cacao en polvo

Mezcle los ingredientes y ponga la mezcla en tapas de frascos. Colóquelas en los muebles de cocina, detrás del refrigerador y en cualquier otro lugar en el que las cucarachas merodeen, pero asegúrese de ponerlas en lugares donde los niños o las mascotas no puedan acercarse a esta deliciosa mezcla.

CONSEJO Sin importar lo bien que lave la tetera después de cada uso, con el tiempo se acumularán las manchas marrones de los taninos. Puede sacarlas si llena la tetera con agua hirviendo y le agrega un puñado de **BÓRAX** (alrededor de ½ taza), y lo deja reposar de un día para el otro. Lave bien la tetera antes de prepararse otro té.

CONSEJO ¿Busca un modo simple (y económico) de desinfectar y desodorizar las superficies de la cocina, el baño o la habitación del bebé? ¡Aquí está! Mezcle ½ taza de **BÓRAX** en 1 galón de agua caliente. Para eliminar la suciedad y los gérmenes, puede colocar la solución en un frasco con aspersor o embeber una esponja en la cubeta, lo que prefiera.

CONSEJO Las colchas de retazos son tan populares hoy como lo eran cuando la abuela las hacía para nosotros. Si ha comprado una recientemente o ha hecho una usted mismo, use este truco para fijar los colores: déjela en remojo alrededor de dos horas en una tina de agua fría con 3 o 4 tazas de **CARBONATO DE SODIO**. Luego enjuague bien la colcha en agua fría. Para secarla, extiéndala en un área bien ventilada donde no le dé el sol directo (este consejo solo es eficaz con las colchas de algodón, no con las de seda o terciopelo).

CONSEJO Conserve algunas tapas de **DETERGENTE PARA LA ROPA** en la despensa o en el escritorio para guardar chinchetas, clips y otras cositas.

CONSEJO El **DETERGENTE PARA LA ROPA** en seco se convierte en un buen polvo limpiador para fregaderos, lavabos, tinas y otras superficies de cerámica o porcelana.

CONSEJO La abuela tenía una fórmula sencilla para limpiar una bandeja para hornear. Cuando estaba todavía caliente, cubría la superficie con una capa gruesa de **DETERGENTE PARA LA ROPA** en seco, y lo cubría con una toalla de papel húmeda. Lo dejaba actuar unos 20 minutos y luego lo limpiaba con un paño.

CONSEJO Cuando las pantallas de vitela comiencen a verse sucias, límpielas con este sistema tradicional: un paño embebido en una solución de 1 parte de **JABÓN EN ESCAMAS**, 1 parte de agua tibia y 1 parte de alcohol desnaturalizado. Enjuague con un segundo paño embebido en alcohol desnaturalizado y luego restriegue la superficie

UNA VEZ MÁS

Si usa un quitamanchas en **BOTELLA** de plástico flexible para apretar, tiene un excelente material para manualidades de los niños. Enjuáguela bien y úsela para almacenar pintura casera (lea la sencilla receta de la página 223). Cuando lo sorprenda la inspiración, vierta la pintura sobre un plato pequeño o use la botella como "pincel": exprima la pintura directamente sobre el papel.

con un poco de lustramuebles en un tercer paño suave.

CONSEJO La abuela limpiaba el mármol sin pulir con un paño embebido en una solución de ¼ taza de **JABÓN EN ESCAMAS** por cada galón de agua. Lo enjuagaba con agua limpia y lo secaba con una toalla vieja. (Para obtener mejores resultados en superficies pulidas, utilice un producto comercial especial para limpiar mármol).

AROMATIZADOR CASERO DE TELAS

Si le gusta la idea de usar un deso-dorizante para las telas, pero no le gustan los aromas concentrados de los productos comerciales (o su alto precio), pruebe con esta sencilla alternativa.

2 tazas de suavizante líquido para ropa sin perfume
2 tazas de bicarbonato
4 tazas de agua tibia
aceite esencial a elección

Mezcle el suavizante con el bicarbo-nato en el agua y agregue unas gotas de su aceite esencial prefe-rido, ya sea de limón, naranja o almendras (déjese guiar por la nariz para decidir la cantidad). Vierta la mezcla en un frasco con aspersor y úselo en tapizados, cortinas, alfom-bras o cualquier otra tela que no huela demasiado bien.

CONSEJO A pesar de que, hacia el final de su vida, la abuela tuvo una secadora de ropa, por lo gene-ral secaba la ropa de la manera tradicio-nal: colgada afuera en la cuerda, con pinzas de madera. Así que no debería

sorprendernos que mantenía las pinzas tan limpias como la ropa. ¿Cómo? Cada dos semanas, sumergía las pinzas en una cubeta con agua tibia unos 10 minutos con media taza de **LEJÍA** y una cuchara-da de detergente para la ropa. Luego las colgaba en la cuerda para que se secaran al sol. Aun cuando use las pinzas de madera para otras tareas (como las que podrá encontrar en este capítulo), este truco sigue siendo un método ideal para eli-minar la suciedad y el moho.

CONSEJO Existe un modo super-simple de limpiar el fre-gadero de porcelana, incluso cuando la suciedad se ha acumulado por demasia-do tiempo. Cubra la superficie con una gruesa capa de toallas de papel y embé-balas con una solución en partes iguales de **LEJÍA** y agua. Espere alrededor de 5 minutos, retire las toallas de papel (con guantes de goma) y enjuague con agua limpia.

CONSEJO Haga que las flores frescas duren más: coloque en los floreros una solución de cucharadita de **LEJÍA** y 1 cucharadita de azúcar por cada cuarto de galón de agua.

CONSEJO La abuela limpiaba su fre-gadero de porcelana a menudo llenándolo con agua caliente y unas gotas de **LEJÍA** para el hogar. Con

Una Vez Más

 Las tapas grandes, gruesas y coloridas de las botellas de **SUAVIZANTE** y **DETERGENTE PARA LA ROPA** son tan versátiles como las botellas. En la página 232, encontrará nuevos usos muy interesantes para los recipientes vacíos. Y aquí verá una amplia variedad de opciones para las tapas. (Claro, deberá limpiarlas muy bien antes de usarlas).

▷ **Organizadores para el baño.** Ponga las tapas en fila en los estantes del baño y llénelos de lápices labiales, pinzas para depilar, aplicadores de maquillaje, bastoncillos de algodón, y cualquier otra cosita que suela merodear sin lugar.

▷ **Trampas pegajosas para insectos.** Cuando los insectos se coman las plantas de exteriores e interiores, bañe las tapas en jarabe de maíz, vaselina sólida o espray adhesivo, y colóquelas en la tierra de la maceta o entre las ramas, según el tamaño de la planta. Una tapa será suficiente para eliminar los insectos de una planta pequeña o mediana; use dos o tres para las plantas más grandes. Elija el color de la tapa en "El Color para Eliminarlos" en la página 231.

▷ **Minicubetas de pintura.** Vierta tanta pintura como sea necesaria para un pequeño proyecto de manualidades o un retoque.

▷ **Asistencia para el control de pestes.** Para mantener a conejos, marmotas y ardillas alejados de sus canteros de flores, entierre las tapas entre las plantas y llénelas con una mezcla de 1 parte de harina de sangre por cada 2 partes de agua. La harina de sangre no se filtrará en la tierra cuando llueva y no dará a las plantas una sobredosis de nitrógeno.

▷ **Macetas para almácigas.** Junte tantas tapas como sea necesario, haga agujeros de drenaje en el fondo de cada tapa, y colóquelas en una bandeja o recipiente poco profundo. Luego llene cada "maceta" con mezcla para germinar hasta casi $1/2$ pulgada del borde, y plante las semillas.

▷ **Jaboneras.** Tenga una tapa cerca del fregadero para poner pequeños restos de jabón y una esponja suave y pequeña. Luego, cuando tenga que limpiar algo muy pequeño, moje la punta de la esponja.

▷ **Juguetes para la piscina, el parque o la tina.** Dele unas cuantas tapas a un niño de entre dos y seis años y obsérvelo jugar.

▷ **Organizadores para la mesa de trabajo.** Cuando llegue la hora de organizar su masa homogénea de pequeñas piezas de ferretería, tenga unas cuantas tapas preparadas. Coloque (por ejemplo) cada tamaño de tornillo en una tapa diferente.

guantes de goma, corría el tapón y el fregadero se limpiaba en profundidad... ¡sin esfuerzo alguno!

CONSEJO La **LEJÍA** también es la solución para limpiar manchas de té de tazas y teteras de porcelana. Llene el recipiente con agua tibia, agregue unas gotas de lejía y déjelo reposar un minuto o dos. Luego restriegue para sacar las marcas y lave como lo hace habitualmente. Cuidado: no use este truco en platos de plástico, ya que podría dañar el acabado (lea el consejo que aparece a la derecha para limpiar el plástico con seguridad).

CONSEJO Los recipientes plásticos para alimentos son muy útiles pero, en ocasiones, desarrollan una película grasosa. Afortunada-mente podemos poner fin a eso rápidamente. Cada vez que lave los recipientes u otros elementos de plástico, agregue una tapita de **LEJÍA** al agua para lavar los platos, junto con el detergente que usa normalmente.

CONSEJO Ni lo intente con costosos limpiadores para baño. La **LEJÍA** común también es eficaz para limpiar tinas de baño y lavabos, cerámicos e incluso esas sucias mamparas de baño y cubículos de ducha. Coloque la lejía en un frasco con aspersor, rocíe la superficie que desee limpiar y pase el paño. Para las manchas difíciles, espere unos minutos antes de restregar (cuando utilice lejía, use guantes y asegúrese de dejar una ventana o puerta abierta para ventilar).

UNA VEZ MÁS

Las cajas de **DETERGENTE PARA LA ROPA** en polvo están hechas de un cartón muy resistente. Son casi tan resistentes como las cajas archivadoras de cartón diseñadas para almacenar catálogos y revistas, y son gratis. Para diseñar sus propias cajas archivadoras, corte la parte superior de una caja vacía y limpie todo residuo de detergente en polvo. Luego corte en diagonal dando toda la vuelta a la caja, desde el extremo superior derecho hasta aproximadamente 8 pulgadas del fondo (use un archivador comercial o la foto de un archivador como guía, de ser necesario). Decore con el forro que prefiera: tela, papel o plástico adhesivo, y coloque una etiqueta para describir el contenido.

CONSEJO Para sacar manchas de las tablas para picar de madera o de las encimeras de madera laminada, embeba un paño de cocina blanco en **LEJÍA** sin diluir y páselo sobre las marcas. Deje el paño en el lugar de 10 a 15 minutos y luego enjuague con agua limpia.

CONSEJO ¿Quiere que los cubiertos y la cristalería brillen? Agregue una tapita de **LEJÍA** al fregadero lleno de agua junto con el detergente habitual.

CONSEJO ¿Se va de viaje por unos días? ¡Felicitaciones!
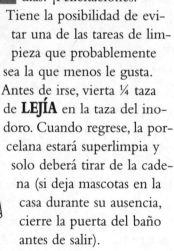
Tiene la posibilidad de evitar una de las tareas de limpieza que probablemente sea la que menos le gusta. Antes de irse, vierta ¼ taza de **LEJÍA** en la taza del inodoro. Cuando regrese, la porcelana estará superlimpia y solo deberá tirar de la cadena (si deja mascotas en la casa durante su ausencia, cierre la puerta del baño antes de salir).

CONSEJO Para limpiar los zapatos de lona, friéguelos con un cepillo de dientes embebido en **LIMPIADOR PARA ALFOMBRAS.** Restriegue la tela hasta que el limpiador haga espuma

En la Época de la Abuela

¿Está preparado para otro juego de preguntas y respuestas? Preparado o no, aquí vamos: ¿dónde se originó el término *soap opera* que en inglés se utiliza para denominar a las telenovelas? La respuesta: surgió con la radionovela preferida de la abuela, *Ma Perkins*, que se emitía en 1933 gracias al patrocinio del JABÓN EN POLVO Oxydol® **SOAP POWDER DE PROCTER & GAMBLE.** El show tenía tal éxito entre sus oyentes que Procter & Gamble siguió patrocinando otros programas similares y vendiendo muchísimo jabón (*soap*) a su fiel audiencia. No se tardó en asociar a las telenovelas con los productos del patrocinador y el público estadounidense acuñó una nueva frase.

y luego enjuague con agua limpia.

CONSEJO Después de lavar guantes de lana, para asegurarse de que mantengan la forma, coloque una **PINZA DE ROPA** de madera en cada dedo (pinzas o broches).

CONSEJO La próxima vez que se tiente en comprar una de esas pinzas especiales para mantener

En la Época de la Abuela

Nadie sabe exactamente quién ni cuándo se inventó la **LAVADORA**. El concepto básico se remonta a siglos atrás, a las épocas en que los marineros en largos viajes en altamar ponían su ropa sucia en bolsas de lona, las ataban con sogas y las tiraban fuera de borda para que el océano las limpiara con su movimiento. Una cosa que sí sabemos es que en 1700, las mujeres de la Europa occidental lavaban la ropa de la familia dentro de una caja de madera que llenaban con agua y jabón y la movían a mano con una manivela.

Las primeras lavadoras eléctricas aparecieron en Inglaterra y Estados Unidos en 1915 y contaban con un motor que hacía rotar un tambor de metal agujereado. Estas máquinas pioneras eran un primer paso en la dirección correcta, pero todavía requerían bastante esfuerzo, por ejemplo, tener que sacar la ropa mojada de la lavadora para pasarla por un estrujador. En 1939, ingresaron al mercado las primeras lavadoras automáticas: completas, con niveles de agua preconfigurados, ciclos de intensidad variable y controles de tiempo. Y claro, la abuela y las demás amas de casa estaban encantadas.

cerrados los paquetes de alimentos abiertos o para sostener mensajes de teléfono u otros papeles, pregúntese: ¿la abuela lo compraría? ¡Le aseguro que no! Porque las **PINZAS DE ROPA** harán lo mismo a una fracción del precio.

CONSEJO Las **PINZAS DE ROPA** son perfectas para sujetar la porcelana de vajilla rota en el proceso de reparación, o pequeños pedazos de madera que desee unir con pegamento.

CONSEJO Independientemente de lo que sugiere el nombre, las polillas de la ropa no se limitan a poner huevos en la ropa. Cualquier objeto de su casa con fibras naturales, incluida la alfombra, se convertirá en una maternidad para polillas. Si considera que es posible que haya larvas en la alfombra, sature una toalla de baño con agua, escúrrala y extiéndala sobre la alfombra. Pase la **PLANCHA** bien caliente sobre la toalla hasta secarla. No necesita ejercer presión, el vapor caliente matará a las larvas.

CONSEJO Para sacar manchas de grasa del empapelado, use el método sencillo de la abuela: coloque un pedazo de papel marrón sobre la mancha y apoye la **PLANCHA** tibia y seca (no caliente) sobre el papel por aproximadamente un minuto. Dé vuelta el papel para que la cara limpia cubra la mancha, y vuelva a planchar. Repita el proceso hasta absorber toda la grasa.

CONSEJO Si confecciona prendas para usted mismo o para otra persona, sabe que volver a colocar todas las piezas del molde nuevamente en el sobre que compró puede ser tanto o más difícil que volver a plegar un mapa como venía plegado originalmente. Esta es la solución para ese dilema: coloque las piezas más pequeñas sobre las más grandes y plánchelas ligeramente con **PLANCHA** tibia. Pliéguelas al tamaño deseado y colóquelas en el sobre.

CONSEJO Si le aplica una mano de pintura a un mueble viejo y desea un acabado original, use un **PLUMERO** en lugar de un pincel.

CONSEJO Es frustrante, lo sé: acaba de limpiar las ventanas y el agua dura ha dejado marcas en los vidrios. Afortunadamente hay una solución sencilla. Pase un paño con **SUAVIZANTE PARA ROPA** sobre las marcas,

deje actuar unos 10 minutos y limpie con un paño húmedo (no es necesario secar). Volverán a estar impecables.

CONSEJO La abuela tenía una fórmula limpia y sencilla para sacar la comida quemada pegada a una bandeja para hornear. Vertía una cucharadita o dos de SUA**VIZANTE PARA ROPA** en la bandeja, agregaba agua y la dejaba reposar toda la noche. A la mañana siguiente, retiraba las costras con un paño.

CONSEJO Limpie pinceles cubiertos de pintura rápida y fácilmente: remójelos durante 10 segundos en una mezcla de ½ taza de **SUAVIZANTE PARA ROPA** por cada galón de agua. Al sacarlos, estarán suaves e impecables… ¡como nuevos! Nota: este método solo es eficaz con pinturas al agua, no con productos al aceite.

CONSEJO ¿Está cansado de las descargas electroestáticas de la alfombra? Pruebe con este truco sencillo: mezcle una tapita de **SUAVIZANTE PARA ROPA** con 2 tazas de agua en un frasco con aspersor y aplíqueselo ligeramente a la alfombra.

Familia y
AMIGOS

CONSEJO Dele a su pequeño marinerito un baño de diversión: agregue una cucharada o dos de **BLANQUEADOR** azulado al agua de la tina. ¡Podrá navegar con sus barcos en un miniocéano!

CONSEJO ¿Tiene un perro blanco o un caballo de crin y cola blancas? Si la respuesta es afirmativa, este consejo es para usted. Para que los animales domésticos brillen como la nieve, necesita una botella del tradicional **BLANQUEADOR**. Bañe y enjuague a su amigo como de costumbre, agregue dos o tres gotas de blanqueador a un cuarto de galón de agua, y cepille la solución como enjuague final. Mmm... me pregunto si era así como Roy mantenía la melena de Trigger blanca como la nieve.

CONSEJO Elimine el olor a orina de mascotas como lo hacía la abuela antes de que aparecieran estos limpiadores enzimáticos. Si la mancha aún está húmeda, séquela lo más que

LAS FÓRMULAS SECRETAS DE
la Abuela Putt

LA PELUSA DE LA SECADORA: PLASTILINA

Los artesanos jóvenes (y los no tan jóvenes) se divertirán muchísimo con este desecho convertido en tesoro artístico.

1½ taza de pelusa de la secadora
1 taza de agua
½ taza de harina multiuso
colorante artificial para alimentos
(opcional)

Coloque la pelusa en una olla, cúbrala con agua y deje reposar hasta que se haya saturado. Agregue la harina y revuelva hasta que la mezcla sea homogénea. Agregue de 2 a 3 gotas de colorante artificial para alimentos, si lo desea. Cocine a fuego lento, revolviendo constantemente hasta que se ligue y pueda formar picos con la cuchara. Coloque la pasta sobre una tabla para picar, sobre papel aluminio o papel de diario, y déjela enfriar. ¡Y déjese llevar por su creatividad! Cuando haya terminado su obra de arte, déjela secar de 3 a 5 días. Luego podrá dejarla así, pintarla o decorarla como le guste.

pueda con toallas de papel y trapos viejos. Humedezca el área con agua y aplique una capa generosa de **BÓRAX** encima. Espere a que se seque y aspire. Eso debería solucionar el problema, pero si el olor persiste, repita el tratamiento una o dos veces.

CONSEJO Es un dilema, lo sé: necesita llevar al gato al veterinario pero no tiene un portamascotas ni tiempo de conseguir uno. ¡No se preocupe! Coloque al gatito en una **CANASTA PARA ROPA SUCIA**, coloque otra del mismo tamaño dada vuelta encima y sujételas una con la otra. ¡Y vaya al veterinario! (es ideal para conejos, perros pequeños y cualquier otra mascota pequeña).

CONSEJO Si el gato ataca las plantas, protéjalas como lo hacía la abuela: sature una bola de algodón con **LUSTRAMUEBLES** de aceite de limón y colóquelo en la tierra de la maceta. El gatito se mantendrá alejado.

CONSEJO Cada vez que la abuela encendía las velas de un pastel de cumpleaños, sostenía el fósforo con una **PINZA DE ROPA**. Así no se quemaba los dedos.

CONSEJO Cree un centro de mensajes familiares: pegue sobre una tabla de madera **PINZAS DE ROPA**, y cuélguela en la pared cerca

PINTURA CASERA

Fomente la creatividad de sus pequeños artistas con un aprovisionamiento constante de esta pintura fácil de preparar.

½ taza de jabón en polvo (por ejemplo, Ivory Snow®)
6 tazas de agua
1 taza de almidón líquido para la ropa
colorante artificial para alimentos

Disuelva el jabón en polvo en el agua. Agregue el almidón y el colorante de su elección (usted decide la cantidad: cuanto más colorante use, más oscuro será el tono). Almacene la pintura en un recipiente con tapa hermética.

del teléfono o en la entrada. Si lo desea, puede agregar etiquetas a cada pinza. Por ejemplo, puede asignar una pinza a cada miembro de la familia o identificar las pinzas por categoría: mensajes telefónicos, lista de compras, tareas para el fin de semana, etc.

CONSEJO ¿Recuerda cuando era tan pequeño que tenía que estirarse para alcanzar la toalla del baño para secarse las manos? Yo no lo recuerdo, pero sí recuerdo cuando mis hijos y nietos eran pequeños y con qué frecuencia la toalla terminaba en el piso, porque debían tironear de ella para alcanzarla. Resolvimos el problema así: enrollamos el cuarto superior de cada toalla sobre el toallero y lo sujetamos con dos **PINZAS DE ROPA** de ambos lados por debajo de la barra. Los pequeños secaban las manos sin problemas y la toalla quedaba en su lugar.

Una Vez Más

 Cuando limpia el filtro de pelusa de la secadora, ¿tira la pelusa a la basura? ¿En serio? ¡No lo haga más! Ese desecho de **PELUSA** tiene muchos usos. Estos son algunos ejemplos.

▷ **Mobiliario para nidos de aves.** Llene bolsas de malla o comederos para pájaros tipo jaula con pelusa 100% algodón y cuelgue estas bolsas o comederos de los árboles al comenzar la primavera. O coloque puñados de pelusa en los agujeros de los troncos. Las aves tomarán las fibras suaves y vellosas, y las usarán para hacer nidos. (*Precaución*: no use pelusa de una carga de la lavadora que haya sido tratada con suavizante para ropa, ya que puede ser perjudicial para las aves).

▷ **Abono orgánico.** Agregue la pelusa que sea 100% de algodón a su abono. Y si no tiene donde preparar abono orgánico casero, entierre la pelusa entre las plantas. Se descompondrá rápidamente y agregará valioso material orgánico al suelo.

▷ **Eliminador de garrapatas.** Embeba la pelusa en champú para mascotas con veneno (permetrina) para pulgas y garrapatas. Coloque un poco en un rollo de papel higiénico vacío. Cuando haya llenado media docena de tubos, colóquelos al aire libre entre los arbustos o en lugares cubiertos donde puedan encontrarlos los ratones (ellos transmiten garrapatas). Los ratones tomarán la pelusa para armar sus nidos y las garrapatas transmisoras de enfermedades pasarán a la historia.

▷ **Material combustible para iniciar el fuego.** Corte un cartón de huevos en 12 partes y llene cada una con pelusa de la secadora (pero únicamente 100% algodón). Luego derrita restos de velas o de parafina que haya usado para sellar frascos de mermelada casera y vierta una capa de cera derretida sobre la pelusa. Cuando desee encender el fuego de la chimenea o la parrilla, coloque una de estas secciones de material combustible entre la leña o el carbón y encienda el cartón. El fuego arderá de inmediato.

El Mundo
EXTERIOR

CONSEJO Al comenzar la primavera, cuando las flores de la abuela comenzaban a brotar, recortaba unas cuantas ramas, y las colocaba en cubetas de agua tibia dentro de la casa. En cada cubeta, agregaba una bola de algodón embebida en **AMONÍACO**. Colocaba cada recipiente con ramas en una bolsa plástica para limpieza en seco (sirven tanto las de la tintorería como las bolsas gigantes para residuos) y lo sujetaba fuertemente con un cordel. En un abrir y cerrar de ojos, los gases del amoníaco hacían que los pimpollos florecieran (nota: este truco es eficaz con lilas, manzanas silvestres, sauce ceniciento y con cualquier otro árbol o arbusto en flor).

CONSEJO El método más eficaz y económico para lidiar con babosas, caracoles, escarabajos, orugas destructoras y  cualquier otro tipo de insecto de gran tamaño es tomarlos de las plantas con unas pinzas comunes y sumergirlos en

UNA VEZ MÁS

Cuando ordene el clóset de limpieza y decida que necesita eliminar algunas **ESCOBAS** y **MOPAS** viejas, guarde los palos. Esas varas fuertes funcionan de maravilla para guiar tomateras.

una cubeta con agua alrededor de una taza de algún ingrediente letal, como **AMONÍACO**.

CONSEJO En lugar de tomarlos uno por uno, puede rociarlos con una solución de partes iguales de **AMONÍACO** y agua. Precaución: para que esta solución sea eficaz, deberá hacer contacto directo con los insectos, así que no rocíe toda la planta, para mayor efectividad (si rocía toda la planta, no será más eficaz con el exterminio de insectos y correrá el riesgo de provocar graves daños a la planta).

CONSEJO En un abrir y cerrar de ojos, los topos pueden comer todo el jardín trazando su camino, pero la abuela tenía una fórmula aromática para alejarlos. Embebía trapos en **AMONÍACO** y colocaba uno en la entrada de cada túnel. Los pillos rápidamente cavaban una nueva vía subterránea hacia otro restaurante.

LAS FÓRMULAS SECRETAS DE
la Abuela Putt

TÓNICO PARA COMBATIR LOS HONGOS DEL JARDÍN

Los anillos de hadas reflejan una infección de hongos que puede minar el jardín con círculos de setas y bejines. Afortunadamente la solución está en el cuarto de lavado.

jabón en polvo suave para lavar la ropa (1 taza cada 2,500 pies cuadrados de área afectada del jardín)*

1 taza de amoníaco

1 taza de champú para niños

1 taza de enjuague bucal antiséptico

Esparza ligeramente el jabón en polvo sobre la zona afectada. Luego mezcle los demás ingredientes en un rociador de manguera con capacidad para 20 galones y aplique hasta que el líquido comience a escurrirse a otras áreas. ¡Los hongos pasarán a la historia!

* Asegúrese de usar jabón y no detergente (Ivory Snow® es una buena opción). No aplique más de lo que dice la receta: en este caso, más no es mejor. Esto se aplica a todos mis tónicos, y a los de la abuela, también.

CONSEJO La abuela mantenía a los pícaros mapaches alejados de los cubos para residuos; para lograrlo, saturaba un trapo viejo con **AMONÍACO** y lo sujetaba a la tapa del cubo. Este truco también funciona (la mayor parte del tiempo) para ahuyentar perros y zorrillos.

CONSEJO Para limpiar las pelotas de golf, sumérjalas en una solución de ¼ taza de **AMONÍACO** y 1 taza de agua. Luego enjuáguelas con agua limpia, y séquelas con un paño suave.

CONSEJO Para mí, cocinar al aire libre es casi lo más divertido que puede hacer en verano. Pero no lo es limpiar la parrilla grasienta. Esta tarea no es agradable, pero, al menos, esta fórmula la hará parecer sencilla. Cuando se enfríe, colóquela en una bolsa negra para residuos (el color es fundamental, porque atraerá el calor necesario del sol). Deje la bolsa en el piso, vierta la cantidad suficiente de **AMONÍACO** para cubrir la parrilla y cierre la bolsa con un nudo. Déjela al sol dos o tres horas, voltéela y déjela dos o tres horas más. Cuando abra la bolsa (con cuidado para no salpicarse con el amoníaco), la parrilla estará impecable. Enjuáguela con agua limpia y déjela secar. Llame a sus amigos, ¡e invítelos a otra barbacoa!

Si además del cubo para residuos, los mapaches apuntan al cultivo de maíz, llene pequeños recipientes como los de margarina, con **AMONÍACO** y ubíquelos entre las plantas. Los enmascarados comerán en otro lado.

CONSEJO ¡Caramba! Estaba cambiando el aceite del coche y el líquido terminó en el piso de concreto del sendero vehicular. ¿Y ahora? Haga lo mismo que hacía la abuela: mezcle en una cubeta una taza de **AMONÍACO** con un galón de agua tibia y cepille hasta eliminar la mancha. Enjuague con agua limpia. (Y la próxima vez, ¡sea más cuidadoso!).

En la Época de la Abuela

Cada vez que aparecía una plaga en el jardín, la abuela tomaba las precauciones necesarias para no diseminarla, y lo mismo debería hacer usted. Después de haber trabajado sobre plantas infectadas y antes de acercarse a las sanas, limpie las herramientas con una solución de 1 parte de **LEJÍA** cada 3 partes de agua. Y meta en esta solución los guantes, también.

CONSEJO Algunas gotas de **BLANQUEADOR** en el agua del bebedero para aves reducirá el crecimiento de algas y no afectará a sus amigos emplumados.

CONSEJO ¿Le gustaría que el agua de su piscina se convirtiera en un tentador océano azul? Siga este consejo de los vendedores de piscinas y los encargados del mantenimiento de las piscinas de hoteles estadounidenses: agregue **BLANQUEADOR** azulado al agua. Para darle color a una piscina de 20 pies por 40 pies, agregue una o dos botellas de 8 onzas en el lugar donde entra el agua del filtro. Espere un par de horas para que se distribuya antes de sumergirse. Con el tiempo, el sol decolorará el azul. Cuando ello ocurra, agregue otra botella de blanqueador. Una advertencia: tenga cuidado de no salpicar el blanqueador en las paredes o el borde de la piscina y no lo use en modelos oxigenados como los jacuzzi o las tinas con hidromasaje. A pesar de que este componente no es nocivo para ningún ser vivo, sin diluir dejará manchas sobre las superficies duras.

CONSEJO Tengo la guadaña de mi abuelo en el taller y sigue siendo útil para cortar las plantas de vegetales al finalizar la temporada de cosecha, y ni hablar de lo necesaria que es para sacar maleza (y a diferencia de

las modernas motoguadañas, es supersilenciosa y no requiere aprovisionamiento constante de gasolina y cuerdas). Aunque la hoja necesita algunos cuidados. La mantengo libre de mellas y la guardo en un lugar seguro como lo hacía mi abuelo: después de cada uso, envuelvo la hoja en una **BOLSA PARA ROPA SUCIA** bien resistente y tiro del cordel de la bolsa para ajustarlo al mango de la guadaña.

CONSEJO Cada otoño, la abuela secaba flores y hojas del

Cómo Preparar Boro

El boro es lo que los jardineros llaman un micronutriente. Ciertos vegetales, cuando no reciben suficiente boro, sufren grandes problemas. Afortunadamente esta es una deficiencia fácil de corregir: espolvoree aproximadamente una cucharada de **BÓRAX** alrededor de cada planta. Y al final de la temporada, haga analizar los suelos y agregue la cantidad necesaria de bórax. ¿Cuándo necesitan más boro los vegetales? Es sencillo, verifique si presentan los siguientes síntomas.

Vegetal	Signos de Deficiencia de Boro
Remolacha	La pulpa se vuelve marrón y adopta textura de corcho.
Repollo	Toda la cabeza se vuelve marrón.
Apio	Los bordes de las hojas presentan motas amarronadas y luego aparecen fisuras horizontales en los tallos.
Elote	Las hojas nuevas desarrollan vetas alargadas, acuosas o transparentes; las mazorcas (si aparecen) tienen rayas marrones en la base, con textura de corcho.
Colinabo	La pulpa se vuelve marrón y adopta textura de corcho.
Acelga	Los tallos presentan fisuras horizontales.
Nabo	La pulpa se vuelve marrón y adopta textura de corcho.

jardín para coronas, popurrí y otras manualidades que obsequiaba en Navidad. El método es sencillo: busque una caja de cartón con tapa del tamaño indicado. Luego mezcle 1 parte de **BÓRAX** y 2 partes de harina de maíz, y coloque una capa de 1 pulgada de espesor en la caja. Coloque las plantas encima y cúbralas con más mezcla, sin dejar aire alrededor de las flores (si trabaja con flores de muchos pétalos, como rosas o claveles, espolvoree parte de la mezcla a cada pimpollo antes de colocarlo en la caja). Cierre la caja con cinta y guárdela en un lugar seco a temperatura ambiente de 7 a 10 días. Al final del periodo de espera, deseche con cuidado el material; para ello, incline la caja o use un cepillo, y retire uno por uno sus tesoros.

CONSEJO Cuando la cal y el agua dura dejen depósitos en los canteros, los patios de piedra o concreto, los grifos o cualquier otra superficie dura, elimínelos así de fácil: disuelva ½ taza de **BÓRAX** en 1 taza de agua tibia y agregue ½ taza de vinagre blanco. Revuelva. Aplique la mezcla con esponja sobre las manchas, déjela reposar por unos 10 minutos (más tiempo en caso de manchas rebeldes), y limpie con un paño.

CONSEJO La hiedra terrestre y otras malezas de hoja ancha de rápido crecimiento pueden ser muy

ROCÍO DE JABÓN

Cuando la abuela necesitaba eliminar insectos de las rosas, chinches de la harina, piojillo y otros insectos de cuerpo blando, usaba esta simple receta.

½ barra de jabón Fels Naptha® u Octagon® rallado
2 galones de agua

Agregue el jabón al agua y caliente. Revuelva hasta integrar. Deje enfriar, coloque en un frasco con aspersor, y extermine los insectos. Pruébelo en una planta primero, y enjuáguelo una vez que los insectos hayan desaparecido (encontrará jabón Fels Naptha y Octagon tanto en el sector de jabones para baño como en la sección de artículos de limpieza del supermercado).

perjudiciales para el césped. Para eliminarlas del jardín, aplique una dosis de una mezcla de 5 cucharadas de **BÓRAX** por galón de agua al comenzar la primavera y luego en otoño.

CONSEJO Este es un truco muy bueno para ahorrar tiempo que aprendí hace poco: tenga a mano una **CANASTA PARA ROPA**

SUCIA en la cajuela del auto. Y cuando salga de compras, coloque todos los abarrotes en la canasta. Así no darán vueltas por la cajuela y, cuando regrese, podrá llevar toda la carga rápidamente hasta la casa o el cobertizo.

CONSEJO ¿Qué puede ser más acogedor tras un frío y largo invierno que unas alegres flores de bulbo en primavera? ¿Y qué puede verse más desaliñado que el follaje mustio cuando las flores ya se han marchitado? Pero a pesar de que sea muy tentador arrancar esas hojas, son ellas las que proporcionarán el alimento a los bulbos para el espectáculo del año siguiente. Aquí le presentamos una solución simple para ese dilema: plante los bulbos en **CANASTAS PARA ROPA SUCIA**. Cuando los pimpollos se marchiten, retire las canastas y colóquelas en un lugar donde el follaje pueda perecer con privacidad (quizás detrás del taller de trabajo o del garaje) y rellene el espacio vacío con plantas anuales. Después de que el frío invierno ponga fin al show de las plantas anuales, vuelva a enterrar las canastas con los bulbos en el jardín. Para esta técnica, primero deberá verificar la profundidad de plantado para los bulbos (la etiqueta de la planta o el catálogo le proporcio-

En la Época de la Abuela

La abuela era una fiel creyente en el método tradicional de jardinería llamado electrocultivo. Los partidarios de este sistema hacían todo lo posible por agregar energía estática a los cultivos. Por ejemplo, solo usaban estacas de metal para las tomateras, y colocaban las plantas trepadoras (como los ejotes y las arvejas) sobre enrejados de metal. ¿Qué tiene que ver esto con los productos del cuarto de lavado? Le explico: cuando un rayo ilumina el cielo, la energía eléctrica hace que se combinen el nitrógeno y el hidrógeno del lugar formando **AMONÍACO**. El amoníaco se combina con el agua de lluvia y cae sobre las plantas en forma de ácido nítrico diluido, el tipo exacto de nitrógeno que las plantas necesitan para su desarrollo. Y esto explica por qué el césped y cualquier planta del jardín se vuelven más verdes después de una tormenta.

narán esta información). Luego llene las canastas con la tierra necesaria para alcanzar el nivel deseado. Coloque los bulbos como lo haría en el jardín, y llene la canasta hasta arriba con más tierra. (No olvide colocar la etiqueta de la planta en la canasta para recordar dónde volver a plantarla en otoño). Cave un pozo de una pulgada más que la canasta, colóquela y rellene alrededor de la canasta con más tierra y agua.

solución de ¼ taza de **CARBONATO DE SODIO** cada 2 galones de agua tibia. Luego enjuagaba con agua limpia de la manguera. (Esta fórmula es eficaz para patios, cimientos y paredes de concreto).

CONSEJO Cuando los senderos de concreto comenzaban a ensuciarse, la abuela los limpiaba con una escoba rígida embebida en una

CONSEJO Cuando las tareas al aire libre le dejen las manos grasosas y sucias, lávelas con **DETERGENTE PARA LA ROPA** (líquido o en polvo). ¡Quedarán impecables en un segundo!

El Color para Eliminarlos

Las botellas de plástico que alguna vez tuvieron **PRODUCTOS DE LIMPIEZA** son excelentes trampas para todo tipo de pestes. No solo son firmes y resistentes al agua, con asas incorporadas, sino que también vienen en colores que atraen naturalmente a los insectos. Para armar las trampas, bañe la botella del color apropiado con jarabe de maíz, vaselina sólida o algún producto comercial como Tanglefoot®. Y luego cuélguelas de los árboles o arbustos, o póngalas boca abajo en estacas entre las plantas apestadas. Utilice este cuadro como guía para saber qué color usar.

Color de la Botella	Insectos que atrae
azul	piojillos
verde	moscas de la cáscara de nuez
rojo	moscas de la fruta (incluidas las moscas del gusano de la manzana)
blanco	escarabajos pulga, chinches de cuatro rayas, gorgojos del ciruelo, escarabajos de las rosas, chinches
amarillo	la mayoría de los insectos voladores, incluidos los áfidos, las orugas nocturnas de la col, los minadores de hojas, los psílidos, los escarabajos del ayote, las polillas del gusano telarañero, las moscas blancas
amarillo anaranjado	moscas de la zanahoria

Las botellas plásticas resistentes (e impermeables) en que vienen el **DETERGENTE PARA LA ROPA,** la lejía y el suavizante, son de gran ayuda al aire libre. A continuación encontrará algunas de las herramientas en las que puede convertir a esas botellas después de lavarlas a fondo.

▷ **Cesto para pinzas de ropa.** Corte un agujero grande del lado opuesto del asa, para poder colocar por allí las pinzas. Haga pequeños agujeros en el fondo para facilitar el drenaje y cuélguela del lazo para ropa (puede pasar el lazo por el asa o colgar la botella de un gancho resistente al agua).

▷ **Sistema de riego por goteo.** Haga pequeños agujeros en el fondo y a los lados de varias botellas, entiérrelas en el jardín en puntos estratégicos y llénelas de agua. La humedad se filtrará de forma lenta y constante, e irá directo a las raíces de las plantas.

▷ **Embudo.** Retire la tapa de una botella de lejía y córtela por la mitad. Repita el proceso con varias botellas y guárdelas en el auto, el bote, el cobertizo del jardín o en cualquier otro lugar en que pueda necesitar un embudo para aceite de motor, agua, líquido anticongelante o fertilizante líquido.

▷ **Canasta para las herramientas del jardín.** Haga un gran agujero en una botella gigante del lado opuesto al asa. Luego inserte el palustre, las tijeras de podar, el plantador y otras herramientas pequeñas.

▷ **Etiquetas para plantas.** Corte los lados de las botellas blancas o amarillas en tiras, escriba con marcador indeleble y plante cada tira al lado de la planta correspondiente.

▷ **Pala.** Corte en diagonal el fondo de una botella de lejía, vuelva a enroscar la tapa, y úsela para recoger fertilizante, abono orgánico, tierra para macetas, arena o cualquier otra sustancia no comestible.

▷ **Regadera de jardín.** Haga una docena de agujeros o más en la tapa de una botella gigante. Llene la botella con agua y vuelva a enroscar la tapa. Para regar las plantas, dé vuelta la botella.

▷ **Asistentes de invierno.** Las botellas de detergente son ideales para guardar y desechar arena sanitaria para gatos, arena tradicional o cenizas en las aceras cubiertas de hielo. Lleve unas botellas llenas en el auto. Y si se queda atascado en el hielo o la nieve, saque una y esparza el contenido bajo las ruedas para lograr tracción instantánea.

CONSEJO La abuela tenía muebles de mimbre pintados de blanco en el porche. Aquellas mesas, sillas y otomanas eran la luz de sus ojos, y les puedo asegurar que las mantenía más limpias que la nieve recién caída. Además de quitarles el polvo con regularidad, cada primavera y cada otoño les hacía una limpieza a fondo. Su fórmula sigue funcionando de maravillas. Esto es lo que debe hacer: coloque 1 cucharada de **DETERGENTE PARA LA ROPA** suave en 4 tazas de agua y mezcle hasta hacer espuma. Aplique la espuma por zonas con un paño suave. Luego pase otro paño limpio y húmedo.

CONSEJO Antes de colocar una planta en una maceta que ya haya usado, desinfecte el recipiente como lo hacía la abuela: déjelo en remojo unos 15 minutos en una solución de 1 parte de **LEJÍA** cada 8 partes de agua.

CONSEJO Cuando se acumula moho en el recubrimiento plástico de las sillas y la mesa del jardín, elimínelo con una solución de 1 taza de **LEJÍA** por galón de agua (pero antes haga una prueba en una superficie no visible para asegurarse de que no se decolorará). Enjuague con agua limpia y asegúrese de que las sillas y la mesa estén secas antes de guardarlas bajo techo.

CONSEJO Para eliminar el moho que crece en el ladrillo, la piedra o el concreto, rocíelos con una mezcla en partes iguales de **LEJÍA** y agua, y limpie con un paño húmedo.

CONSEJO Para que no se desarrolle el moho en las tejas tradicionales o en las de madera para exteriores, prepare una solución de 2 tapitas de **LEJÍA** para el hogar por cada galón de agua. Aplique con esponja y no enjuague. La frecuencia con la que deberá repetir este procedimiento dependerá de la ubicación de su hogar. En un sector oscuro y húmedo, deberá realizarlo al menos una vez cada dos años.

CONSEJO Al momento de eliminar babosas y caracoles, el **LIMPIADOR DE PINO** es una de las armas más eficaces del cuarto de lavado. Puede recoger los viscosos villanos uno por uno y echarlos en una cubeta de agua con una taza de limpiador, o llenar un frasco con aspersor con una mezcla de partes iguales de limpiador de pino y agua, y dispararles a quemarropa.

CONSEJO Las chinches son famosas por quitarle la vida al césped. Si su jardín está cubierto de zonas amarillentas que rápidamente se vuelven marrones y mueren, es probable que las chinches sean las culpables. Para deshacerse de ellas, mezcle 1 taza de jabón **MURPHY'S OIL SOAP®** con 3 tazas de agua tibia en un rociador de manguera con capacidad para 20 galones y empape el césped. Cuando se seque, aplique yeso a la zona en una proporción de alrededor de 50 libras cada 2,500 pies cuadrados de césped.

CONSEJO Para proteger sus dedos cuando corte rosas, sujete cada tallo de espinas con una **PINZA DE ROPA**.

LAS FÓRMULAS SECRETAS DE
la Abuela Putt

LIMPIADOR PARA EL PORCHE Y EL *DECK*

La abuela tenía porches amplios que daban la vuelta a toda la casa, y los mantenía impecables con esta fórmula simple. (Funciona bien con cualquier estructura de madera, incluidos los recientes *decks* del siglo XXI).

¼ galón de lejía para el hogar
½ taza de detergente en polvo para lavar ropa
2 galones de agua caliente

Mezcle todos los ingredientes en una cubeta y restriegue el porche o el *deck* con una escoba o un cepillo firmes. Enjuague bien con la manguera.

CONSEJO Cuando jugaba al golf, con frecuencia perdía mi tarjeta. Solía dejarla en algún lugar para hacer el tiro y luego olvidaba recogerla. Pero resolví el problema: ahora sujeto la tarjeta de puntuación a mi bolsa de palos con una **PINZA DE ROPA**. Siempre veo mi puntuación (¡incluso cuando no quiero recordarla!).

CONSEJO Una vez, cuando salimos de viaje con mi grupo de niños exploradores, no pude encontrar por ningún lado las estacas de mi carpa. No había tiempo para comprar otras, pero la abuela tenía la solución: me dio un puñado de **PINZAS DE ROPA**. Y funcionaron de maravilla. De hecho, siempre tengo alguna a mano para usar como estaca.

CONSEJO ¿Cuando florecen las flores de bulbo en primavera quedan áreas sin flor? No se preocupe. Coloque **PINZAS DE ROPA** en los lugares en que deberían estar los tulipanes, los narcisos (u otra flor de bulbo). Así sabrá dónde plantar más bulbos en otoño.

Paños Suavizantes

Si bien los suavizantes líquidos existen desde 1930, los paños suavizantes, también conocidos como paños para la secadora, no aparecieron hasta principios de la década de 1970. Fue allí cuando los investigadores de Procter & Gamble encontraron un modo de impregnar las telas no tejidas con agentes suavizantes que se liberan gradualmente a medida que la ropa se voltea en la secadora. Pero estos prácticos cuadraditos del tamaño de un pañuelo pueden hacer mucho más que suavizar la ropa y mantenerla libre de estática. Pueden realizar mil tareas en toda la casa. Piense en estas posibilidades:

▶ *Limpie la mampara de la ducha.* Limpie la mampara con un paño suavizante para eliminar los restos de jabón.

▶ *Elimine el frizz del cabello.* Cuando el aire seco le deje el cabello lleno de estática, pásele un paño suavizante, de las raíces a las puntas.

▶ *Elimine pelos de los muebles (y de la ropa).* Las mascotas no pueden evitar perder pelo por la casa, así que no las regañe, pero tampoco tolere la falta de higiene. Pase un paño suavizante por la tela, y los pelos desaparecerán como por arte de magia.

▶ *Desodorice el calzado.* Cuando el calzado huela mal, coloque un paño en cada zapato y déjelo toda la noche. Por la mañana, el olor desagradable habrá desaparecido.

▶ *Sáquele el polvo a la computadora.* Y a todos los imanes de polvo que tiene en el hogar, como pantallas de televisores y minipersianas de metal. Pase con cuidado un paño suavizante sobre la superficie, y las partículas de polvo se pegarán a la tela.

▶ *Elimine la estática.* Pase un paño sobre la ropa para que la tela recupere la caída.

▶ *Refresque el ambiente.* Coloque un paño suavizante en la bolsa de la aspiradora. Cuando limpie los pisos, el aroma se diseminará por la habitación.

▶ *Refresque el ambiente, toma 2.* Retire la cubierta de los ductos de calefacción, coloque un paño suavizante en la parte posterior y vuelva a colocarla. Además de aromatizar el ambiente, el paño atrapará el polvo, el polen, los pelos de las mascotas y otra suciedad que se transporte por el aire. Cuando el "filtro" esté sucio, reemplácelo por otro.

(continua)

SOLUCIONES RÁPIDAS

(continuación de la página 235)

▶ *Equipaje listo para viajar.* En el intervalo entre un viaje y el siguiente, ponga uno o dos paños en cada maleta. Cuando sea hora de viajar, las maletas estarán bien aromatizadas para la ropa de viaje.

▶ *Recoja aserrín.* Cuando lije o taladre madera, recoja el polvo con un paño suavizante.

▶ *Evite malos olores en cubos para residuos y cestos para papeles.* Coloque uno o dos paños en el fondo de cada contenedor, tanto para interiores como para exteriores.

▶ *Repelente de mosquitos.* Ate un paño suavizante perfumado a los pasacintos de la ropa. Los mosquitos se mantendrán alejados.

▶ *Evite que se le pegue el relleno de empaque.* Antes de empacar o desempacar una caja protegida con relleno de poliestireno, pásese un paño suavizante por las manos (y también por los brazos si usa manga corta). Así los pequeños trepadores permanecerán en la caja, donde deben estar, y no se pegarán por todo el cuerpo.

▶ *Evite desechar la tierra.* Antes de sacar una planta de una maceta, coloque un paño suavizante sobre el drenaje. Evitará que se filtre la tierra, y dejará pasar el agua.

▶ *Aromatice la ropa. Y las sábanas, también.* Coloque paños suavizantes en los cajones y estantes para que toda la ropa y las sábanas estén perfumadas.

▶ *Refriegue las ollas.* Para retirar comida pegada, llene la olla con agua tibia y sumerja un paño suavizante. Deje en remojo por una hora aproximadamente. La comida se despegará fácilmente.

▶ *Cosa suavemente.* Antes de coser a mano, pase la aguja y el hilo por un paño suavizante. Esto evitará que el hilo se atasque y enrede.

CAPÍTULO SEIS

En la

SALA DE PASATIEMPOS

Globos

Sujetapapeles

CD y DVD

Tiza

Tablas con

sujetapapeles

Líquido corrector

Crayones

Hilo de bordar

Gomas de borrar

Retazos de tela

Papel de regalo

Mapas

Clips

Lápices

Bandas elásticas

Cuerda

Cinta adhesiva

Carretes de hilo

Pañuelos

desechables

Pegamento blanco

☞ y más...

¡A su SALUD!

A medida que la abuela envejecía, la letra de los empaques y prospectos de medicamentos (recetados o de venta libre) se volvía más y más pequeña. ¡Pero no lo aceptó así como así! Por el contrario, escribía la información que necesitaba en un trozo de papel, en letras y números lo suficientemente grandes para leer con facilidad, incluso sin anteojos, y pegaba el papel al empaque con **CINTA ADHESIVA**.

CONSEJO Si toma algún tipo de medicamento recetado, lo último que necesita es que la información del empaque se vea borrosa por haberlo tomado con las manos mojadas o porque el líquido del envase haya goteado a los costados del recipiente. Así que evite el problema. Cuando regrese de la farmacia con los medicamentos, imite a la abuela: proteja la etiqueta con **CINTA ADHESIVA** transparente.

CONSEJO ¿Está tratando de dejar de fumar? ¡Felicitaciones! Un consejo: mantenga los cigarrillos en el paquete y séllelo con **CINTA ADHESIVA**. Use mucha cinta. La cinta no lo detendrá, pero tardará más en tomar un cigarrillo y durante ese tiempo pensará en las consecuencias.

CONSEJO Antes de tomar una ducha o comenzar un proyecto con agua, como lavar el carro, lavar los platos o bañar al perro, protéjase los dedos heridos con un vendaje y mantenga seca la piel alrededor del vendaje con un **GLOBO** desinflado sobre el dedo afectado.

CONSEJO ¿Se ha quedado sin hilo dental? Busque **HILO** blanco en la canasta de tejido o bordado. Es más grueso, pero será tan eficaz como el hilo dental, o incluso mejor.

CONSEJO Para sacarse una astilla, pruebe uno de los trucos

CHUPETE PARA ADULTOS

Es de público conocimiento que el estrés acarrea problemas simples y complejos. Este pequeño y útil dispositivo aligerará su carga. No reemplazará una o dos semanas en una cabaña junto al lago o una caminata por el bosque, pero le dará un modo sencillo de relajarse y recargar las baterías en cualquier momento del día o de la noche.

un frasco pequeño de vidrio con tapa hermética*
aceite para bebé
15–20 cuentas (de vidrio o plástico)
pegamento instantáneo tipo Super glue
pintura (opcional)

Llene el frasco con el aceite hasta ¼ pulgada del borde y agregue las cuentas. Aplique pegamento directamente desde el pomo o con pincel sobre el borde interno de la tapa y cierre el frasco. Si lo desea, puede pintar la tapa del color preferido. En cualquier momento del día en que empiece a sentirse como una montaña rusa fuera de control, siéntese cómodamente, tome el frasco y gírelo sobre sí mismo. Mire cómo se deslizan las cuentas por el aceite. Funcionará como un mantra visual, que le permitirá relajarse, al menos, por unos minutos.

* Es ideal un elegante frasco de mostaza o jalea.

de primeros auxilios de la abuela: cubra la astilla con una capa fina de **PEGAMENTO BLANCO** que esparcirá sobre la zona a tratar. Cuando se seque, despéguelo. El intruso saldrá sin esfuerzo.

CONSEJO Haga que los ungüentos y bálsamos médicos duren más: presione el fondo del tubo con un **SUJETAPAPELES** grande (este truco también funciona con la pasta de dientes, con los geles para el cabello y hasta con los aderezos que vienen en tubo).

Para Su
BUEN
ASPECTO

CONSEJO La abuela Putt rara vez usaba esmalte de uñas, pero tenía un consejo para sus amigas: cuando planee una gran salida nocturna y no se decida por el color de esmalte que va a usar, cubra una o dos uñas con **CINTA ADHESIVA** transparente, y aplique el esmalte sobre la cinta. Siga probando hasta decidirse.

CONSEJO Los estuches de sombras para ojos en varios tonos son muy prácticos (al menos, eso es lo que dicen mis amigas), pero tienen una desven-

taja: después de un tiempo, los distintos colores tienden a mezclarse. Afortunadamente hay un modo sencillo de limpiar el estuche. Aplique suavemente un trozo de **CINTA ADHESIVA** sobre cada color.

DELICIOSO BRILLO LABIAL

Para todos los que hacen velas: la próxima vez que se ponga a trabajar, guarde algo de cera de abejas para preparar este suave brillo labial delicioso y aromático.

1 cucharada de cera de abejas rallada
4½ cucharaditas de aceite de coco*
1 cápsula de vitamina E
⅛ cucharadita de extracto de vainilla puro (no artificial)**

Coloque la cera de abejas y el aceite de coco en un recipiente para horno, y agregue el contenido de la cápsula de vitamina E. Lleve la bandeja al horno, y caliente a 250 °F hasta que se derrita la cera. Agregue el extracto de vainilla, mezcle bien, y deje enfriar por completo. Almacene en un recipiente con tapa hermética. Aplique con un pincel para labios o con el dedo.

* A la venta en tiendas de alimentos saludables y en la sección de aceites de cocina de varios supermercados.

** Puede reemplazarlo por extracto de almendras.

CONSEJO ¿Está cansada de pagar las tarifas del salón de belleza solo para cortarse el flequillo? Ahorre ese dinero y córtese usted misma como lo hacía la abuela. Siga estos pasos: con el cabello húmedo, pegue un trozo de **CINTA ADHESIVA** transparente sobre la frente, con el borde superior de la cinta en el sitio donde quiere que termine el flequillo. Mirando al espejo, corte por encima de la cinta. ¡Parecerá cortado por un estilista profesional!

CONSEJO Si su cabello es fino como el de un bebé, sabe que es casi imposible encontrar un broche para el cabello que sujete bien. En esos momentos en que no tener el cabello en la cara sea más importante que verse chic (por ejemplo, cuando necesite limpiar la casa YA porque su familia política está por venir, y la temperatura no deja de subir) utilice un **SUJETAPAPELES** en el cabello.

En los Alrededores de la
CASA

CONSEJO Cuando en la aspiradora se enredan pedazos de cuerda, hilo o cabellos largos, es un lío. Pero la abuela tenía la solución. Usaba un **ABRIDOR DE COSTURAS** para cortar y desenredar (antes de implementar este consejo, ¡asegúrese de desenchufar la aspiradora!).

CONSEJO ¿Quién dice que los **ÁLBUMES DE FOTOS** solo sirven para guardar fotos? También son muy útiles para guardar recetas, tarjetas personales de negocios y otros papeles pequeños pero importantes. Los álbumes con bolsillos transparentes son los mejores, porque le permiten reorganizar el contenido.

CONSEJO A la abuela le encantaban todas las flores, pero sus favoritas para los arreglos florales para

En la Época de la Abuela

La mayor parte de su vida, la abuela Putt, como tantos, escribió cartas y cheques con pluma fuente. No porque no existieran los **BOLÍGRAFOS**, ya que el primero lo patentó el estadounidense John H. Loud en 1888. Pero los primeros modelos se diseñaron para escribir sobre superficies ásperas como el cartón, no para una escritura refinada. Los bolígrafos de hoy, que se deslizan suavemente, surgieron gracias a la tecnología de la Segunda Guerra Mundial y a un húngaro residente en Argentina de nombre Lazlo Biro. Los contratistas de la guerra perfeccionaron el proceso de pulido de rodamientos para maquinarias y armas, y la ctécnica para colocarlos con precisión. Al adaptar las técnicas para los bolígrafos, el Sr. Biro fabricó el primer instrumento adecuado para escribir en papel.

interiores eran las grandes y flexibles: tulipanes, crisantemos y dalias. Sin embargo, en ocasiones, si ponía muchas flores en el mismo florero, caían demasiado a los lados. Para enderezarlas, colocaba un **ALFILER RECTO** de

Cada vez que abro mi buzón, encuentro al menos una carta de alguna fundación benéfica reconocida, que me envía una hoja de **ETIQUETAS DE DIRECCIONES** con mi nombre y dirección. Hace muchos años, cuando esto comenzó, pensé: "Esto es ridículo, incluso si lo único que hiciera fuera escribir cartas, ¡nunca podría usarlas todas!".

Ahora me doy cuenta de que son útiles para mucho más que para pegarlas en sobres. Además de las que guardo en la gaveta de mi escritorio, llevo conmigo una hoja de etiquetas de direcciones en el bolsillo (plegada, claro), guardo otra en la guantera del auto, y siempre llevo algunas cuando salgo de viaje. Las uso para miles de cosas. Le explico. Estos son algunos ejemplos.

▷ **Informe su cambio de domicilio.** Incluya una etiqueta en cada tarjeta de cambio de domicilio que envíe a familiares y amigos. De ese modo, solo pegarán la etiqueta donde figuran sus datos en el libro de direcciones (en este caso, es posible que desee imprimir sus propias tarjetas para incluir el nuevo número de teléfono).

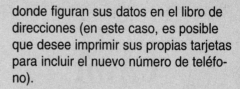

▷ **Reconozca su abrigo.** Todos los abrigos y las chaquetas se ven iguales en el perchero de un restaurante u oficina. Para asegurarse de tomar el suyo y no el de otra persona con uno similar, pegue una etiqueta a la manga que queda hacia afuera. Y para estar seguro, ponga algunas en un bolsillo sin retirar el papel del reverso. Así, si otra persona toma su abrigo y recién se da cuenta de que ha tomado su abrigo por equivocación, tendrá su dirección para devolvérselo.

▷ **Reconozca sus maletas.** Ha comprado tantas cosas en sus vacaciones que ha tenido que comprar otro bolso para volver a casa y, por supuesto, necesita una etiqueta para la maleta. Tome una de las etiquetas de papel del mostrador de la aerolínea y pegue ahí la etiqueta con su dirección.

▷ **Complete el formulario de reintegro.** En lugar de esforzarse por escribir su nombre y dirección en el reducido espacio de un formulario de reintegro, pegue una etiqueta. Además de hacerle ahorrar tiempo, facilitará la lectura de la información, lo que aumentará sus posibilidades de que le devuelvan el dinero.

▷ **Participe en sorteos.** Está yendo al supermercado, ve que el grupo de teatro de la escuela secundaria sortea una colcha para recaudar fondos para viajar a Nueva York a ver obras de teatro. Así que compra unos cuantos boletos. En lugar de escribir su nombre y dirección en cada uno de ellos, pegue las etiquetas.

▷ **Reciba cartas.** O, al menos, postales. Cuando sus hijos o nietos se vayan de campamento o se muden fuera de la ciudad para ir a la universidad, deles sobres o postales con sellos y pegue las etiquetas. Si tiene suerte, los jovencitos los usarán.

▷ **Reparta dulces.** En Halloween, pegue etiquetas a los dulces que entregue a fantasmas y duendes. Cuando regresen con los tesoros a sus casas, los padres se sentirán más seguros si saben de dónde vienen los dulces.

▷ **Identifique sus pertenencias.** Mande a sus hijos y nietos de campamento o a la escuela con etiquetas pegadas a las mochilas, bolsas de dormir, ropa, bolsas para libros, estuches de lápices y cualquier otro objeto que lleven consigo. Si deben forrar libros de texto, pegue la etiqueta a la cara interna de la tapa para que sepan cuál es de ellos. Esto es muy útil especialmente cuando los niños deben compartir casilleros.

▷ **Identifíquese en los senderos.** ¿Está por salir solo a caminar, andar en bicicleta o a caballo? Coloque una etiqueta en la lengüeta interna de cada bota o calzado. Si sucede lo impensable y es víctima de un accidente o de una mala jugada, incluso cuando la identificación que lleva en su bolsillo desapareciera, se lo podrá identificar rápidamente.

▷ **Planifique sus próximas vacaciones.** Si la revista de viajes que está leyendo en el avión ofrece folletos para lugares que le gustaría visitar, retire la tarjeta de servicios al lector, seleccione las publicaciones que le interesan, y pegue la etiqueta en el espacio provisto.

▷ **Etiquete el "auto" de su mascota.** Pegue una etiqueta con su dirección a la jaula o bolsa de transporte de su gato o perro pequeño. Así, cuando los deje en la guardería o la veterinaria, estará seguro de recuperar el mismo vehículo cuando pase a buscar a su querido amigo.

forma vertical dentro del tallo, justo debajo de la flor.

CONSEJO La abuela siempre guardaba un **ARO DE BORDAR** en el cuarto de lavado para usarlo cuando necesitaba sacar una mancha. Cuando necesitaba tratar una mancha sobre algo grande, como un mantel o una sábana, colocaba el aro sobre la sección manchada y se ponía a trabajar con el método apropiado para sacarla (encontrará más información sobre sus modos y medios favoritos en los capítulos 4 y 5).

CONSEJO La abuela tenía un método para evitar que los puntos se le resbalaran de las agujas de dos puntas: enroscaba una **BANDA ELÁSTICA** al final de cada aguja.

CONSEJO Por cortesía de la abuela Putt, le presentamos un consejo de limpieza que le servirá para ahorrar tiempo: deje una **BANDA ELÁSTICA** alrededor del envase de brillo o limpiador para muebles y úsela para sostener una esponja o un paño suave y limpio. De ese modo, siempre

Limpieza con Tiza

Es posible que piense en la **TIZA** como algo que los niños usan para escribir en la acera o en un pizarrón. Piense un poco más: la tiza blanca es un eficaz agente de limpieza. La abuela Putt siempre tenía una caja a la mano, y usted debería hacer lo mismo. Estas son algunas sugerencias.

Desafío de Limpieza	Cómo Usar la Tiza
Metal deslucido (de cualquier tipo)	Espolvoree tiza en polvo sobre un paño húmedo y suave de algodón, y frote la pieza hasta que vuelva a brillar. Enjuague con agua limpia, y seque bien.
Mármol sucio	Con un paño de algodón suave y húmedo, aplique tiza en polvo y frote la superficie para limpiar. Enjuague con agua limpia para retirar el exceso de tiza, y seque bien.
Manchas de grasa en grasa telas lavables	Frote las manchas con tiza, espere hasta que la se haya absorbido, y lave como lo hace habitualmente.
Mancha en el cuello	Frote tiza blanca sobre la mancha y lave la camisa con el detergente habitual.

los tendrá a la mano cuando los necesite.

CONSEJO Cuando empiecen a aparecer las roscas de Pascua, no se conforme con aburridos huevos de un solo color. Puede hacer pequeñas obras de arte para las canastas. ¿Cómo? Junte algunas **BANDAS ELÁSTICAS** de varios tamaños y enrósquelas alrededor de cada huevo antes de sumergirlos en tinte. Según cómo ubique las bandas, el producto final tendrá rayas o un diseño de diamantes. Lo mejor de todo es que será único, porque sin importar lo mucho que lo intente, nunca podrá volver a colocar las bandas exactamente en la misma posición (en el capítulo 3, encontrará consejos para pintar huevos de Pascua al estilo de la abuela. Lea "Colorante Tradicional para Huevos de Pascua" en la página 99 y "Colorantes Vegetales" en la página 101).

CONSEJO Para hacer una pizarra de notas rápidamente y sin usar chinchetas, envuelva con tela una pieza de madera o corcho de alrededor de ½ pulgada de espesor. Luego estire **BANDAS ELÁSTICAS** extragrandes (marrones o de colores) de una punta a la otra de la pizarra en ambas direcciones hasta formar una cuadrícula. Las bandas sujetarán las notas, las listas de compras y las fotos, y no necesitará chinchetas ni tachuelas.

UNA VEZ MÁS

 Cuando quiera darle un brillo especial a la mesa donde cena, o a cualquier otro sector de la casa, lo mejor son las tradicionales **VELAS.** Estas maravillas de cera pueden hacer mucho más que iluminar su vida, incluso cuando ya se han consumido casi totalmente. Estas son algunas cosas que puede hacer con los pequeños restos.

▷ **Pinte con creatividad.** Dibuje un diseño con una vela blanca sobre una hoja blanca. Luego pinte con acuarelas. Cuando se seque la acuarela, se verá el diseño de cera (nota: este proceso no solo es divertido para los niños, sino que también es una técnica interesante para sus propias tarjetas navideñas).

▷ **Destrabe todo tipo de objetos.** Para que se deslicen mejor las cremalleras, las ventanas, las gavetas e incluso la antena de radio del auto, frote una vela alrededor de las piezas movibles.

▷ **Impermeabilice la madera.** Para evitar que los bordes del contrachapado y de otras maderas absorban humedad, frótelos con una vela.

CD y DVD

Si hay una pregunta que la abuela Putt no se planteó jamás, es la siguiente: ¿qué hacer con todos esos CD y DVD que llegan por correo como promoción de cualquier cosa, desde supermercados hasta servicios de Internet? Le diré algo: si la abuela estuviera aquí, se divertiría muchísimo buscando usos inteligentes para estos brillantes discos plateados. Y estas opciones quizás hubieran formado parte de sus ideas.

▶ *Marque un lugar.* Para marcar la entrada a un sendero o camino, clave tres o cuatro CD a una estaca de madera e insértela en la tierra en el lugar apropiado.

▶ *Decore el refrigerador (o deje que lo decoren los niños).* Haga un dibujo o un collage de un lado del disco, pegue un imán del lado opuesto y adhiéralo a la puerta.

▶ *Dibuje un círculo perfecto.* ¿Hay una plantilla mejor? (¡Busque uno del tamaño que necesita!).

▶ *Entretenga a un bebé.* Para hacer un móvil que encantará a cualquier niño o bebé, junte un puñado de CD y haga un pequeño agujero al borde de cada uno. Pase un pedazo de línea de pesca de nailon a través de los agujeros, y cuelgue los discos a diferentes alturas de una percha (de metal o plástico). Agregue otro pedazo de línea de pesca a la parte superior de la percha, y cuélguela de un gancho cerrado atornillado al cielo raso.

▶ *Ilumine la bicicleta.* Añada poder reflectante a la bicicleta colocando un CD en el manubrio y otro en la parte posterior del asiento.

▶ *Identifique canteros.* Utilice un marcador indeleble para escribir el nombre de cada planta en un CD. Clave los discos en estacas de madera e insértelas en el suelo para indicar lo que está plantado en cada lugar.

▶ *Proteja la mesa.* Cree una protección: corte cinco cuadrados de fieltro o de tablero de corcho fino de 1 pulgada, y péguelos al lado impreso de un CD. O, si prefiere mostrar el arte gráfico, péguelos del lado brillante. Cualquiera sea el lado que decida usar, coloque cuatro de los cinco cuadrados a distancias equivalentes unos de otros alrededor del borde, y el quinto en el medio. Use sus creaciones para atrapar gotitas de bebidas, o para apoyar velas de base ancha o macetas.

Salve los cultivos frutales. Para evitar que los pájaros coman las cerezas, las bayas y las demás frutas, cuelgue unos CD de las ramas de los árboles y arbustos. La luz del sol que se refleje ahuyentará a los bandidos que tendrán que ir a otro lugar en busca de sus dulces.

 Encuentre la luz. Si en el desván, en el sótano o en la parte posterior de un armario profundo tiene una luz de las que se encienden jalando una cuerda, cuélguele un CD. La superficie brillante reflejará hasta la luz muy tenue, y encontrará más fácilmente el "interruptor".

 Deténgase a tiempo. Cuelgue del cielo raso del garaje un CD con una cuerda que permita que el CD quede a la altura del parabrisas en el punto justo donde necesita detenerse. De ese modo, nunca necesitará adivinar si ha entrado el auto lo suficiente como para cerrar el portón y nunca chocará contra la pared.

 Decore su árbol de Navidad. Haga un agujero en el borde de cada disco y decore ambos lados con pintura, lentejuelas, retazos de tela y otras cositas lindas. Cuando tenga toda una colección de adornos, ate cintas por los agujeros y cuélguelos.

 Decore su árbol de Navidad, toma 2. Para hacer una guirnalda, teja una cinta larga por los agujeros centrales de cuantos CD pueda conseguir (decorados o plateados). Enrosque la guirnalda alrededor del árbol, o acomódela con ramas de pino sobre la repisa de la chimenea o en la baranda de la escalera.

 Camine seguro. Cuando sienta la necesidad de salir a caminar por la noche y no tenga ropa reflectante a la mano, pase una cuerda por un CD y cuélgueselo al cuello. Mejor aún, use uno al frente y otro, en la espalda.

¡No se Olvide de las Cajitas de los CD y DVD!

Esas delgadas cajitas de plástico en que vienen los CD y DVD también son muy útiles. Evalúe las siguientes posibilidades.

 Controle la fecha. Coloque un pequeño calendario dentro de una cajita y póngala sobre el escritorio.

 Exhiba los tesoros. Úselas para exhibir colecciones de mariposas, botones, monedas o sellos.

CONSEJO Use **BANDAS ELÁSTI-CAS** para agrupar pequeñas cositas que tienden a andar sueltas por todas partes en las gavetas, como los palillos chinos, los palillos para brochetas, los tenedores de fondue y los lápices, por mencionar algunos ejemplos.

CONSEJO En una **CARPETA DE TRES ARGOLLAS**, podrá guardar todos los manuales del usuario y las garantías de electrodomésticos, muebles y equipos electrónicos. Así sabrá dónde buscar cuando surja un problema.

CONSEJO Las hojas de registro que los bancos incluyen con cada chequera son muy pequeñas. Si el espacio parece demasiado limitado,

LAS FÓRMULAS
SECRETAS DE
la Abuela Putt

LUSTRE DE CERA DE ABEJAS

La mayoría de los modernos lustres comerciales están hechos de silicona, que es muy eficaz en la madera joven, pero les dan a las piezas antiguas un brillo antinatural (y hasta artificial). La abuela lustraba sus adoradas mesas y gabinetes con esta fórmula casera que yo sigo usando en los muebles que me dejó.

2 onzas de cera de abejas (se vende por onza en las tiendas de materiales para manualidades)
$5/8$ taza de turpentina*
agua muy caliente (casi hirviendo)

Ralle la cera no muy fina y colóquela en un frasco de vidrio con tapa a rosca (un frasco de mayonesa, por ejemplo). Añada la turpentina y enrosque un poco la tapa. Coloque el frasco en un tazón resistente al calor y vierta el agua en el tazón hasta que llegue al nivel de la cera o apenas por encima. Deje el frasco en el agua hasta que se derrita la cera. Luego retire el frasco y agite suavemente hasta que se forme una pasta. Deje enfriar, luego coloque en un frasco hermético de boca ancha para almacenar. Si el lustre se endurece, coloque el frasco en agua tibia para ablandarlo. Aplíquelo a la madera con un paño de algodón limpio y suave. Lustre con otro paño.

* No use alcoholes minerales ni sustitutos de turpentina.

registre las transacciones en un bloc de papel y colóquelas en una **CARPETA DE TRES ARGOLLAS**. Las hojas de tamaño completo le brindarán lugar suficiente para escribir y podrá guardar los resúmenes de cuenta (agujereados para las argollas, claro) en la misma carpeta.

CONSEJO Guarde dinero de emergencia a la mano pero escondido: coloque algunos billetes en un CD de música o en el estuche de una película en DVD (deje el revestimiento en el estuche para que no se pueda ver qué hay dentro y para que se vea el título en el lomo). Colóquelo en el estante con los demás **CD** y **DVD**, y nadie lo notará.

CONSEJO Un estuche para **CD** transparente puede funcionar como un perfecto portarretratos. Corte dos fotos para adaptarlas al estuche y colóquelas una de cada lado. ¡Ya está! Tiene un portarretratos doble que se puede colocar sobre el escritorio o la mesa. O coloque una sola foto y cuelgue el estuche de la pared.

CONSEJO Antes de desmantelar un electrodoméstico u otro aparato con piezas muy pequeñas, haga lo que hacía el abuelo: estire un pedazo de **CINTA ADHESIVA** doble faz sobre la mesa de trabajo. A medida que saque cada pequeña pieza del aparato, péguela en la cinta. Las piezas quedarán fijas hasta que vuelva a armar el aparato.

CONSEJO Cuando quiera pintar a mano objetos pequeños, pegue **CINTA ADHESIVA** doble faz a un trozo de cartón y apoye los objetos. Quedarán fijos y usted no se manchará los dedos.

CONSEJO Cuando se desprende un azulejo plástico de la pared y necesita un arreglo rápido y temporario, use **CINTA ADHESIVA** doble faz. Coloque un pedazo de cinta a cada lado del azulejo y otro pedazo de cinta en el medio, retire la cubierta de papel de la cinta y coloque el azulejo (nota: utilice cinta de primera marca para este arreglo).

CONSEJO Cuando termine un proyecto de pintura, coloque un pedazo de **CINTA ADHESIVA** (de cualquier tipo) en la parte externa de la lata para saber cuánta pintura le queda. Y cuando necesite hacer retoques o cuando esté listo para trabajar en otra habitación, sabrá cuánta pintura tiene sin abrir la lata.

CONSEJO El abuelo cubría las etiquetas de los recipientes

HUEVOS PINTADOS PARA ADORNAR

En casa de la abuela, hacíamos estos adornos dos veces por año: en la primavera como regalos especiales de Pascuas, y en Navidad para colgarlos del árbol (claro que en cada caso los decorábamos de distinta manera).

aguja larga para coser alfombras
huevos crudos a temperatura ambiente
pintura acrílica
pegamento blanco
ornamentos decorativos*
hilo de bordar
fijador acrílico transparente (se vende en tiendas de
 materiales artísticos)

Con la aguja para coser alfombras, haga un agujero en la base y otro en la punta de cada huevo con mucho cuidado; uno de ellos debe ser ligeramente más grande que el otro. Sostenga el huevo sobre un tazón con el agujero más grande hacia abajo y sople suavemente a través del otro agujero para que salgan la cara y la yema. Enjuague bien el interior del huevo con agua limpia, y deje que se seque durante la noche sobre toallas de papel. Al día siguiente, decore los huevos con pintura y adornos de su agrado. Para cada ornamento, use la aguja para coser alfombras para pasar un pedazo de hilo de bordar de 12 pulgadas de un lado al otro del huevo. Ate un nudo sobre el extremo que sobresale del agujero más pequeño. Y del otro extremo, haga un lazo para colgar. Rocíe el producto terminado con fijador acrílico.

* Por ejemplo, lentejuelas, adhesivos o pequeños retazos de tela o papel.

para artículos de ferretería con **CINTA ADHESIVA** transparente. Así protegía las etiquetas de la grasa, el agua y las manos sucias, para poder leer con claridad el texto. De esta manera, el abuelo no abría el recipiente de tornillos de madera cuando, en realidad, buscaba clavos de acabado.

CONSEJO En lugar de copiar la información de contacto de sus amigos en la libreta de direcciones o en tarjetas Rolodex®, recorte las direcciones de los sobres y péguelas a las páginas o tarjetas correspondientes con **CINTA ADHESIVA** transparente.

CONSEJO La abuela creía que todo el mundo (hombres, mujeres y niños) tenía que saber coser botones y me enseñó esa útil habilidad cuando era muy joven. También me enseñó a evitar que el botón se deslizara de un lado a otro cuando lo cosía. Pegue el botón a la tela con un pedazo de **CINTA ADHESIVA** transparente y pase las primeras puntadas a través de la cinta. Tire de la cinta y siga cosiendo.

CONSEJO Para recuperar un objeto liviano de un sector difícil de alcanzar, por ejemplo, debajo del sofá o detrás de una cómoda pesada, imite a la abuela: cubra la punta de una escoba o vara con **CINTA ADHESIVA** doble faz y salga de pesca (si no tiene cinta doble faz, puede usar la simple faz con el pegamento hacia afuera).

CONSEJO Utilice el mismo sistema cuando quiera coser una cinta, una trenza u otro adorno angosto a una tela. Coloque el adorno derecho y bien ubicado, y péguelo con **CINTA ADHESIVA** transparente. Cosa a través de la cinta y, cuando termine, tire de ella.

CONSEJO Cuando pierda la lengüeta de una cremallera, reemplácela por un **CLIP** pequeño.

CONSEJO En ocasiones, puede ser una pesadilla quitar los empaques termoencogibles, pero no si utiliza este sencillo truco: estire un **CLIP** y úselo para hacer un agujero en el plástico. Inserte un dedo por el agujero del empaque y retírelo con facilidad.

En la Época de la Abuela

Como muchas de las tradiciones preferidas de la abuela Putt para las fiestas, el intercambio de **HUEVOS** decorados en primavera comenzó siglos antes de la celebración de las Pascuas. Desde los primeros registros históricos, la mayoría de las culturas (incluidos los antiguos egipcios, romanos y griegos) usaban los huevos como emblema de nacimiento y renovación de la vida cada primavera después del frío y largo invierno. En el siglo II d. C., cuando la iglesia comenzó a celebrar la resurrección de Cristo, no fue difícil idear un símbolo que fuera inmediatamente reconocido.

Cuando termine un proyecto de costura, no tire los **RETAZOS DE TELA.** Sin importar lo pequeños que sean, pueden ser útiles. Le doy algunos ejemplos.

▷ **Cree accesorios.** Según el tamaño de los retazos, puede utilizarlos para crear accesorios como gorros, bufandas, corbatas, fajas, cintas para la cabeza o moños para el cabello.

▷ **Prepare un collage.** Transforme esos pequeños retazos en un cuadro, ya sea sin adicionales o como parte de un trabajo de técnica mixta (como se dice en el mundo del arte), junto con otras sobras de la sala de pasatiempos, tales como lentejuelas, botones o papel decorado. Corte el material como quiera, y péguelo sobre un panel de madera o sobre un bastidor (si esta idea le resulta tentadora pero intimidante, consulte en un instituto educativo de su comunidad o en el centro para adultos; muchos de ellos ofrecen clases de armado de collage para todos los niveles y con todo tipo de experiencia).

▷ **Decore una casa de muñecas.** Corte los retazos para armar pequeñas cortinas, fundas para sillones, manteles o revestimiento de paredes.

▷ **Haga una colcha.** O entregue los retazos a alguien que pueda hacerle una obra de arte en forma de una útil colcha. Los retazos serán bien aprovechados, especialmente si son retazos de finas sedas y terciopelo.

▷ **Haga alfombras.** Corte los retazos en tiras, y engánchelas o tréncelas para hacer alfombras (muchas tiendas que venden telas y colchas ofrecen clases para aprender este antiguo pasatiempo).

▷ **Proteja las prendas y la ropa de cama.** Cosa pequeñas bolsitas y llénelas de lavanda seca u otras hierbas aromáticas para ahuyentar las polillas.

▷ **Entretenga al gato.** Corte dos pedazos en forma de pez, cósalos frente con frente y deje una punta sin coser. Ponga la pequeña bolsita del revés, rellene con menta de gato (o hierba gatera) y cosa para cerrar. ¡Su minino saltará de alegría!

▷ **Decore su árbol de Navidad.** Corte arbolitos, medias y otras formas navideñas y cósalas unas con otras como se describe en "Entretenga al gato". Pero en lugar de rellenar su creación con menta de gato, use guata de algodón o pantis (si no, ¡el gatito saltará entre las ramas!). Elija una cinta de un color que combine y cuelgue su creación del árbol.

▷ **Envuelva regalos.** Use retazos más grandes en lugar de papel de regalo y ate los paquetes con cintas trenzadas, en zigzag o de alta calidad. Como detalle adicional, el embalaje también cumple la función de convertirse en un almohadón decorativo.

▷ **Envuelva regalos, toma 2.** Corte formas temáticas apropiadas de los retazos más pequeños (por ejemplo, formas navideñas, de cumpleaños o para bebés) y péguelas sobre papel de regalo blanco o de color liso.

CONSEJO Si planea mudarse en un futuro cercano, no se deshaga de los sobres de **CORREO POSTAL NO DESEADO** más resistentes. Cuando desarme una mesa, una biblioteca u otro mueble, ponga todas las tuercas, los pernos y los tornillos en un sobre, y pegue el sobre a la parte posterior o inferior del mueble. Cuando llegue al destino final, tendrá todos los implementos donde los necesita.

CONSEJO ¡No tire los sobres del **CORREO POSTAL NO DESEADO**! Aprovéchelos para las compras. Escriba la lista de las compras en la parte posterior del sobre y meta los cupones dentro. Al finalizar la salida de compras, regrese con los cupones que no ha usado en el sobre.

CONSEJO La próxima vez que encuentre una rayita sobre un mueble pinte la marca para hacerla desaparecer. Busque un **CRAYÓN** del mismo color que el mueble, y pinte sobre la raya. Luego use la punta de los dedos para esfumar el color y suavizar la superficie.

CONSEJO Utilice un **CRAYÓN** del color apropiado como sustituto del betún para calzado. Este consejo es perfecto cuando no tiene betún neutro a la mano y su calzado no es de un color

UNA VEZ MÁS

 Los firmes tubos de cartón en que viene el **PAPEL DE REGALO** son de lo mejorcito (como decía la abuela) para este trío de tareas de almacenamiento en el hogar. Estos son los artículos en cuestión.

▷ **Luces navideñas.** Enrolle los cables alrededor del tubo, envuelva todo en pañuelos desechables, y guárdelo en la caja designada.

▷ **Bufandas.** En lugar de doblarlas, enróllelas alrededor del tubo.

▷ **Manteles.** Cuando los doble, coloque un tubo en cada pliegue para evitar que queden marcas.

Tenga la siguiente precaución: cuando use este truco para guardar por mucho tiempo bufandas o manteles, coloque una capa de pañuelos desechables sin ácidos entre el cartón y la tela (lo encontrará en las tiendas de materiales artísticos y en los catálogos que se especializan en productos de archivo).

CONSEJO ¿Tiene un grifo que pierde y no le deja dormir? Ponga fin al ruido: ate una **CUERDA** alrededor del pico y deje caer el extremo de la cuerda en el drenaje. El agua correrá silenciosamente por el piolín hasta el drenaje y usted podrá dormir plácidamente.

CONSEJO Los frascos con hierbas secas se ven muy bien en un anaquel colgado de la pared o en un estante sobre el hornillo, pero como sabía la abuela, ese es el peor lugar para guardarlas. El calor y la luz secan los aceites volátiles y hacen que el sabor y el aroma desaparezcan rápidamente. Si no tiene suficiente espacio en un estante dentro de un armario cerrado, pruebe con este consejo para mantener el sabor. Coloque un pedazo de **ELÁSTICO** en el interior de un cajón, de lado a lado. Coloque los frasquitos y las botellitas entre los elásticos. Quedarán parados, organizados, accesibles y mantendrán su sabor por más tiempo.

CONSEJO ¿El pedal de la máquina de coser se corre de su lugar? Haga lo que hacía la abuela: pegue un trozo de **ESPUMA DE CAUCHO** debajo del pedal. Fin del asunto.

CONSEJO Las **ETIQUETAS DE DIRECCIONES** son muy útiles en las reuniones informales y los

estándar, como amarillo, violeta o turquesa. Dibuje líneas por todo el calzado, o coloree las zonas con marcas, y saque brillo con un paño suave o un cepillo para calzado.

picnics. Pegue las etiquetas a los platos y a los mangos de los utensilios para que todo vuelva a la cocina.

CONSEJO Use **ETIQUETAS DE DIRECCIONES** para hacer un bloc personalizado. Agregue las etiquetas a las hojas de un bloc liso, y úselas para mensajes cortos e informales.

CONSEJO A pesar de que a la abuela Putt nunca le gustaron mucho los sofisticados electrodomésticos de cocina, le encantaba la licuadora. Pero tuvo un problema: en cuanto la compró, descubrió que las patas de goma dejaban marcas sobre la encimera. Lo resolvió rápidamente: pegó un pedacito de **FIELTRO** a cada pata.

CONSEJO ¿La pata de la mesa o de una silla es demasiado corta? Nivélela como lo hacía la abuela: corte unos pedazos de **FIELTRO** del tamaño necesario y péguelos uno arriba del otro. Luego pegue esta minipila a la pata.

CONSEJO Para evitar que se seque la capa superior de una lata de pintura, imite al abuelo: infle un pequeño **GLOBO** y colóquelo sobre la pintura del interior de la lata antes de colocar la tapa.

CONSEJO Cuando el respaldo de una silla deje una marca en la pared, elimínela con una **GOMA DE BORRAR** blanca. Tanto las gomas blandas como las que se desmenuzan pueden borrar las marcas sin dañar el papel o la pintura. Independientemente de cuál use, asegúrese de que sea blanca. Una goma rosada o de otro color puede dejar una marca en la pared.

CONSEJO Limpie joyas de oro o bañadas en oro con una **GOMA DE BORRAR**. Eliminará la suciedad y las manchas sin dañar el metal.

CONSEJO Reavive los zapatos de gamuza y retire la tierra superficial con una **GOMA DE BORRAR** blanca.

CONSEJO Una **GOMA DE BORRAR** blanca es una herramienta muy útil para limpiar las pantallas de las lámparas de pergamino. Primero retire el polvo con un suave paño de algodón, luego use la goma para borrar marcas y salpicaduras.

CONSEJO ¿Necesita un alfiletero de inmediato? Use una **GOMA DE BORRAR** (cualquier color o tipo).

UNA VEZ MÁS

 Todos conocemos la antigua prueba para distinguir al pesimista del optimista: un pesimista ve el vaso medio vacío; un optimista, medio lleno. Piense en el **CORREO POSTAL NO DESEADO** de la misma forma. Algunas personas ven basura. Otras, una oportunidad. Mejor dicho, varias oportunidades, como estos ejemplos.

▷ **Material artístico.** Si no le apetece cortar el material y hacer un collage colorido, dónelo a una guardería, un geriátrico, una clase de arte o a un pequeño artista (o no tan pequeño) a quien le encantaría tenerlo.

▷ **Marcapáginas.** Para cada uno, corte la esquina inferior de un sobre, a unas 2 pulgadas de la punta. Coloque ese triángulo en las esquinas de las hojas como marcapáginas.

▷ **Abono orgánico.** Rompa el papel en pedacitos y añádalo al abono orgánico (use únicamente papel sin recubrimiento, no catálogos ni papel satinado).

▷ **Entretenimiento para nietos.** Guarde en una caja el correo postal no deseado que no haya abierto todavía (o mejor, en un buzón) y presénteselo a sus nietos cuando vengan de visita. Mientras estén ocupados analizando su importante correspondencia, los mayores podrán charlar en paz.

▷ **Material de empaque.** Pase las hojas que no le interesen por la trituradora de papel y use las tiras para resguardar los productos frágiles que quiera enviar por correo, o sus pertenencias en una mudanza.

▷ **Asistencia impositiva.** No, no podrá descontar el valor del tiempo que gasta revisando correo postal no deseado. Pero sí podrá usar los sobres grandes para organizar recibos, resúmenes del banco y demás documentación necesaria para las declaraciones fiscales anuales (después de todo, ¿para qué invertir dinero en archivadores que permanecerán cerrados por años?).

CONSEJO Como a la mayoría de las mujeres, a la abuela no le gustaba tirar botones (desconozco el motivo). Pero como era organizada, no los tiraba en una caja o en una gaveta. Los clasificaba por tamaño y color, y enhebraba cada grupo con un pedazo de **HILO DE BORDAR** del mismo color de los botones. De ese modo, cuando necesitaba algún botón, le llevaba apenas unos segundos encontrar el color adecuado (también puede agruparlos con hilo común, si los agujeros en los botones son lo suficientemente grandes).

CONSEJO Como muchos de los pasatiempos favoritos de la abuela Putt, tejer vuelve a estar de moda. Si ha empezado a tejer hace poco, es posible que no tenga uno de esos dispositivos magníficos a los que se refieren las instrucciones cuando indican: "pase los puntos a un separador de puntos". ¿Qué hace cuando llega a ese punto apocalíptico del tejido? Tome un **LÁPIZ** sin punta y pase los puntos al lápiz (nota: asegúrese de que el diámetro del lápiz no sea mayor que el diámetro de las agujas).

CONSEJO Cuando la abuela necesitaba una estaca para sostener una planta nueva y flexible, usaba un **LÁPIZ**. Lo clavaba en la tierra y ataba la planta holgadamente al lápiz con hilo o cuerda suave.

CONSEJO Frote un **LÁPIZ** afilado a los lados de una llave para evitar que se trabe en la cerradura.

CONSEJO Para destrabar una cremallera, frótela con la punta de un **LÁPIZ**. El grafito lubricará los dientes de la cremallera para que se deslice con facilidad.

CONSEJO Cuando la abuela necesitaba cubrir temporalmente una abolladura en una pared blanca o sobre algún mueble pintado de blanco, usaba (¡sí, adivinó!) **LÍQUIDO CORRECTOR**.

Una Vez Más

La abuela nunca desechó las **POSTALES** ni las **TARJETAS DE FELICITACIÓN** que recibía. Las convertía en marcapáginas. Las disfrutaba especialmente en libros de cocina y de referencia que usaba con frecuencia, porque cada vez que se encontraba con alguna de ellas, les traían gratos recuerdos de la persona que las había enviado.

ADORNOS AROMÁTICOS PARA EL ÁRBOL DE NAVIDAD

Si tiene un árbol artificial o real pero no muy aromático, estos adornos aportarán el tradicional aroma navideño que dice: ¡Papá Noel está por llegar!

1 taza de popurrí de pino*
1 taza de harina multiuso
½ taza de sal
colorante artificial para alimentos (opcional)
de ⅓ a ½ taza de agua
moldes para galletas**
hilo o cinta

En un tazón, mezcle el popurrí, la harina, la sal y el colorante artificial para alimentos (si así lo desea). Agregue el agua y revuelva hasta que la mezcla tenga la consistencia de masa de galletas. Coloque en el refrigerador por 5 minutos. Extienda la masa con un rodillo de cocina hasta alcanzar un grosor de alrededor de ½ pulgada, y córtela con moldes para galletas. Haga un agujero en cada adorno y deje secar sobre una rejilla de alambre toda la noche. Cuélguelos del árbol con hilo o cinta.

* U otra fragancia de su elección.

** Utilice moldes para galletas abiertos, no los cerrados arriba.

CONSEJO En una cocina con mucho movimiento, no es raro que los electrodomésticos blancos se cubran de rayones. Pero no es difícil ocultarlos. Aplique un poco de **LÍQUIDO CORRECTOR** sobre las marcas.

CONSEJO Si usa zapatos blancos con regularidad, ya sea para trabajar o por placer, tenga **LÍQUIDO CORRECTOR** a la mano. Es ideal para cubrir rayones y marcas de arrastre que resaltan como carteles de neón sobre el blanco prístino del cuero.

CONSEJO Para cubrir raspones o rayones en zapatos de colores brillantes, use un **MARCADOR** indeleble del mismo color.

CONSEJO Si desea coser telas transparentes (por ejemplo, para hacer cortinas), sabe que las costuras tienden a fruncirse. Para solucionar este inconveniente, puede colocar una tira de **PAÑUELOS DESECHABLES** debajo de cada costura y coser a través de la tira. La tela no se correrá y, cuando termine, podrá arrancar el papel.

CONSEJO Un sombrero de fieltro es de lo mejor que puede usar para abrigarse (la abuela tenía varios). Pero no son impermeables, así que cuando lo sorprenda la lluvia o la nieve, debe darles un cuidado especial. Primero absorba el exceso de agua suavemente con toallas de papel o pañuelos desechables. Luego tome un puñado de **PAÑUELOS DESECHABLES** y frótelos sobre las marcas con movimientos circulares.

CONSEJO ¿Necesita más espacio de almacenamiento en su hogar? ¡Por supuesto! ¿Y quién no? Bueno, antes de salir a comprar cajas, evalúe este enfoque un poco más creativo: traiga de la oficina unas cajas de resmas de papel (o pídaselas a la tienda de copias local) y fórrelas con **PAPEL DE REGALO** de colores. Puede pegar el papel con pegamento aplicado con pincel, o con adhesivo en spray (se vende en tiendas de materiales para manualidades y arte). Tenga la siguiente precaución: no use estas cajas para guardar ropa o productos textiles valiosos porque con el tiempo, el ácido del cartón dejará marcas marrones que terminarán por deteriorar la tela.

UNA VEZ MÁS

 La abuela me enseñó a no desechar una **BANDA ELÁSTICA** en buen estado, ya que conocía mil usos para estas pequeñuelas elásticas. Estos son algunos ejemplos.

▷ **Mejore el agarre.** Para facilitar la apertura de un frasco con tapa a rosca, coloque algunas bandas elásticas alrededor del frasco y otra alrededor de la tapa. Esto le dará mejor agarre al momento de desenroscar la tapa.

▷ **Ilumine.** Si alguna vez ha tenido que usar un taladro o un destornillador eléctrico con poca luz, sabe lo frustrante que puede resultar. Para añadir luz, aplique a la herramienta su propia versión de lámpara de minero. Anexe una pequeña linterna al cuerpo de la herramienta con dos bandas elásticas grandes. Luego enciéndala, y estará listo para la acción.

▷ **Detenga el deslizamiento.** Evite que las prendas se caigan de las perchas (de alambre, plástico o madera): coloque dos o tres bandas elásticas a cada punta de la percha.

Material de Empaque de la Era Espacial

Como muchos productos que usamos a diario, el envoltorio plástico con burbujas y el relleno de empaque Styrofoam™ aparecieron mucho después de que la abuela enviara su último paquete. Y, como casi todos los nuevos y exóticos "productos imprescindibles", estos materiales de protección resistentes y ultralivianos pueden usarse para muchísimas cosas para las que no han sido inventados. Eche un vistazo a estas posibilidades.

Envoltorio Plástico con Burbujas

▶ *Proporcione aislamiento a marcos.* Cuando sepa que se acerca una noche helada, revista el marco con una capa o dos de envoltorio plástico con burbujas. Retírelo al día siguiente cuando el aire vuelva a calentarse.

▶ *Proporcione aislamiento al tanque del inodoro.* Si se acumula condensación alrededor del tanque de agua del inodoro y gotea en días calurosos y húmedos, existe una sencilla razón: el agua que entra en el tanque después de cada descarga hace que el tanque esté a menor temperatura que el aire del cuarto de baño. Para que deje de gotear, cierre la válvula de entrada de agua al tanque, vacíe el tanque con una descarga y lave y seque bien las paredes internas.

Corte pedazos de envoltorio plástico con burbujas del tamaño adecuado, y péguelos a las caras internas con sellador de silicona; verifique que no interfiera con las partes móviles.

▶ *Pinte las paredes (o los muebles) con esponja.* En lugar de usar una esponja o un trapo para crear efectos especiales sobre las superficies, sumerja un cuadrado de envoltorio plástico con burbujas en la pintura de su elección.

▶ *Prepare las macetas de exterior para el invierno.* Si no puede poner las macetas grandes en el interior durante el invierno, proteja las raíces de las planta; para ello, recubra las macetas con dos o tres capas de envoltorio plástico con burbujas. Sosténgalo en su lugar con cordel o cinta. Este recubrimiento ofrecerá el mismo aislamiento que un par de pies de nieve sobre las plantas en tierra.

▶ *Prepare los grifos exteriores para el invierno.* Antes de que el suelo comience a congelarse, corte el flujo de agua a los grifos exteriores, drene cada una de las llaves y recúbralas completamente con envoltorio plástico con burbujas. Coloque una bolsa plástica para congelador resistente sobre el envoltorio, y sujételo con cinta. Cuando vuelva la primavera, retire las protecciones, y deje que todo siga su curso.

Poliestireno para Empacar

▶ *Reanime las plantas en macetas y mejore el drenaje.* Antes de llenar con tierra una maceta, coloque una capa de poliestireno para empacar en el fondo. ¿Qué profundidad debe tener la capa? Eso depende. Para una maceta pequeña o una canasta colgante de entre 8 y 14 pulgadas de diámetro, será suficiente una capa de una pulgada. Cuando plante en una maceta grande, especialmente cuando la maceta esté en un balcón o *deck* (el peso es un factor crítico), rellene la maceta hasta un cuarto o un tercio antes de colocar mezcla ligera de abono (use este consejo sólo en plantas anuales y en perennes de raíces superficiales, no en árboles en maceta, arbustos o plantas perennes de raíces profundas, ya que necesitarán toda la tierra que la maceta les pueda dar). Nota: ya sea que trabaje con recipientes grandes o pequeños, use poliestireno para empacar, no del fabricado con almidón (se arruinaría al regarlo un par de veces).

▶ *Haga una almohada para la tina.* En una bolsa plástica para congelador con cierre hermético, vierta 3 o 4 tazas de poliestireno para empacar (plástico, no con almidón). Para que la almohada sea más cómoda, cosa una funda de toalla suave. Coloque broches de presión o Velcro® en la punta para sacar la funda para lavarla.

▶ *Haga un puff.* Cosa una bolsa del tamaño que quiera que tenga el puff, y coloque de un lado una cremallera o Velcro® para cerrar. Introduzca el poliestireno para empacar y cierre. Luego recuéstese y relájese (o regálele su creación a un niño, que seguramente estará deseoso por recibirla).

▶ *Cree adornos navideños.* Con pegamento blanco, pegue el poliestireno para empacar y modele muñecos de nieve, copos de nieve, animales, Papás Noel o cualquier cosa que usted o sus pequeños ayudantes quieran ver en el árbol. Pegue cinta a cada adorno y cuélguelo.

▶ *Prepare collages.* Pegue poliestireno para empacar (solo o con otros materiales) a un papel o tablero con el diseño que quiera. Puede pintar cada pedacito o dejarlo en el blanco natural. Si decide pintarlo, no use el de almidón, ya que no soportará una capa de pintura.

▶ *Proteja aretes de gancho.* Lleve uno o dos pedacitos de poliestireno en su bolsa para el gimnasio. Así, cuando llegue a la piscina o al gimnasio y se saque los aretes, podrá pasar los ganchos por el poliestireno.

CONSEJO Ha encontrado una mesa antigua con enchapado de madera a un precio increíble, pero tiene ese precio por un motivo: tiene una abolladura. ¿La compra o no? Yo diría que sí, pero arregle la abolladura rápidamente. Si no lo hace, podría partirse, y eso significaría un trabajo de reparación más importante. Cubra la abolladura con **PAPEL SECANTE** mojado y coloque la plancha tibia (¡no caliente!) sobre el papel hasta que la superficie quede lisa (el tiempo para este procedimiento dependerá de la profundidad de la abolladura, así que verifique aproximadamente a cada minuto).

CONSEJO Cuando necesite rellenar un agujero rápidamente y no tenga Spackle™ a la mano, mezcle bicarbonato y **PEGAMENTO BLANCO** (comience con partes casi iguales, y agregue pegamento o bicarbonato hasta que obtenga la consistencia deseada).

CONSEJO La abuela tenía un truco especial para mantener fijas las insignias de boy scout mientras las cosía al uniforme. Antes de coserlas, las fijaba con **PEGAMENTO BLANCO**. Cuando lavaba el uniforme, el pegamento desaparecía sin dejar rastro.

CONSEJO Se está cambiando para salir y nota que ha desaparecido una de las puntas plásticas de los cordones. Por supuesto, no tiene cordones de repuesto a la mano ni tiempo para salir a comprar nuevos. ¿Qué piensa hacer? Sumerja la punta que ha perdido el plástico en **PEGAMENTO BLANCO**. Eso evitará que la tela se deshilache, hasta que consiga otro par de cordones.

CONSEJO ¿Un pequeño artista se ha expresado sobre el empapelado? Si el papel es lavable, no tiene de qué preocuparse. Aplique una fina capa de **PEGAMENTO DE HULE** sobre las marcas de crayón, deje secar y use los dedos para despegar la goma, junto con la cera colorida, con movimientos de enrollar.

CONSEJO Si guarda **PLUMAS** en la sala de pasatiempos para usar en proyectos de manualidades, cuenta con excelentes herramientas para limpiar la casa. Las plumas grandes y suaves son excelentes para retirar el polvo de superficies delicadas como pinturas al óleo y frágiles estatuillas.

CONSEJO El **POPURRÍ** no necesita estar exhibido para aromatizar. Para tapar olores desagradables en el cubo para residuos de la cocina, llene una pequeña bolsa de alrededor de una pulgada de espesor con su popurrí preferido. Luego perfore algunos agujeros en la parte superior de la bolsa y pegue la bolsa con cinta a la parte interna de la tapa del cubo.

Para que las velas brillen como la llama, lústrelas con un retazo de **SEDA** que le haya sobrado de un proyecto de costura.

En un segundo, un **SOBRE** se convierte en el embudo perfecto para transferir ingredientes secos de un recipiente a otro. Corte un triángulo de una punta del sobre, retire la punta y ábralo como un cono. Elija el tamaño del sobre

UNA VEZ MÁS

 Si cose la mitad de lo que cosía la abuela Putt, acumula muchos **CARRETES DE HILO VACÍOS.** Los de la abuela eran de madera, claro, pero incluso las versiones de plástico del siglo XXI pueden tener una vida útil y creativa. Para aprovechar los suyos, use su imaginación y esta lista de sugerencias.

▷ **Cree joyas a medida.** Ate los carretes unos con otros para hacer collares. Sin adornar, son joyas de juguete ideales para niños. Pero si los pinta con creatividad y los decora con lentejuelas, minibotones o lo que más le guste, se convertirán en arte, piezas de bisutería que usará con orgullo o que venderá en la feria local de artesanías.

▷ **Almacenamiento decorativo.** Péguelos a un tablero o al marco de un espejo (pintados o en estado natural), y úselos para colgar (y exhibir) su colección de collares, brazaletes, bufandas o pequeños bolsos de tela y bolsas de noche.

▷ **Muebles para la casa de muñecas.** Píntelos o fórrelos con tela o papel adhesivo y tendrá taburetes, otomanas, mesas de luz y mesas auxiliares.

▷ **Perchas para trapeadores y escobas.** Atornille dos carretes a la pared, a la distancia necesaria como para sujetar la parte inferior de cada elemento de limpieza.

▷ **Juguetes para mascotas pequeñas.** Dé un carrete a un jerbo, un hámster, un conejillo de Indias o un gatito, ¡y se convertirá en su superhéroe! Además se divertirá por horas mirando a su mascota jugar con este pequeño artículo que habría terminado en la basura.

▷ **Hacer agujeritos para el relleno en los moldes para galletas.** En lugar de presionar el pulgar en la masa de galletas para crear un minicuenco para el relleno de glasé o mermelada, use un carrete limpio (¡podrá colocar más cantidad de dulce!).

según el tamaño del recipiente que desee llenar. Por ejemplo, para un frasco pequeño, bastará un sobre de oficina estándar número 10; para un frasco más grande, necesitará un sobre de manila más grande.

CONSEJO El dilema: le gustaría colgar las fotos y postales preferidas en un tablero de corcho (o quizás en la pared de la oficina), pero no quiere agujerear sus tesoros. La solución es simple: pinche tachuelas en el tablero o en la pared, sujete las fotos con un **SUJETAPAPELES** y cuélguelas.

CONSEJO Los cupones pueden ahorrarle mucho dinero en abarrotes, si recuerda usarlos. Lo mejor es mantenerlos a la vista. Cuando corte los cupones, en lugar de tirarlos en un cajón, júntelos con un **SUJETAPAPELES** y cuélguelos en la cocina, en la pizarra para notas o en un gancho con imán sobre la puerta del refrigera-

---

LAS FÓRMULAS
SECRETAS DE
la Abuela Putt

TRADICIONAL JABÓN PARA CUEROS

Esta era la fórmula preferida de la abuela para limpiar los zapatos de jardinería, las botas de trabajo y cualquier otro artículo de cuero que no necesitara un lustre elegante. (Funciona de maravillas para correas y collares de perros).

$3\frac{1}{2}$ **tazas de agua**
$\frac{3}{4}$ **taza de jabón en escamas (como Ivory Snow®; no use detergente)**
$\frac{1}{2}$ **taza de cera de abejas**
$\frac{1}{4}$ **taza de aceite de pata de buey***

Lleve el agua a ebullición, y baje el fuego. Agregue lentamente el jabón en escamas, revolviendo suavemente. Retire del fuego. En la mitad superior de una olla para baño María, mezcle la cera de abejas con el aceite de pata de buey hasta que se derrita. Agregue lentamente la mezcla de aceite y cera al agua jabonosa, revolviendo hasta que se espese. Vierta la fórmula en recipientes resistentes al calor, y deje enfriar. Para usar el jabón para cueros, frótelo sobre el cuero con una esponja húmeda, y lustre con un paño suave y limpio.

* El aceite de pata de buey oscurece algunos tipos de cuero, así que pruebe antes en un lugar poco visible.

dor. Cuando salga para el supermercado, tome el sujetapapeles con todos los cupones, junto con la lista de las compras. Cuando llegue a la tienda, sujete todos los papeles al carrito de supermercado.

CONSEJO A la abuela le encantaba recortar recetas de diarios y revistas. Las archivaba, así que cada vez que quería preparar algún plato en particular, sabía dónde buscar. Y para que fuera más sencillo seguir las instrucciones, contaba con un equipamiento especial: una **TABLA CON SUJETAPAPELES** que había colgado encima de la encimera de la cocina, a la altura de la vista. Sujetaba el papel recortado a la tabla y se ponía a trabajar.

CONSEJO Esta es una idea inteligente para almacenamiento en la cocina, que se originó en la sala de pasatiempos (u oficina hogareña): cuelgue una **TABLA CON SUJETAPAPELES** detrás de la puerta de la alacena o la despensa, y use el broche para sujetar manteles individuales. No se arrugarán y estarán listos para usar al instante.

CONSEJO Cuando tenga una imperfección muy pequeña en la pared, como una minifisura, y no esté

UNA VEZ MÁS

Si tiene un par de **VARAS** adicionales en la sala de pasatiempos, no permita que queden ahí ocupando espacio. Córtelas en secciones de 1 pie y úselas como estacas guía cuando corte el césped. Clave las varas en diversos puntos del jardín (el césped crece a diferentes ritmos según la sombra, la humedad y otros factores). Marque cada una a un tercio por encima de la altura ideal del césped (esto se debe a que no es recomendable cortar más de un tercio de la altura del césped de una sola vez). Por ejemplo, si en el jardín tiene césped Kentucky bluegrass, que debe mantenerse a una altura de 2 pulgadas en climas fríos, marque las varas a 3 pulgadas. Cuando las hojas del césped rocen la línea marcada, saque la cortadora, y elimine la pulgada superior.

listo para pintar toda la habitación, pruebe con esta reparación temporaria: cubra la fisura con **TIZA** del mismo color de la pared.

CONSEJO Cubra las manchas de los zapatos de gamuza: frote las marcas con **TIZA** del mismo color.

CONSEJO Es difícil colocar un tornillo en una tabla (o en cualquier lugar) cuando el destornillador se resbala. Afortunadamente puede resolver ese problema con solo pasar un poco de **TIZA** por la punta del destornillador.

CONSEJO La abuela decía que lo más difícil de coser eran los broches de presión y lograr que coincidieran a ambos lados de la prenda. Pero encontró un método que ningún broche de presión pudo resistir. Primero cosía todos los "machos" y frotaba un trozo de **TIZA** sobre la punta de cada uno. Luego colocaba la segunda porción de tela sobre ellos, asegurándose de que todos los broches estuvieran en la posición correcta. Frotaba el reverso de la tela que cubría la punta de cada broche, marcando el lugar para la "hembra" del broche.

CONSEJO La abuela Putt tenía la platería superbrillante, porque colocaba trozos de **TIZA** donde guardaba la platería. La tiza absorbe el agua que causa la pérdida de lustre. El abuelo adoptó esa idea para evitar que se oxidaran las herramientas. Colocaba trozos de tiza en la caja de herramientas para atraer la humedad que, de otra forma, se alojaría en el metal.

CONSEJO La **TIZA** elimina la humedad de cualquier lugar de la casa. Confeccione bolsas con muselina o pantis y llénelas de tiza (en polvo o bastones), colóquelas en los armarios, en el sótano o en las gavetas del baño, es decir, en cualquier lugar donde la humedad podría constituir un problema.

CONSEJO Si las llaves del auto o de la casa están un poco rebeldes, pruebe el siguiente consejo: frote un poco de **TIZA** sobre la punta y los dientes de la llave. Insértela y sáquela de la cerradura tres o cuatro veces. ¡Listo!

CONSEJO ¿Tiene un agujero en la pared de yeso que es demasiado profundo para rellenar con Spackle™ únicamente? Inserte un trozo de **TIZA** en el agujero, córtelo a nivel con la pared y luego coloque Spackle.

CONSEJO Para limpiar debajo del refrigerador y en otros espacios reducidos, la abuela envolvía un paño alrededor de una **VARA**, la deslizaba por la abertura estrecha y la movía de lado a lado varias veces. ¡Superfácil!

Familia y
AMIGOS

CONSEJO Cada vez que salga de viaje, lleve un recipiente con **ALFILERES DE GANCHO** de diversos tamaños. Si la cremallera bolso se rompe, el ruedo de la camiseta se descose o las cortinas del hotel no quedan cerradas, recurra al alfiler de gancho.

CONSEJO En ocasiones, es casi imposible para los dedos pequeños subir la cremallera de chaquetas y abrigos. Para facilitarme la tarea, la abuela sujetaba una **ANILLA DE BLOC** a la lengüeta del cierre (nota: esta maniobra sirve igual de bien para dedos con lesiones o articulaciones poco flexibles).

CONSEJO Cuando salga con niños pequeños a la calle (o al parque de diversiones local), prepare para cada uno un brazalete identificador con un pedazo de **CINTA DE**

SARGA del tamaño de la muñeca. Escriba el nombre completo del niño y su información de contacto con un marcador indeleble a prueba de agua. Coloque y ajuste la cinta con broches de presión o Velcro®, y dígale al pequeño que no debe sacarse el brazalete en ningún momento.

CONSEJO Evite que los niños pequeños metan cosas (incluidos los dedos) en los tomacorrientes: cúbralos con **CINTA** de embalaje transparente.

CONSEJO Marcar la altura de un niño (o la de un perro) sobre la pared es, con frecuencia, la forma clásica en que se marcan las etapas importantes de la vida. Este sistema presenta un problema: cuando se muda a otra casa, debe dejar atrás esos adorables registros históricos. Pero hay un modo sencillo de llevarlos con usted: cada vez que mida la altura del pequeño, escriba los números en un pedazo de **CINTA** pegada a la pared. Incluya la fecha y las pulgadas. Despegue la cinta de inmediato o el día de la mudanza, y péguela en un álbum de recortes.

CONSEJO En mis cumpleaños, mis amiguitos siempre jugaban conmigo a un juego que llamábamos Pescamanía. La abuela pre-

DISFRAZ DE CALABAZA ANARANJADA BRILLANTE

Cuando era niño, a nadie se le ocurría comprar un disfraz para Halloween, al menos, a nadie que yo conociera. Mis amigos y yo (e incluso los adultos que iban a alguna fiesta de disfraces) hacíamos nuestros propios disfraces con cosas que encontrábamos en la casa, o con elementos fáciles de conseguir. Este disfraz era uno de mis preferidos.

2 pedazos de goma eva de $\frac{1}{2}$ pulgada de grosor*
pintura anaranjada en espray**
pintura negra para aplicar con brocha**
cinta tejida de algodón o listón de 1 o 2 pulgadas de ancho
**   en color anaranjado**
pegamento de hule (opcional)

Corte la goma eva en dos círculos lo suficientemente grandes para cubrir al niño o a su persona desde los hombros hasta las rodillas, de frente y de espalda. Rocíe los círculos con la pintura anaranjada. Cuando seque, utilice la pintura negra para hacer los ojos, la nariz y la boca de la calabaza. Sostenga los círculos (uno por vez) frente al niño y marque un punto sobre cada hombro, a aproximadamente $1\frac{1}{2}$ pulgada del borde de la goma eva. Haga un agujero en cada punto, coloque cada plancha de espuma reverso con reverso y pase la cinta por los agujeros para formar tirantes. Ate la cinta o péguela con el pegamento. Para finalizar el disfraz, el niño usará una camiseta y un pantalón verdes (las hojas), y un gorro tejido marrón (el tallo).

Esta técnica de "sándwich" no se limita a calabazas. Con los mismos materiales y método básicos, puede crear casi cualquier objeto que se le ocurra a usted o a los niños. Pruebe con estrellas, velas, arbolitos de Navidad o lo que sea. ¡El cielo es el límite!

* La cantidad de goma eva que necesitará dependerá del talle de la persona que se vaya a disfrazar.

** Algunas pinturas disuelven la goma eva, así que pida a los vendedores de la tienda de pintura para que le recomienden la marca adecuada.

paraba todo, por supuesto, y era muy sencillo. Primero cortaba pececitos de cartón y escribía un número distinto en cada uno. Luego pasaba un **CLIP** por la boca de cada pez y los tiraba en una cubeta grande y sin agua. Para armar las cañas de pescar, clavaba una cuerda en la punta de una vara o escoba vieja, y ataba un gran imán en la otra punta de la cuerda. Luego los pescadores se turnaban para tirar la línea de la caña dentro de la cubeta y pescar un pez numerado. Cuando la cubeta quedaba vacía, se sumaban los números de cada pescado. Gana el pescador con el puntaje más alto.

CONSEJO ¿Su familia ya ha jugado al mismo juego de mesa tantas veces que el tablero está a punto de desarmarse? ¡No deje de jugar porque la "cancha" esté desarmándose! Cubra el tablero con una capa de **CONTACT®** transparente y siga jugando.

CONSEJO ¡Qué problema! Los niños se han preparado para jugar a un juego de mesa, pero falta una de las fichas. No hay problema, reemplácela por un **DEDAL**.

CONSEJO La abuela creía en los regalos sencillos y útiles. Y si eran caseros, mejor. Este es un regalo que ella llevaba con frecuencia a las despedidas de solteras y fiestas de inauguración de una vivienda: pilas de círculos de **FIELTRO** de entre 6 y 9 pulgadas de diámetro que cortaba con tijeras dentadas.

Seguramente se preguntará: ¿para qué podrían servir? Puede usarlos entre los platos para evitar que se rayen entre sí.

CONSEJO Le mostramos un modo atractivo y seguro de guardar bebidas alcohólicas, productos de limpieza y otros productos similares fuera del alcance de niños y mascotas: consiga un **GABINETE DE ARCHIVO** con al menos una gaveta que pueda cerrarse con llave, píntelo para que combine con su decoración, y coloque las sustancias prohibidas en esa gaveta.

Una Vez Más

 Sé que la fotografía digital es furor, pero yo aún saco fotos con la cámara de rollo de 35 milímetros que la abuela me regaló para mi graduación. Con los años, he coleccionado muchos de los **TUBOS** plásticos en que venían los rollos y son muy útiles. Estos son algunos de sus usos.

▷ **Candelabros.** Píntelos o envuélvalos en papel aluminio (el plateado tradicional o los más coquetos que venden en las tiendas de manualidades), y úselos con velas altas.

▷ **Moldes para velas.** Los tubos de rollos fotográficos tienen el tamaño perfecto para velas votivas. Si disfruta las manualidades, ubique una mecha y vierta cera derretida. ¡Listo!

▷ **Juguetes para gatos.** Coloque algunos ejotes o arvejas secas dentro, coloque la tapa y diviértase con la mascota.

▷ **Monederos.** Clasifique las monedas en el bolso o la guantera para tener el cambio exacto para el pasaje de bus, las máquinas a monedas de la vía pública o las casetas de peaje, o para darles a los niños para que compren el almuerzo.

▷ **Recipientes para materiales de manualidades y costura.** Son perfectos para alfileres, agujas, minibotones, eslabones y cuentas.

▷ **Organizadores de pesca.** Guarde plomadas y anzuelos en estos tubitos para evitar perderlos en la caja de pesca. (Además, si sale de pesca con niños pequeños, es poco probable que puedan abrir estos tubos plásticos).

▷ **Alhajero para el gimnasio.** Tenga siempre uno de estos tubitos en el bolso, y guarde anillos, aretes y otros pequeños objetos de bisutería mientras nada o se ejercita.

▷ **Recipientes para brillo labial.** Cuando prepare su propio brillo labial (como el de la receta de la página 240), guárdelo en estos tubos.

▷ **Pisapapeles en miniatura.** Deje que los niños decoren el exterior con pintura, papel adhesivo o tela, y rellene los recipientes con arena. ¡Un buen regalo para los calcetines navideños de la abuela y el abuelo!

▷ **Costurero de viaje.** Coloque una o dos agujas con un carrete de hilo de nailon transparente, un par de botones y unos alfileres de gancho. Guarde el recipiente en el bolso o la maleta, y estará listo para reparaciones de emergencia.

▷ **Pastilleros.** En lugar de llevar múltiples botellas de medicamentos o vitaminas cuando viaje, coloque las dosis diarias en tubos de rollos fotográficos.

▷ **Despensa portátil.** Cuando salga de picnic o campamento, use estos tubitos para llevar pequeñas cantidades de sal, pimienta, hierbas o condimentos.

▷ **Frascos cosméticos de viaje.** Ponga su champú favorito, acondicionador, crema para manos o lo que quiera, y estará listo para salir de viaje por tan solo una fracción de lo que gastaría si comprara las botellitas de viaje.

▷ **Organizadores del taller de trabajo.** Coloque tornillos, chinchetas y otros objetos pequeños en los tubitos, y describa el contenido en la tapa con un marcador.

Use las gavetas sin llave para los consumibles no peligrosos, como los refrescos y los bocadillos, o para otros productos de limpieza, como paños y esponjas.

CONSEJO Cuando era niño, uno de mis proyectos favoritos para los días de lluvia era crear objetos con papel maché. Un día, busqué por todos lados qué podía usar de molde para hacer una máscara. Como siempre, la abuela encontró la herramienta perfecta: infló un **GLOBO** y me dijo que colocara las tiras de papel sobre la superficie (dejando un espacio en la parte posterior, claro). Cuando el papel se secó, pinché el globo y lo retiré del papel.

CONSEJO Le ofrecemos una idea para hacer invitaciones atrevidas para fiestas: escríbalas en **GLOBOS**. Ínflelos y sostenga la entrada de aire, sin atarlos, mientras escribe los detalles relevantes sobre uno de los lados con un marcador en un color contrastante. Luego desínflelos cuidadosamente, métalos en sobres y envíelos por correo. Cuando inflen los globos, leerán el mensaje.

CONSEJO Incluso para los niños a los que les gusta viajar, un largo viaje por las carreteras interestatales puede ser aburridísimo. Para hacer que su viaje sea más divertido, dé a los jovencitos un **MAPA** de los Estados Unidos y un marcador (lavable, por supuesto). Cuando jueguen al clásico juego de detectar las placas de matrícula, pueden marcar los estados y obtener una buena lección de geografía al mismo tiempo.

CONSEJO Si está a punto de ofrecer un regalo de despedida para alguien que está por mudarse a otra parte del país o que quizás viaja a estudiar lejos del hogar, haga que el paquete se adecue a la ocasión. Envuelva el regalo en un **MAPA** del lugar de destino del viajero.

CONSEJO Cuando era niño, no había nada que me gustara más que subirme al auto y emprender un viaje largo con la abuela y el abuelo Putt. Yo tenía tal pasión por los viajes que, con el permiso de la abuela, empapelé mi habitación con **MAPAS**.

CONSEJO Antes de guardar por mucho tiempo un vestido de bautismo (o cualquier otra prenda de tela blanca y delicada), dele el tratamiento superespecial de la abuela. Con cuidado, coloque **PAÑUELOS DESE-CHABLES** blancos sin ácidos alrededor de la prenda para protegerla del polvo y la suciedad, y añada una almohadilla

perfumada con lavanda para repeler polillas. Luego envuélvala en pañuelos desechables sin ácidos de color azul marino para impedir que ingrese la luz, y evitar así que la tela se vuelva amarillenta.

CONSEJO Coloque la prenda en una caja con interior de cedro o en una especialmente diseñada para guardar tesoros de familia (encontrará papel sin ácidos y cajas archivadoras en las tiendas de materiales artísticos y en los catálogos de productos de archivo).

Una Vez Más

 Cuando le entreguen su nueva **GUÍA TELEFÓNICA,** podría enviar la vieja al centro de reciclado local. O puede convertirla en un refuerzo de altura para el asiento de un comensal muy pequeño. Recubra la guía (o dos o tres, incluso cuatro, según el tamaño de la guía) con tela o papel tapiz texturado, para que el pequeño visitante alcance la mesa cuando se siente a cenar en su casa o en un restaurante en el que no tengan sillitas para niños.

CONSEJO ¿Quiere agregar un fondo marítimo a la pecera, pero en la veterinaria no encuentra uno que le guste (o no le gusta el precio)? Compre un rollo de **PAPEL DE REGALO** que le guste y péguelo con cinta por el lado de afuera en la parte posterior, con las decoraciones mirando hacia dentro.

CONSEJO La Navidad era el momento más alegre en nuestro hogar y, en lo que a mí respecta, lo más divertido era preparar nuestro papel de regalo. La abuela extendía papel de estraza sobre la mesa de la cocina y nosotros usábamos **PEGAMENTO BLANCO** para dibujar hombres de nieve, estrellas, Papás Noel y otras cosas. Luego espolvoreábamos brillo sobre el pegamento. Mis nietos aún disfrutan preparando sus propios papeles de regalo "de diseño", no solo para Navidad, sino también para los cumpleaños, el día de la madre y otras ocasiones en las que se hacen regalos.

ARCILLA PARA MOLDEAR TIPO PLASTILINA

Esta arcilla no tóxica y fácil de preparar es segura para los niños pequeños y duradera para los artesanos dedicados.

1 parte de pegamento blanco
1 parte de almidón
1 parte de harina multiuso
colorante artificial para alimentos (opcional)

En un tazón, mezcle todos los ingredientes, vuelque la mezcla sobre una tabla y amase hasta que adquiera la consistencia de masa para pan. Agregue más almidón, harina o pegamento, de ser necesario. Almacene la arcilla en un recipiente hermético y úsela para crear esculturas, bisutería o adornos navideños. Seque las creaciones al aire (sin necesidad de hornear) y decórelas con pintura acrílica, si lo desea. El tiempo de secado dependerá del tamaño de la pieza.

CONSEJO La próxima vez que viaje de vacaciones en avión, crucero o tren, haga sobresalir sus maletas. ¿Cómo? Consiga **PINTURA** y pinceles coloridos y convierta sus maletas en obras de arte. El tipo de pintura dependerá del material de las maletas, así que pregúntele al vendedor de la tienda de materiales artísticos qué recomienda. Y si no se siente cómodo creando sus propios diseños, compre un libro de plantillas.

CONSEJO Para un retoño de músico, aprender a tocar un instrumento puede ser todo un desafío, sin mencionar la partitura que se desliza fuera de lugar. Le recomendamos un modo sencillo de resolver el problema: sujete la partitura con una **TABLA CON SUJETAPAPELES**.

CONSEJO ¿Qué hace cuando un niño necesita ayuda en la cocina, pero no tiene edad suficiente para manejar utensilios filosos? Siga el consejo de la abuela: dele al pequeñuelo unas **TIJE-RAS** limpias sin punta y póngalo a cortar los vegetales para la cena.

El Mundo
EXTERIOR

CONSEJO Si cultiva pimientos rojos picantes, prepare una ristra para tenerlos siempre a la mano en invierno. Ate los tallos unos con otros con una **AGUJA DE COSER** e hilo común, y cuelgue los pimientos de una ventana que reciba mucho sol. Se secarán en un abrir y cerrar de ojos. Cada vez que desee preparar una comida caliente y picante, corte uno de la ristra.

CONSEJO Si intenta abrir la cajuela del auto y la llave se rompe dentro de la cerradura, no llame al cerrajero. Tome una **AGUJA DE TAPICERÍA** curva y úsela para sacar el pedazo roto de la cerradura.

CONSEJO Es frustrante, lo sé: está por salir de campamento y no encuentra las estacas de la carpa. Si alguien en su casa teje, no tiene de qué preocuparse. Las **AGUJAS DE TEJER** más grandes (número 8 o superior) pueden reemplazarlas.

en una cubeta con agua jabonosa.

CONSEJO Como sabía la abuela, la **CINTA ADHESIVA** de cualquier tipo es una excelente herramienta para controlar plagas. Para hacer una trampa, envuelva partes del tronco o de las ramas con el pegamento hacia fuera. Para retirar a los bandidos manualmente (especialmente a los pequeños, como los pulgones y las moscas blancas), envuélvase la mano

CONSEJO Ya sea que use la línea de pescar monofilamento para lo que ha sido diseñada o que, como hacía la abuela, la use para ayudar a las enredaderas a trepar, este consejo le será útil: para que no se desenrolle, coloque una **BANDA ELÁSTICA** alrededor del carrete.

CONSEJO Las manzanas de la abuela eran las mejores delicias del vecindario, a excepción de la sidra, los postres crujientes y los pasteles que preparaba con ellas. Y no permitía que ningún gusano (también llamado polilla del manzano) arruinara su cosecha. Cada vez que vislumbraba una cabecita problemática, contraatacaba con la siguiente estrategia: a principios del verano, envuelva una tira de 18 pulgadas de ancho de **CARTÓN** corrugado alrededor del tronco del árbol, unos 3 pies por encima del suelo. A medida que las larvas se deslicen hacia abajo por el tronco para transformarse en crisálidas de polillas ponedoras de huevos, quedarán atrapadas en los surcos del cartón. Luego retire el cartón y tírelo

LAS FÓRMULAS SECRETAS DE
la Abuela Putt

IMPERMEABILIZANTE PARA CUEROS

Si trata las botas o el calzado de trekking con este clásico acondicionador, soportarán cualquier situación que se presente al aire libre.

2 partes de cera de abejas
1 parte de grasa de cordero*

Derrita la cera y la grasa juntas, revolviendo bien. Aplique la mezcla al calzado por la noche, y déjela actuar hasta el día siguiente. Por la mañana, lustre con un paño suave de algodón.

* El encargado del sector de carnicería debería conseguirle grasa de cordero; de lo contrario, puede sustituirla por grasa vacuna de buena calidad.

con cinta, con el pegamento hacia fuera, ¡y salga de cacería!

CONSEJO Cuando las hormigas del jardín lo enloquezcan, coloque un pedazo de **CINTA ADHESIVA** sobre el agujero del fondo de una maceta y coloque la maceta boca abajo sobre el hormiguero. Cuando las hormigas salgan del hormiguero, treparán a los lados de la maceta. Retire la maceta y sumérjala en una cubeta con agua hirviendo.

CONSEJO El problema es este: está por pintar al aire libre o por hacer trabajo sucio en el jardín. Quiere controlar el tiempo, pero no quiere arruinar su reloj. Aquí le ofrecemos una solución ultrasimple: protéjalo con **CINTA ADHESIVA** transparente. Podrá ver los números, pero el cristal permanecerá impecable.

CONSEJO La abuela usaba la **CINTA ADHESIVA** doble faz para que las hormigas no robaran néctar de los comederos de colibrí. Para atrapar a los ladronzuelos, envolvía con cinta la base de donde colgaba el comedero (si no tiene cinta doble faz, puede usar la simple faz con el pegamento hacia fuera).

CONSEJO Antes de salir a jugar al golf, meta una **GOMA DE BORRAR** en el bolso. Es la herramienta ideal para eliminar suciedad y marcas de las pelotas de golf.

CONSEJO Si cultiva semillas de flores y tiene un patrón de colores ya programado, no se arriesgue a colocarlas en el cantero equivocado el día programado para plantarlas. Clasifíquelas por color con **PUNTOS ADHESIVOS** (si no tiene puntos adhesivos en la sala de pasatiempos, puede comprarlos en todos los colores del arco iris en cualquier tienda de suministros para oficinas). Asigne un color y confeccione una lista maestra donde explique qué representa el tono de cada uno (los puntos no tienen que ser del color de las flores, lo importante es que usted sepa qué hay en cada semillero).

CONSEJO Colgar herramientas de la pared es un método excelente para que el cobertizo esté bien arreglado. ¿Qué hace con los guantes y los grandes sombreros para protegerse del sol? No tienen agujeros de donde colgarlos. Sujételos con **SUJETAPAPELES** bien grandes y cuélguelos de la pared o de ganchos Peg-Board™.

CONSEJO Cuando aprendía a jugar al golf, el profesor me enseñó un modo sencillo de incrementar la fuerza de la muñeca izquierda, que es la parte del cuerpo que da fuerza al swing si uno es diestro como yo. Tome los extremos de un **SUJETAPAPELES** con la mano izquierda, y apriete para abrir y cerrar (claro que si juega al golf con la izquierda, querrá practicar este ejercicio con la mano derecha).

CONSEJO ¿Viajará en auto? Lleve consigo una de mis piezas favoritas: una **TABLA CON SUJETAPAPELES**. Pliegue el mapa para ver el área por la que conduce y sujételo a la tabla. Así no necesitará recorrer todo el papel para encontrar la próxima curva que debe tomar.

LAS FÓRMULAS SECRETAS DE
la Abuela Putt

¡ADIÓS, QUERIDOS BICHOS!

Hasta los bichos buenos, como las luciérnagas y los escarabajos, pueden llegar a enloquecerlo cuando golpean toda la noche contra la malla protectora del porche. Este es un espray que los ahuyentará, pero sin causarles daño. Y lo mejor es que, si suele hacer jabones o velas aromáticas, probablemente tenga los ingredientes principales en la sala de pasatiempos.

½ taza de aceite esencial de laurel*
¼ taza de vinagre (de cualquier tipo)
3 tazas de agua

En un frasco con aspersor, vierta el aceite, el vinagre y el agua. Ajuste la tapa y agite hasta integrar. Para evitar que los insectos vuelen hacia las mallas protectoras, rocíelas generosamente. Rocíe de adentro hacia fuera para no inundar la casa. Si los pequeñitos rebotan contra las ventanas cerradas, use la poción para limpiar los vidrios del lado externo como lo hace habitualmente.

* Si no tiene aceite de laurel a la mano, puede conseguirlo en una tienda de materiales para manualidades o de productos a base de hierbas.

LAS FÓRMULAS SECRETAS DE
la Abuela Putt

TRAMPA DE PEGAMENTO

Una invasión de pestes casi invisibles como los ácaros o las cochinillas puede ser muy difícil de controlar, salvo que los atrape con esta fórmula fabulosa.

1 botella de 8 onzas de pegamento blanco (como Elmer's®)
2 galones de agua tibia

En un frasco con aspersor, mezcle el pegamento con el agua, y rocíe todas las ramas y hojas de la planta en cuestión. Los insectos quedarán atrapados en el pegamento y, cuando el pegamento se seque, se despegará llevándose a las pestes repulsivas.

CONSEJO Elimine babosas y los caracoles con una de las tácticas preferidas de la abuela: espolvoree **TIZA** en polvo alrededor del perímetro de los canteros. ¡Esos babosos no se pasarán de la raya!

CONSEJO La **TIZA** también ahuyenta a las hormigas. Si los pequeños delincuentes están sembrando áfidos en árboles, arbustos y otras plantas, espolvoree tiza en polvo alrededor del tronco o en todo el cantero.

CONSEJO Mantenga a las hormigas alejadas del cobertizo: espolvoree una línea de **TIZA** en polvo alrededor de la puerta externa y los marcos de las ventanas.

CAPÍTULO SIETE

En el
TALLER DE
TRABAJO

Aceite de linaza
Aceite lubricante
Barniz
Briquetas de carbón
Brochas
Cera para lustrar auto-
móviles
Cinta protectora
Clavos
Cobertores protectores
Cubetas
Cubos para residuos
Laca
Lana de acero
(Virulana)
Malla de alambre
Malla metálica
Neumáticos
Papel lija
Queroseno
Raspadores de hielo
Turpentina
☞ y más...

A su
SALUD!

CONSEJO Que un anillo se quede trabado en el dedo no es divertido y puede ser peligroso si esa pieza de joyería tan apretada obstruye la circulación. Así que siga este consejo de la abuela (y de una serie de prestigiosas publicaciones médicas): tome una lata de **ACEITE LUBRICANTE**, apunte

con la boquilla hacia la parte superior del anillo y pulse el botón. Mantenga el dedo en posición vertical durante algunos segundos, de modo que el aceite pueda bajar y penetrar con más rapidez. Así la testaruda pieza de metal precioso se deslizará hacia fuera.

CONSEJO ¿Necesita tratar una erupción cutánea, una quemadura o una picadura de insecto? Consienta la piel adolorida e irritada: aplique la poción de su elección (casera o comprada en una farmacia) con una **BROCHA** nueva y suave.

CONSEJO En un santiamén, haga un vendaje con **CINTA PROTECTORA**. Cubra la cortada con cualquier material limpio y absorbente que tenga a la mano (por ejemplo, un pañuelo desechable, una toalla de papel doblada o un retazo de tela), luego use la cinta para sujetarlo.

CONSEJO Para sacarse fácilmente una astilla, cúbrala con **CINTA PROTECTORA** (cuanto más adherente, mejor). Espere aproximadamente una hora y tire de ella. Si la astilla permanece, pegue otro trozo de cinta y manténgala toda la noche. Por la mañana, cuando retire la cinta, la espina debería desplazarse hacia fuera de la piel.

En los
Alrededores de la
CASA

CONSEJO No puede llorar por haber derramado la leche, pero la pintura derramada podría ser otra historia, especialmente si la pintura es a base de aceite, la "víctima" es su mesa de madera preferida y llegó al lugar de los hechos cuando las manchas se habían secado. Bien, relájese y compre una botella de **ACEITE DE LINAZA** hervido. Con una brocha, cubra generosamente las marcas y deje reposar hasta que la pintura se haya ablandado (el tiempo necesario dependerá de cuánto tiempo haya dejado actuar la pintura). Retírela con un paño suave empapado en más aceite de linaza hervido. Finalmente raspe todos los residuos con un raspador plástico o una tarjeta de crédito. Cualquiera que sea su decisión, no use removedor ni diluyente de pintura (¡arruinará el acabado de la madera!).

CONSEJO Para quitar una quemadura de cigarro de un tablero de madera, frote la marca con una pasta hecha de **ACEITE DE LINAZA** hervido y bicarbonato, y siga frotando hasta que desaparezca la mancha.

CONSEJO ¿Acaba de comprar una casa nueva con chimenea de ladrillo? ¿O construyó una nueva chimenea en su casa? Probablemente el trabajo de albañilería luzca bastante tosco. Pero conozco un método que la hará lucir como si Santa hubiera bajado por la chimenea durante años. Cepille los ladrillos con **ACEITE DE LINAZA** hervido. Déjelo actuar algunas horas y limpie el exceso de aceite con trapos viejos. Luego saque al exterior esos trapos inflamables y empapados en aceite para que se sequen por completo antes de tirarlos a la basura. Si no tiene aceite

UNA VEZ MÁS

Le quedó un solo y solitario **BLOQUE DE CONCRETO** de un proyecto de construcción. ¿Qué idea se le ocurre para usarlo? Algo ingenioso que puede construir es un banquito portátil y resistente. Envuelva el bloque en espuma de caucho o fieltro grueso y cúbralo con una tela resistente o con papel tapiz texturado (para proporcionar tracción). Colóquelo en cualquier lugar donde necesite un pequeño refuerzo de altura, por ejemplo, frente al lavabo del cuarto de baño de un niño o en un armario con un estante demasiado alto.

de linaza hervido en el taller, puede comprarlo en la ferretería del vecindario. No intente preparar aceite de linaza hervido hirviendo aceite de linaza simple: ¡es un proceso estrictamente industrial!

CONSEJO Cuando el **ACEITE LUBRICANTE** en aerosol entró en escena, la abuela tenía un tropel de bisnietos. Y cuando esos pequeños artistas llenaban las paredes con dibujos de crayón, la abuela sabía la solución: buscaba la lata de aceite, lo rociaba ligeramente sobre las marcas y limpiaba la pared con un paño (desde

Una Vez Más

 Después de haber instalado una nueva **ALFOMBRA** en su casa, guarde los sobrantes en el taller de trabajo. Aun las piezas más diminutas pueden resultar muy prácticas. Estas son algunas formas en que puede usarlas.

▷ **Cubra el vivero para plantas.** Cuando comience el tiempo frío, coloque alfombra sobre el mini invernadero para mantener las frágiles plantas abrigadas.

▷ **Proteja utensilios.** Corte retazos para forrar estantes, gavetas, cajas de herramientas o cualquier otro lugar con herramientas y equipos pesados o delicados. La gruesa alfombra protegerá tanto sus pertenencias como el contenedor.

▷ **Proteja las rodillas.** En cualquier ocasión en que tenga que hacer trabajo sucio arrodillado, como pintar un piso de superficie dura o extraer maleza del jardín, deslice un retazo de alfombra, con el lado suave hacia arriba, por debajo de las rodillas.

▷ **Amortigüe el ruido.** Para silenciar vibraciones ruidosas de una máquina de coser portátil, corte una pieza de alfombra y deslícela por debajo de la máquina. (Para quienes usen máquinas de escribir, resulta aplicable este mismo consejo).

▷ **Cultive tomates libres de maleza.** Antes de sembrar los tomates, coloque alfombra sobre el cantero y corte un agujero de unas 6 pulgadas de diámetro para cada almácigo. Luego coloque las plantas en los agujeros. Para disfrazar la alfombra (es un jardín, ¡no su sala!), cúbrala con el mantillo de su elección, por ejemplo, recortes de césped, hojas cortadas o corteza triturada. Además de detener la maleza, la alfombra conservará la humedad y atraerá una enorme cantidad de lombrices beneficiosas para el suelo.

▷ **Cultive manzanas sin gusanos.** A principios del verano, envuelva una franja de alfombra alrededor del tronco del manzano (a unos 3 pies del suelo), y asegúrela firmemente con cordel o cinta adhesiva. Cuando las larvas de la polilla del manzano se arrastren hacia abajo del tronco para transformarse en crisálidas en la tierra, se quedarán atrapadas en la alfombra. Entonces desprenda la trampa y tírela a una tina de agua jabonosa. O, si lo prefiere, introdúzcala en una bolsa grande para residuos, coloque la basura en el suelo y pisotéela.

▷ **Conserve la madera.** Antes de colocar una tabla en un caballete de aserrar, coloque una tira de alfombra debajo de cada extremo. Así evitará que la tabla se deslice a medida que corte.

▷ **Manténgase en movimiento.** Al inicio del invierno, meta retazos grandes de alfombra en la cajuela del auto para proporcionar tracción, en caso de que se quede atascado por el hielo.

▷ **Cree un tapete para ejercitarse.** Corte una tira de alfombra de unos 3 pies de ancho por su estatura más 1 pie de largo (debido a que el cuerpo tiende a deslizarse cuando realiza maniobras acostado). Entre sesiones de ejercicios aeróbicos, Pilates o yoga, enrolle la alfombra y métala en un armario o debajo de la cama.

▷ **Proteja la pared del dormitorio.** Para evitar que la estructura metálica de la cama arruine el estuco, pegue recortes de alfombra en las esquinas puntiagudas de la estructura metálica.

▷ **Proteja la pintura del auto.** Si tiene que tener mucho cuidado para no golpear la pared del garaje cuando abra la puerta del auto, resuelva esta cuestión. Adhiera retazos de alfombra a la pared del garaje para crear una almohadilla para la puerta.

▷ **Proteja pisos de madera y baldosa.** Pegue recortes de alfombra, con el lado suave hacia abajo, en la parte inferior de las patas de sillas y mesas, de modo que se deslicen fácilmente, sin dejar rayones ni marcas negras.

▷ **Guarde las herramientas.** Si cuelga rastrillos, palas, azadones y cualquier otra herramienta de una pared de bloquetas o concreto, para proteger la pared contra el óxido, coloque una barrera de alfombra entre las partes metálicas y la pared. Según las herramientas que necesite proteger y la cantidad de alfombra que tenga a la mano (o el cuidado necesario para conseguirla), tiene dos métodos: corte la alfombra de manera que sea lo suficientemente grande para cubrir la parte metálica de cada herramienta, o bien, corte una tira de 2 pies de ancho que, al adherirla a la pared, cubra los extremos afilados de todas las herramientas que desee colgar. En cualquier caso, adhiera la alfombra a la pared con un adhesivo para uso en construcción que puede comprar en la ferretería.

luego, ¡primero tomaba una fotografía de la obra de arte!).

CONSEJO Si colocó aplicaciones adhesivas protectoras contra resbalones en una tina de baño y ahora las quiere quitar, pero están rebeldes, nada supera al **ACEITE LUBRI-** **CANTE**. Sature las aplicaciones adhesivas, rociando bien los bordes, y deje actuar de dos a tres horas. Desprenderá con facilidad el hule.

CONSEJO Si todavía tiene el clásico colchón de resortes como la abuela, este es un consejo para tener en mente: cuando esos resortes comiencen a rechinar, retire la tela de la parte inferior del colchón (sujeta con grapas) y rocíe los resortes con **ACEITE LUBRICANTE**. Luego sujete de nuevo con grapas la tela en su lugar y abandónese en los brazos de Morfeo.

LAS FÓRMULAS SECRETAS DE
la Abuela Putt

PRESERVADOR DE MIMBRE DE LA ABUELA PUTT

La abuela meció a todos sus bebés, los bebés de sus hijos y los de sus nietos en una gran silla mecedora de mimbre. Y usaba esta fórmula una vez al año para mantener esta silla (y todos los demás muebles de mimbre) en óptimas condiciones. ¡Es eficaz! Lo sé con certeza, porque mi esposa y yo mecimos a nuestros bebés y a los bebés de nuestros hijos en esa misma silla.

1 parte de aceite de linaza hervido
1 parte de turpentina

Retire el polvo con un cepillo suave. En un frasco de vidrio de boca ancha, mezcle el aceite de linaza y la turpentina. Frote la solución sobre el mimbre con un paño suave y preste especial atención a los recovecos y las rendijas. Retire todo el exceso de preservador con un paño limpio y seco, y deje que el mueble se seque al aire antes de usarlo.

CONSEJO Silencie un par de zapatos rechinantes con un toque de **ACEITE LUBRICANTE** en la fuente del sonido (frecuentemente es la punta, donde la parte superior del zapato se une con la suela). Limpie para retirar todo exceso de aceite y siga caminando (si le queda algo de aceite en la suela, recuerde limpiarlo con un paño para no dejarlo sobre la alfombra).

CONSEJO Tengo que confesarlo: aun cuando uso la computadora para la mayor parte de mi trabajo de redacción, mantengo en mi oficina la máquina de escribir de la abuela para escribir etiquetas y sobres.

Cuando las letras y los números sobre el papel comienzan a lucir difusos, rocío ligeramente la cinta con **ACEITE LUBRICANTE**. Eso renueva el suministro de aceite de la tinta, así me encarrilo en mis asuntos.

CONSEJO ¿Se le pegó una goma de mascar en la suela del zapato? Rocíela con **ACEITE LUBRICANTE** y déjelo actuar un par de minutos. La materia pegajosa se desprenderá al instante.

CONSEJO ¿Tiene unos zapatos que lucen tan opacos como agua sucia del fregadero? Pruebe este consejo que aprendí de la abuela: impregne una bola limpia para maquillaje en polvo con **ACEITE PARA MOTOR** y déjela secar durante la noche. Por la mañana, frote el calzado con la bola impregnada en aceite, y lustre con un paño limpio y suave. ¡Y admire su propio reflejo! Nota: esta misma técnica hará que los bolsos de mano y los portafolios de cuero reluzcan como el rocío.

CONSEJO ¿Tiene una mancha de grasa en uno de sus zapatos de cuero preferidos? ¡Qué problema! Vaya al taller, corte un poco de **ADHESIVO PARA REPARAR PERFORACIONES** y péguelo sobre la mancha. Déjelo actuar toda la noche, desprenda el parche y lustre los zapatos con el betún habitual.

CONSEJO El líquido corrector resulta supereficaz y práctico en la casa, aun cuando no posea una máquina de escribir. Pero, ¿qué hace cuando mancha la ropa o los muebles tapizados con ese líquido blanco y

Una Vez Más

Cuando su **LINTERNA** magnética deje de funcionar, tire a la basura la bombilla, pero conserve el extremo magnético. Péguelo al refrigerador o a un estante metálico de la oficina o taller para sujetar bolígrafos y lápices.

Cinta Adhesiva

Creo que podemos asegurar que casi todos los talleres de nuestro país cuentan con, por lo menos, un rollo de cinta adhesiva. Pero como muchos de nuestros utensilios modernos, esta cinta super resistente, adherente, impermeable y versátil no se diseñó para uso doméstico. Johnson & Johnson la desarrolló durante la Segunda Guerra Mundial, de modo que los soldados pudieran realizar reparaciones de emergencia a su equipo. Los soldados la llamaron "cinta pato", porque era impermeable al agua. Más adelante, en la década del '50, durante el auge de posguerra de la construcción de viviendas, los contratistas del sector de calefacción usaron la cinta para sellar ductos de calefacción (¡adivinó!) y, salvo por una marca famosa, el nombre evolucionó de *duck* ("pato", en inglés) a *ducto*. En la actualidad, la mayoría de los sistemas de calefacción y refrigeración están revestidos en su interior con un aerosol de alta tecnología, pero los consumidores estadounidenses compran más y más cinta adhesiva cada año, y encuentran tantas formas ingeniosas de usarla que algunas veces creo que la abuela les susurra ideas al oído. Como estas, fíjese.

Interior

▶ *Deshágase de las verrugas.* Aplique cinta adhesiva sobre la verruga y déjela actuar durante seis días. (Si la cinta se desprende durante ese período, reemplácela por una nueva). Al final del sexto día, retire la cinta, empape la verruga con agua y frote suavemente con una lima de uñas o piedra pómez. Deje el área sin cubrir durante la noche y aplique más cinta por la mañana. Repita esta rutina durante dos meses, a menos que la verruga desaparezca antes (es muy probable).

▶ *Cree portavasos.* Coloque tiras de cinta para formar un cuadrado ½ pulgada más grande que el tamaño del portavasos que desea. Haga un segundo cuadrado del mismo tamaño y coloque los dos cuadrados juntos, con los lados pegajosos hacia adentro. Luego dibuje un contorno en la cinta y córtelo. "Adhiera" los bordes recortados con tiras delgadas de cinta (desde luego, podría usar un portavasos normal como plantilla pero, ¿por qué no ser creativo? Por ejemplo, use moldes grandes para galletas con formas de animales o dibuje el contorno de su preferencia. Mientras la superficie sea lo suficientemente grande para apoyar un vaso, ¡puede utilizar cualquier contorno!).

▶ *Entablíllese un dedo lesionado.* Envuelva firmemente el dedo herido y el de al lado con cinta adhesiva. Según el tamaño de la herida, continúe con su actividad o bien diríjase de inmediato a la sala de emergencias.

Exterior

▶ *Reclame sus maletas.* Decore su maleta con cinta adhesiva de colores brillantes para que pueda recogerla al instante de entre un revoltijo de maletas en negro, azul marino y verde azulado.

▶ *Limpie el deck.* Las hojas, ramas y otros residuos del jardín que se alojan entre las tablas del *deck* son más que un fastidio: son una invitación a la humedad y el deterioro. Para sacar fácilmente esa basura, utilice cinta adhesiva y fije una cuchilla para masilla o un destornillador a una escoba vieja o al mango de un trapeador, y empuje la herramienta por las rendijas hasta el suelo.

▶ *Proteja las rodillas.* Antes de que comience una faena que tenga que hacer arrodillado como, por ejemplo, extraer maleza del jardín o pintar el porche, póngase los pantalones de trabajo y fije una esponja rectangular a cada rodilla con cinta adhesiva (no abuse de la cinta, de modo que la pueda retirar antes de lavar los pantalones).

▶ *Disfrute de un día de campo ventoso.* Doble el mantel debajo de la mesa y sujételo con tiras de cinta adhesiva.

▶ *Mantenga las palas en buen estado.* Cuando el mango de una pala se separe (porque lo usó para hacer palanca o para mover un arbusto pesado), envuelva cinta adhesiva alrededor de la parte rota. Luego guarde esa herramienta para faenas más livianas, como aflojar tierra del huerto o lanzar abono orgánico a un cantero de flores.

▶ *Mantenga la alfombrilla de bienvenida para el martín pescador.* Si alguna vez instaló una casita para el martín pescador, sabe que con frecuencia se mudan los gorriones antes de que el martín pescador regrese de su casa de invierno en el sur. Resuelva el problema: coloque cinta adhesiva sobre cada agujero de entrada hasta que divise al primer Martín de la temporada en plena faena de adquisición de un bien inmueble. Luego desprenda la cinta para que se mude el prodigioso experto en plagas.

▶ *Juegue a la pelota.* Desmenuce una esponja o un puñado de papel para armar una pelota y enrolle cinta adhesiva a su alrededor hasta lograr el tamaño que desee. ¡Y que comience el juego!

▶ *Repare la carpa.* O la mochila, las botas de hule, el asiento de la bicicleta, el kayak, la balsa de hule, la capa de lluvia o cualquier otro implemento roto o con una fuga cuando esté lejos de casa; es decir, ¡utilice la cinta adhesiva para el objetivo con el que fue creada!

espeso? Humedezca un paño con **AGUARRÁS** y páselo por las zonas de desastre. (En el capítulo 6, encontrará numerosos usos ingeniosos para este clásico producto de oficina).

CONSEJO La casa que acaba de comprar tiene una puerta protectora de aluminio que está en buen estado, salvo por un aspecto: se ha corroído. ¡No salga corriendo a comprar otra puerta! Para eliminar la corrosión, frote las partes afectadas con lana de acero (Virulana) sumergida en **AGUARRÁS**.

CONSEJO Las manchas de grasa pueden ser difíciles de sacar de una mesa de madera, pero esta técnica siempre fue útil para la abuela. Sature el área con **AGUARRÁS**, no diluyente de pintura, porque podría dañar el acabado (y dejar un fuerte olor desagradable). Luego coloque un paño de algodón viejo y limpio sobre la mancha para absorber la grasa (asegúrese de que sea 100% puro algodón, debido a que la tela sintética no absorbe ni una gota). Es posible que tenga que repetir el procedimiento un par de veces, pero le garantizo que con esto enviará a esa grasa a hacer las maletas de una vez por todas.

CONSEJO ¿Se está preparando para pintar? Antes de comenzar, coloque con

adhesivo un pedazo de **ALAMBRE** (de cualquier clase) por la parte central superior de la lata de pintura abierta. Luego pase la brocha con pintura por el

LAS FÓRMULAS SECRETAS DE
la Abuela Putt

FABULOSO PAÑO PARA POLVO

La abuela utilizaba estos eficaces recogedores de polvo para desempolvar los muebles de madera y hasta los pasamanos de las escaleras. Yo todavía los uso. Además de hacer brillar la madera, la acondicionan con cada pasada.

2 cucharadas de aceite de linaza hervido
1 cucharada de amoníaco
1 cucharada de jabón en polvo suave (como Ivory Snow®)
1 cuarto de galón de agua caliente
1 paño suave de algodón*

En una cubeta pequeña, mezcle el aceite de linaza, el amoníaco, el jabón y el agua, y empape el paño en la mezcla durante cuatro o cinco minutos. Retuerza el paño, cuélguelo para secarlo y guárdelo en un frasco de vidrio o un recipiente plástico con tapa hermética. Después de que lo haya usado para desempolvar, lávelo como lavaría cualquier trapo y vuélvale a aplicar la fórmula.

* Puede ser un pañal de tela o una sábana de franela 100% algodón.

alambre, en lugar de hacerlo a un lado de la lata. De esta manera, la pintura no se acumulará en el borde causando que la tapa se pegue cuando cierre la lata.

CONSEJO En verano, la abuela guardaba el bolso de cuero y sacaba el de paja. Mantuvo su buen aspecto por años, porque cuando era nuevo, la abuela lo pintaba con **BARNIZ** transparente. Así se evita que la fibra se separe y la limpieza se hace en segundos.

CONSEJO No sé usted, pero no hay nada que me guste más que toparme con una mesa o un gabinete antiguo y descuidado y hacer que "cobre vida". Es un pasatiempo que aprendí del abuelo Putt, cuya afición favorita era restaurar muebles. Además me enseñó a elaborar una herramienta esencial: un trapo suavizante. También lo puede hacer usted, más rápido de lo que demoraría en salir corriendo a la ferretería y comprarse uno. Primero busque un trapo sin pelusa, tal como la tela para preparar quesos o un trozo de alguna sábana vieja de puro algodón. Empápelo en agua y retuérzalo para que quede apenas húmedo. Extienda la tela y salpíquela con **BARNIZ** (yo uso una brocha). Enróllela alrededor de las manos para distribuir el barniz. Guarde el trapo en un frasco de vidrio con tapa hermética de modo que no se reseque. Cuando necesite renovar el efecto suavizante, rocíe el trapo con agua y sacuda el exceso.

CONSEJO Mantenga una **BRIQUETA DE CARBÓN VEGETAL** en la caja de herramientas para que absorba la humedad y no se oxiden las piezas metálicas.

CONSEJO Cuando cierre una casa de verano durante el invierno, siga este consejo de la abuela: coloque en cada habitación una caja poco profunda de **BRIQUETAS DE CARBÓN VEGETAL** (una docena aproximadamente debería alcanzar). De esa manera, cuando vuelva a abrir la casa la próxima primavera, no le llegará de golpe la ola de aire húmedo con olor a rancio.

CONSEJO Las **BRIQUETAS DE CARBÓN VEGETAL** también pueden absorber aromas que hacen que el refrigerador expela un olor que es, digamos, no muy apetecible. Coloque unas cuantas briquetas en un recipiente limpio para queso cottage  o margarina (no lo tape) y ubíquelo en la parte posterior de un estante.

CONSEJO No hace mucho tiempo, en una tienda de artículos de segunda mano, encontré un fabuloso baúl antiguo casi regalado. Parece que nadie lo quería porque, al levantar la tapa, despedía un intenso olor a moho que alejaba a cualquiera. Exclamé: "¡Vendido!". Me lo llevé a casa y lo "desenmohecí" con un viejo consejo de la abuela: puse media docena de **BRIQUETAS DE CARBÓN VEGE-**

TAL dentro del baúl y lo cerré. Cada pocos días, sacaba el carbón y lo reemplazaba por briquetas nuevas. Después de varias semanas de tratamiento, esa clásica "maleta de viaje" expelía un aroma fresco (solo dos notas: una, utilice el tradicional carbón vegetal simple, no el impregnado con líquido para encenderlo. Y dos, según la gravedad del problema, el proceso de desodorización podría demorar más o menos tiempo).

ABRILLANTADOR PARA GABINETES DE MADERA

No deje que el nombre lo engañe; este eficaz abrillantador dejará resplandeciente cualquier superficie de madera pintada, barnizada o con laca (¡es posible que tenga que ponerse gafas de sol cuando entre a la habitación!).

½ **taza de aceite de linaza (no hervido)**
½ **taza de vinagre de malta**
1½ **cucharadita de jugo de limón**

En un frasco o tazón pequeño, mezcle el aceite de linaza y el vinagre. Agregue el jugo de limón para refrescar el aroma. Aplique el abrillantador con un suave paño de algodón y agregue un poco de grasa para codos de tubería. Sus gabinetes serán el tema de conversación del vecindario (o, por lo menos, de su casa).

CONSEJO Para deshacerse de los olores de un armario, llene una lata de café hasta el borde superior con **BRIQUETAS DE CARBÓN VEGETAL** y déjelas dentro.

CONSEJO Cuando la abuela desempolvaba cualquier mueble de madera con detalles en relieve, dejaba a un lado el trapo para sacudir el polvo y buscaba una **BROCHA** suave. Así llegaba hasta los diminutos recovecos y rendijas que un dedo cubierto por un trapo nunca podría alcanzar.

CONSEJO Si la parte interior de su costurero luce como si hubiera pasado por un terremoto, pase los utensilios a una **CAJA DE HERRAMIENTAS** y clasifique esos objetos diminutos en compartimientos separados. Así encontrará exactamente lo que busca.

CONSEJO Volvió a ocurrir: se le perdió la tapa del pegamento y está casi lleno. ¡No lo tire a la basura! Reemplace la tapa por un **CAPUCHÓN DE EMPALME PARA CABLES** (son esas tapitas plásticas que sujetan los cables eléctricos de las lámparas).

CONSEJO Antes de barrer la suciedad hacia una pala para recoger basura, recubra la pala con **CERA PARA LUSTRAR AUTOMÓVILES**. De esa manera, será pan comido limpiarla cuando termine.

CONSEJO Después de limpiar los azulejos de cerámica de las paredes del baño, frótelas con **CERA PARA LUSTRAR AUTOMÓVILES**. De esta manera, no se incrustará la suciedad del jabón y su próxima tarea de limpieza será mucho más fácil.

CONSEJO La abuela tenía un método sencillo para eliminar esos círculos blancos que dejaban los vasos o las tazas húmedas sobre los muebles de madera. Sumergía un paño suave en **CERA PARA LUSTRAR AUTOMÓVILES** y frotaba suavemente para eliminar las marcas.

CONSEJO La **CERA PARA LUSTRAR AUTOMÓVILES** también era el lustre favorito de la abuela para las encimeras y la mesa de la cocina de Formica®. La frotaba con un paño suave y lustraba con un segundo paño.

En la Época de la Abuela

Para nosotros, parece como si la **CINTA PROTECTORA** hubiera existido siempre, pero recién empezaba a utilizarse cuando la abuela era una jovencita. Esta mamá del mundo de las cintas adhesivas (que no es ni demasiado resistente ni demasiado frágil) se la debemos a un empleado de 3M de nombre Dick Drew, a quien se le ocurrió la idea a principios de la década de 1920. Para entonces, Minnesota Mining and Manufacturing Company fabricaba abrasivos, pero no la infinidad de clases de cinta adhesiva que conocemos y utilizamos. Un día, el Sr. Drew visitó un taller de mantenimiento automotriz en St. Paul, Minnesota, para evaluar un nuevo lote de papel lija. Allí conoció a un grupo de trabajadores que pintaban un automóvil en dos tonalidades.

Lamentablemente, la única forma de cubrir las partes de la carrocería era una combinación de cinta superadhesiva con papel de estraza. Cuando desprendieron el papel, parte de la pintura se fue con él.

El Sr. Drew regresó al laboratorio, jugueteó con algunos ingredientes que tenía a la mano (el material de respaldo y el adhesivo del papel lija, menos el material abrasivo) y produjo lo que los pintores automotrices necesitaban: una cinta con un poquito menos de adherencia. La labor de pintura no ha sido la misma desde entonces. Ni tampoco 3M.

CONSEJO Los rodillos de las gavetas y los deslizadores de ventanas se desplazarán suavemente, sin adherirse, si los frota con **CERA PARA LUSTRAR AUTOMÓVILES**.

CONSEJO Para sacarles brillo a los zapatos o las botas de cuero, tanto que pueda ver reflejado su rostro, use **CERA PARA LUSTRAR AUTOMÓVILES**. Frótela con un paño suave y limpio (como lo haría con el betún para calzado normal) y lustre con un segundo paño similar.

CONSEJO Si tiene ventanas de vidrio con inserciones de plomo o vitrales, para conservar el plomo de alrededor del vidrio, abrillántelo con **CERA PARA LUSTRAR AUTOMÓVILES**. Retire los residuos del vidrio.

CONSEJO Aun con luz, las escaleras del sótano pueden ser engañosas y peligrosas. Recorra la travesía hacia arriba y abajo de manera más sencilla: agregue una tira de **CINTA** adhesiva de color fluorescente a cada peldaño, a 1 pulgada del borde. Use cualquier cinta fluorescente o un tinte que contraste con el color de la escalera.

CONSEJO Señoras, si mantienen las uñas largas y afiladas, este consejo es para ustedes: antes de ponerse un par de guantes de hule, coloquen una tira de **CINTA DE AISLAR** sobre

UNA VEZ MÁS

¿Hay un revoltijo de banditas elásticas en la gaveta de cachivaches? Desmantele ese "menjunje" elástico y pase las banditas alrededor de un carrete vacío de **CINTA PROTECTORA** ancha. ¡Es el inicio del fin del desorden!

cada uña. De esta manera, sin importar cuánto esfuerzo implique la tarea de limpieza, no perforará los guantes.

CONSEJO Acaba de colgar un cuadro exactamente en el punto deseado de la pared, pero el ingrato se desplaza hacia un lado. Esta es una solución rápida: baje el cuadro y recubra las dos pulgadas centrales del alambre con **CINTA PROTECTORA**. De esta manera, el gancho sujetará mejor el alambre.

CONSEJO Cuando se pone a correr por toda la casa para tomar gran cantidad de medidas (podría ser para cortinas nuevas o bibliotecas empotradas), es imposible llevar un registro de los números. Desde luego, podría andar de un lado a otro con un bloc de notas y un lápiz. O seguir el consejo de la abuela: pegue un trozo de **CINTA PRO-TECTORA** a la regla o al estuche de cinta métrica y apunte los números allí.

CONSEJO El problema es el siguiente: debe pintar la escalera que lo lleva al segundo piso de la casa, pero si bloquea el paso para no arruinar la pintura húmeda, su familia tendrá que pernoctar en la sala hasta que los peldaños estén secos. La sencilla solución es la siguiente: pase una tira de **CINTA PROTECTORA** por el centro de la escalera y pinte la mitad de la derecha. Cuando esté totalmente seca, retire la cinta y pinte el tramo izquierdo.

CONSEJO La próxima vez que necesite limpiar una pantalla de tela de una lámpara, imite a la abuela: envuelva un pedazo de **CINTA PROTECTORA**, con la parte adhesiva hacia fuera, alrededor de la mano y toque suavemente la superficie de la pantalla. El polvo y la suciedad se adherirán a la cinta. Esta "manopla" de cinta protectora también es la herramienta perfecta para sacar pelo de mascotas o cabellos de la ropa y de muebles tapizados.

CONSEJO Si comparte la pasión de la abuela por el bordado, este consejo puede ser antiguo, pero los novatos del punto deben tomar nota:

antes de comenzar un proyecto, una los bordes del lienzo con **CINTA PRO-TECTORA** de buena calidad. Evitará que se enrede el hilo y se deshilache en los bordes sin acabado. Además evitará

LAS FÓRMULAS SECRETAS DE la Abuela Putt

ABRILLANTADOR DE PISOS DE TRACCIÓN SÓLIDA

La abuela mantenía sus pisos de madera brillantes con esta fórmula antiderrapante. (Esta receta alcanza para unos 144 pies cuadrados de piso, es decir, una habitación de unos 12 x 12 pies).

½ **taza de laca naranja**
2 **cucharadas de goma arábiga (se vende en ferreterías)**
2 **cucharadas de turpentina**
1 **pinta de alcohol desnaturalizado (no para frotar)**

Mezcle la laca, la goma arábiga y la turpentina hasta que se disuelva la goma arábiga. Agregue el alcohol desnaturalizado y guarde el abrillantador en un frasco de vidrio con tapa hermética. Aplique el abrillantador al piso con un paño suave de algodón. Deje actuar media hora, luego lustre con un segundo paño de algodón.

que tramos cruzados de **CINTA PRO-TECTORA** sobre los vidrios rotos (no se preocupe en hacer que las tiras lleguen a toda la extensión del marco; trate de que cada vidrio roto tenga un pedazo de cinta cruzada). Como paso siguiente, cubra la parte interior de la ventana con un cobertor pesado, tal como un cobertor protector o una frazada vieja. Coloque otro cobertor en el suelo de la parte exterior de la ventana. Luego, desde el interior, golpee suavemente el

vidrio con un martillo o mazo de hule. El vidrio roto caerá sobre el suelo sin astillarse. Entonces puede juntar los pedazos y muy cuidadosamente botarlos.

CONSEJO ¿Está empacando para mudarse? Entonces utilice **CINTA PROTECTORA** para proteger durante el viaje espejos, puertas de vidrio de gabinetes y los vidrios de los cuadros. Para cristales de tamaño pequeño a mediano, una simple X sobre la superficie será suficiente. Para piezas más grandes, agregue dos o tres tiras más de cinta a lo largo del vidrio. Consejo: a menos que su presupuesto de mudanza sea muy escaso, no intente escatimar unos centavos mediante el uso de una marca barata de cinta: servirá bien para proteger el vidrio, pero

que se desprendan las hebras del lienzo. Para obtener mejores resultados, elija una cinta que no deje un pegote que arruine su obra maestra.

CONSEJO ¡Añicos! Sus superestrellas de baloncesto de la Miniliga estuvieron jugando en el jardín y uno de ellos lanzó un balón espectacular que aterrizó sobre la ventana. Ahora hay que sacar los vidrios rotos del marco sin cortarse. Esta es la solución del abuelo cuando mi balón rápido se salía de rumbo: primero colo-

cuando la despegue, le dejará mucho pegote. En lugar de ello, busque la clase de cinta fácilmente desprendible que usan los pintores profesionales. A los amables muchachos de la tienda de pinturas o la ferretería del vecindario les complacerá recomendarle una de buena calidad.

CONSEJO ¿Son las velas un tanto estrechas para los candelabros que desea usar? Envuelva **CINTA PROTECTORA** alrededor de la parte inferior de las velas. Permanecerán estables en su lugar.

CONSEJO Haga que la limpieza postemporada navideña sea más fácil envolviendo el árbol en un **COBERTOR PROTECTOR** antes de sacarlo (por supuesto, ¡después de haberle quitado todos los adornos!).

CONSEJO Cuando tenga que cubrir grandes superficies de vidrio de prisa (por ejemplo, si se acaba de mudar a una casa que tiene ventanas o puertas de vidrio enormes y están tan desnudas como las pompis de un recién nacido), use **COBERTORES PROTECTORES** de lona. Vienen en tamaños de hasta 12 x 15 pies, cuestan mucho menos que las sábanas de oferta, y el

---

LAS FÓRMULAS SECRETAS DE

la Abuela Putt

ACABADO EN LACA

En muebles modernos, no verá acabados en laca, pero eran comunes en la época de la abuela, y todavía se encuentran en tiendas de muebles antiguos. Si tiene en su casa tesoros con acabado en laca, aplíqueles una capa de esta fabulosa fórmula una vez al año (entre una capa y otra, desempolve las piezas con un trapo seco o con el cepillo de la aspiradora. Nunca limpie estos muebles con agua, porque la humedad directa, aun la del ambiente en altos niveles, tiende a que la laca se ponga pegajosa).

1 parte de aceite de linaza hervido
1 parte de aguarrás

Mezcle los ingredientes en una pequeña cubeta, sumerja una esponja o un paño suave de algodón en la solución, y frótela uniformemente sobre la superficie de madera (asegúrese de usar guantes). Limpie el exceso con un paño suave y seco. Si ha pasado más de un año desde que limpió los muebles o si acaba de adquirir un mueble maltratado, repita el proceso para eliminar toda la suciedad. Cuando haya terminado, lave los guantes y paños de limpieza en agua jabonosa caliente.

color neutro combina con cualquier entorno.

CONSEJO Una pregunta para usted: ¿cómo puede ayudarle un **DESTORNILLADOR** a mantener limpia la casa? La respuesta: mantenga uno (resistente y de punta plana) cerca de la puerta y pídale a toda la familia que lo use antes de entrar a la casa para raspar el lodo endurecido de las suelas de zapatos o botas.

CONSEJO Si a la **GAMUZA** sólo la considera parte del kit para el lavado del automóvil, reconsidérelo. Estas suaves maravillas de cuero también resultan paños perfectos para sacudir el polvo de superficies delicadas sin causar rayones, por ejemplo, lentes de telescopios y cámaras, e incluso fotografías.

CONSEJO Aun para alguien con experiencia en tareas domésticas, puede ser difícil darle a un diminuto clavo justo en la cabeza. ¡Lo sé por mi dolorosa experiencia! Pero no me he golpeado con el martillo en los dedos ni una sola vez desde que sigo este simple consejo: use un **IMÁN**

pequeño para sujetar el clavo en su lugar y utilice la mano que le quede libre para sujetar el imán. Y dé golpes… a una distancia segura de los dedos.

CONSEJO Esta es una práctica sugerencia para los quehaceres domésticos que aprendí de

LAS FÓRMULAS SECRETAS DE
la Abuela Putt

La **PINTURA** ha existido por más de 20,000 años, pero la mayor parte de ese tiempo, los pintores tenían que mezclar el material a mano para agregar los pigmentos que contenían agentes como plomo blanco, aceite de linaza y turpentina. Recién en 1880, cuando todavía vivía la abuela, la empresa Sherwin-Williams Company de Cleveland, Ohio, comenzó a comercializar pintura lista para los consumidores residenciales. El furor de la decoración arrasó el país: las personas coloreaban todas las superficies de sus casas (del interior y exterior), lo que incluía detalles en relieve de madera y muebles de maderas tales como ébano, teca y caoba. En la actualidad, muchos descendientes de esos decoradores aficionados tienen decapante de pintura hasta en las orejas y se preguntan: "¿Por qué alguien pintaría esta madera?".

la abuela: mantenga un **IMÁN** en la gaveta de cachivaches. Así cercará a esos revoltosos objetos de metal, como clips, alfileres de gancho y tornillos.

CONSEJO La lana de acero (Virulana) es excelente para toda clase de tareas domésticas, desde renovar el acabado de los muebles hasta afilar tijeras. Cuando termina, ¿qué hace con todo ese polvo de acero? La respuesta es simple: envuelva un paño alrededor de un **IMÁN** y deslícelo sobre el área de trabajo para recoger todas las partículas. Para deshacerse de ellas, sacuda el paño sobre el cubo de residuos.

CONSEJO No hay duda: las perchas de madera son mucho más fáciles de usar en la ropa que las de metal y plástico. Eso sí, algunas veces, la madera rasga la tela, pero para resolver este problema puede lijar la percha astillada y aplicarle una capa de **LACA** transparente.

CONSEJO Cuando necesite rellenar un agujero demasiado grande para Spackle™, rellene la abertura con **LANA DE ACERO** de modo que quede de ¹⁄₁₆ a   pulgada de la pared. El paso siguiente es aplicar masilla sobre la lana de acero. Su poder de sujeción la mantendrá en el lugar.

CONSEJO Para afilar las tijeras, la abuela cortaba una almo-hadilla de **LANA DE ACERO** (Virulana) en pequeñas partes. (Este era su método predilecto para afilar las tijeras de uso diario. Mantenía sus adoradas tijeras de costura con el filo de una navaja gracias a otro método: las llevaba a un afilador profesional de cuchillos a la primera señal de falta de filo).

CONSEJO Logre que un cucharón de madera manchado luzca otra vez como nuevo frotando la veta con **LANA DE ACERO** fina hasta que desaparezcan las marcas (use guantes de hule para este trabajo). Luego vierta una cucharadita de aceite vegetal en un paño suave y frótelo sobre la madera.

CONSEJO Ponga su casa "a prueba de ratones": rellene con **LANA DE ACERO** los espacios alrededor de las tuberías de gas y agua, así como otros recovecos y rendijas por donde se puedan escabullir los roedores.

CONSEJO ¡Ay, no! Estaba pintándose las uñas sobre la mesa de la cocina y se le derramó el esmalte sobre la madera. ¿Quiere limpiarlo con removedor de esmalte de uñas? ¡No! ¡Este producto arruinará el acabado al instante! Seque todo lo que pueda con un suave paño de algodón. Luego frote la mancha con **LANA DE ACERO** impregnada en cera para muebles y pásele un paño seco.

Estírese

O, por lo menos, extienda el brazo. ¿Cómo? Busque un **MANGO DE HERRA-MIENTA** largo (nuevo o alguno que haya guardado de una herramienta rota) y atornille o adhiera el artilugio apropiado al extremo. Le doy un trío de posibilidades.

Adhiera Esto	Y Haga Esto
Asa de taza grande	Llegar hasta la parte posterior de la secadora o del radiador para recuperar un calcetín, o bien alcanzar un estante alto con una cesta o almohada (¡pero nada pesado, por favor!).
Brocha	Llegue a todos esos lugares estrechos en donde no cabe su brazo (por ejemplo, detrás de electrodomésticos o radiadores) o lugares altos en donde desee usar una brocha, no un rodillo.
Limpia-vidrios	Limpie las ventanas altas con una escalera.

CONSEJO Si necesita limpiar las marcas de lechada de una chimenea de ladrillo o de piedra, rocíe **LIMPIADOR PARA NEUMÁTICOS DE BANDA BLANCA** sobre la lechada y frotando con papel periódico. Termine con un paño sumergido en una solución de 1 cucharada de vinagre cada 2 tazas de agua (no es necesario enjuagar).

CONSEJO Para que una puerta de aluminio brille como nueva, frótela con **LIMPIADOR PARA NEUMÁTICOS DE BANDA BLANCA** en un paño suave de algodón. Enjuague con un segundo paño sumergido en agua limpia y seque con un tercer paño.

CONSEJO En toda ocasión en que la abuela necesitaba una base firme para hacer arreglos con flores recortadas, doblaba **MALLA DE ALAMBRE** hasta formar una esfera y la ponía al fondo de un florero (por supuesto, en uno que no fuera translúcido, de modo que no se viera el alambre). Luego insertaba los tallos.

CONSEJO Antes de usar por primera vez un nuevo par de zapatos con suela de cuero, ponga en práctica este consejo de la abuela: ponga áspera esa suela lisa con **PAPEL LIJA**. Así no se resbalará y deslizará por la alfombra la primera vez que los use.

CONSEJO Cuando la abuela tenía un par de manchas en los zapatos de gamuza en buen estado, las frotaba con **PAPEL LIJA** fino.

CONSEJO Cuando no pueda destapar un frasco, ponga en práctica este consejo: coloque **PAPEL LIJA**, con el lado áspero hacia abajo, sobre la tapa y gire. Se destapará al instante (cuanto más grande sea la arenilla, más firme será la sujeción).

CONSEJO Elimine las quemaduras de cigarro o de vela de las alfombras; para ello, frote la marca con **PAPEL LIJA** fino. Realice un movimiento suave y circular hasta que desaparezca la mancha.

CONSEJO No tire un vaso de vidrio que esté en perfectas condiciones cuando se astilla un poquito en el borde. Frote la zona astillada y el área que la rodea con **PAPEL LIJA** extrafino hasta que el borde vuelva a estar liso.

CONSEJO La abuela lavaba las ventanas de arriba abajo para evitar dejarles manchas de agua. Sin embargo, de vez en cuando terminaba con algunas manchas de agua. Cuando sucedía, pasaba **QUEROSENO** sobre las marcas con un paño suave de algodón y luego las frotaba con papel periódico arrugado. ¡Lotería! ¡No más manchas!

CONSEJO El hielo siempre es hielo, ya sea que hablemos del que se encuentra sobre el parabrisas del vehículo o las paredes del congelador.

LAS FÓRMULAS SECRETAS DE
la Abuela Putt

FÓRMULA PARA MUEBLES CON ACABADO AL ACEITE

La abuela sabía que lo peor que podía hacerle a un mueble con acabado al aceite* era tratarlo con abrillantador o cera para muebles. Para la limpieza de rutina, pasaba un suave trapo de algodón. Luego, cada pocos meses, usaba esta fórmula.

2 tazas de turpentina de goma
2 tazas de aceite de linaza hervido
¾ taza de vinagre blanco

Mezcle los ingredientes en una cubeta pequeña. Luego sumerja una esponja en la solución y limpie suavemente la superficie del mueble (use guantes; este preparado irritará hasta la piel más resistente). Deje actuar unos cinco minutos para despegar la suciedad resistente. Luego pase un paño suave y limpio para retirar el exceso, y lustre con un segundo paño suave (asegúrese de quitar toda la fórmula de la madera; de lo contrario, podría terminar con un residuo pegajoso). Lave la esponja y los guantes con agua caliente y jabonosa.

* Si no está seguro de qué clase de acabado tiene el mueble, aplique un poco de aceite de linaza hervido sobre la superficie. Si el aceite se absorbe, la madera tiene un acabado al aceite. Si el aceite no se absorbe, la madera tiene un acabado duro.

Así que la próxima vez que descongele ese contenedor de frío, use un **RASPADOR DE HIELO** del taller para retirar el hielo sin dañar la superficie del congelador.

 CONSEJO Un **RASPADOR DE HIELO** también es una excelente adición para la canasta de utensilios de cocina. ¿Cómo? Esa

---

UNA VEZ MÁS

En la casa de la abuela, no se desperdiciaba nada, ni siquiera los retazos de **PAPEL TAPIZ.** Una vez, después de empapelar la cocina, al abuelo le sobró papel tapiz. La abuela lo usaba para elaborar una prensa para sus mejores servilletas de lino. Primero cortaba dos trozos de papel ilustración y dos trozos de papel tapiz para que fueran media pulgada más grandes por todos lados que las servilletas sin doblar. Luego pegaba una hoja de papel sobre cada papel ilustración, y colocaba las servilletas dentro de los cuadrados, con los lados cubiertos hacia afuera. Unía todo con una cinta grande y bonita y las guardaba en el escaparate del comedor. Cuando quería usar las servilletas de lino para la cena de Navidad o alguna otra ocasión especial, las sacaba prolijamente prensadas y listas.

---

cuchilla ancha permite sacar sin problemas pegotes de masa de la encimera o una tabla para repostería.

CONSEJO ¡Espere! El hielo no es lo único que se puede raspar con un **RASPADOR DE HIELO**. La cuchilla plástica antirrayones es perfecta para sacar manchas de pintura seca de los azulejos de cerámica, madera u otras superficies que rápidamente dejan marca.

CONSEJO Si le gusta el salmón fresco tanto como a mí, sabe molestas y hasta peligrosas pueden ser esas espinas como alfileres (no las retiran en la pescadería). Afortunadamente, sacarlas es muy fácil. Tome una **TENAZA PUNTIAGUDA** y lávela muy bien. Luego pase los dedos sobre el pescado crudo. Cuando detecte espinas, sujételas firmemente con la tenaza y sáquelas en la dirección hacia donde se dirigen. No las retire en sentido vertical; de lo contrario, desgarrará el pescado.

CONSEJO ¿Busca una forma sencilla y atractiva de agregar espacio de almacenamiento en la cocina? Busque en el taller de trabajo (o en la tienda local de artículos para plomería). Consiga **TUBERÍA DE COBRE** de ¾ pulgada de diámetro, córtela del largo que necesite y sujétela a la pared con ganchos atornillables. Luego consiga ganchos en forma de "S" lo suficientemente grandes para ponerlos sobre el tubo y sostener ollas, sartenes y utensilios de cocina. ¡Listo! Ya tiene el certificado de instalador.

CONSEJO Desaparecerán las marcas sobre bronce si les pasa un paño limpio humedecido en TURPENTINA (para evitar irritar la piel, use guantes de hule cuando trabaje con turpentina u otros solventes).

CONSEJO ¡Caramba! No vio el rótulo "Pintura fresca" y ahora tiene manchas en la ropa. ¡Y es pintura a base de aceite! No se preocupe: hay esperanza para esas manchas (si se pueden lavar). Vierta una mezcla de partes iguales de **TURPENTINA** y amoníaco jabonoso sobre las marcas, déjela actuar toda la noche, y lave la prenda como acostumbra.

Familia y
AMIGOS

CONSEJO Es momento de cambiar la arenilla sanitaria del gatito y se le acaba de terminar. No salga corriendo a comprar. Vaya al taller de trabajo y saque con un cucharón un poco de **ABSORBENTE INDUSTRIAL** de arcilla (está elaborado con la misma clase de arcilla que se usa en la

arenilla sanitaria para mascotas de uso comercial).

CONSEJO Como cualquier pequeñuelo, siempre quería ayudar en cualquier trabajo que la abuela y el abuelo estuvieran haciendo en la casa. Alentaban mi entusiasmo, incluso cuando pinté el porche de la entrada. La abuela me daba una **BROCHA** limpia y una pequeña cubeta con agua y me dejaba "pintar" las gradas. Debido a que el agua oscurecía la madera, creía que pintaba. Para cuando las gradas se habían secado (y regresado al color normal), la abuela ya me había puesto a "pintar" la cerca.

CONSEJO Cuando vaya a la playa con el automóvil lleno de niños, llévese una **BROCHA** limpia y suave. Es perfecta para limpiar la arena de los piecitos (o piesotes) antes de que lleven la arena al automóvil.

CONSEJO Otro excelente uso para una **BROCHA**: quitar la arena de la playa de cubetas, pelotas o colecciones de conchas.

CONSEJO En invierno, antes de ir a la colina para practicar trineo en el vecindario, la abuela frotaba **CERA PARA LUSTRAR AUTOMÓVILES** en los rodos del trineo. ¡Bajaba más rápido que una bala!

CONSEJO Haga que una tabla para deslizarse sea más resbalosa: cubra la superficie con **CERA PARA LUSTRAR AUTOMÓVILES**. Apliquele dos capas de cera y lustre después de cada una.

CONSEJO Para evitar que las cartas de un mazo se peguen entre sí, frote los reversos con unas gotas de **CERA PARA LUSTRAR AUTOMÓVILES** en un paño suave.

CONSEJO Si los chicos o nietos desean construir barcos, automóviles o aviones a escala, este es

LAS FÓRMULAS
SECRETAS DE
la Abuela Putt

KIT DE ENTRENAMIENTO PARA INODORO PORTÁTIL

La abuela sabía que una mascota no tiene un control completo de esfínteres hasta que tiene, por lo menos, cinco o seis meses. Por este motivo, sin importar qué tan bien entienda su mascota que su cuarto de baño está afuera, ni cuán arduamente intente contenerse, suceden accidentes, a menudo, sobre la alfombra. Cuando un nuevo perrito llegaba a nuestra casa, la abuela armaba varios de estos kits para tener siempre alguno a la mano (use una cubeta plástica de 5 galones para guardar y transportar los elementos).*

rollo de toallas de papel
frasco con aspersor lleno de agua
frasco con aspersor lleno de peróxido de hidrógeno**
esponja para restregar ollas

Seque todo el orín que pueda con las toallas de papel. ¡No frote! Luego rocíe la mancha con agua y seque de nuevo. Finalmente rocíe con peróxido y frótelo suavemente sobre la alfombra con la esponja para restregar ollas.

* Cuando vea que el cachorro comienza a orinar, diga: "¡Afuera!", y sáquelo de la casa (no lo regañe: hace algo natural). Mientras esté afuera, espérelo y cuando termine, elógielo por su comportamiento de superestrella. Luego entre rápido para limpiar la evidencia.

** Pruebe la alfombra antes; si destiñe, use vinagre blanco. Pero no use amoníaco: para un perro, el amoníaco huele a orina y le darán ganas de orinar.

un consejo que les agradará escuchar: cuando caiga accidentalmente cemento para modelar en las piezas plásticas transparentes del pequeño medio de transporte, puede limpiarlo con un poco de **CERA PARA LUSTRAR AUTOMÓVILES** en un paño suave.

CONSEJO Cuando no se pegue la lengüeta adherente de un pañal desechable, use **CINTA PROTECTORA**.

CONSEJO Para que los niños tengan algo de diversión en un día lluvioso o durante toda una semana en época de lluvias, esparza un **COBERTOR PROTECTOR** de plástico resistente sobre el piso. Luego distribuya marcadores (lavables, ¡desde luego!) en los colores del arco iris y deje que los niños se den el gusto.

CONSEJO En el verano, mantenga los juguetes para la piscina o el arenero cerca del lugar de acción: guárdelos en un **CUBO PARA RESIDUOS**.

CONSEJO ¿Hay algún joven artista en la casa? Cuando se quede sin espacio en la pared, esta es una forma ingeniosa de almacenar su creciente colección de obras maestras (si están sobre papel). Compre algunos tubos para colocar correspondencia de los que se venden en las tiendas de suministros para oficinas y rotúlelos de alguna forma con sentido, por ejemplo,

En la Época de la Abuela

La abuela decía que la única superstición con sentido práctico era la que afirmaba que era de mala suerte caminar debajo de una **ESCALERA.** Si la golpea accidentalmente, aun cuando el golpe fuera suave, alguna herramienta pesada podría rodar y caer sobre su cabeza. Bien, a diferencia de muchas supersticiones del pasado, el tabú de las escaleras no tenía nada que ver con la posibilidad de daño físico. La creencia provenía del hecho de que una escalera inclinada contra una pared forma un triángulo. Desde el inicio de la historia, en muchas culturas el triángulo ha representado una sagrada trinidad de dioses y la gente que pasaba a través de un arco triangular desafiaba el territorio santificado y eso podría traerle problemas.

por año escolar o asignatura. Enrolle varias obras maestras y colóquelas en el tubo apropiado. Ponga todos los tubos parados en un **CUBO PARA RESIDUOS** pequeño, nuevo y galvanizado.

CONSEJO ¿Le gustaría encontrar un recipiente resistente, de buen aspecto y a prueba de mascotas para colocar la comida del perro o del gato? Use un **CUBO PARA RESIDUOS** nuevo, limpio y galvanizado. El metal combina bien con los utensilios cromados y de acero inoxidable de la cocina y los cubos vienen en tamaños que pueden contener de todo: desde una bolsa de 6 libras de comida para gatos hasta un saco de 50 libras de comida para perros.

CONSEJO Si tiene hijos pequeños o nietos que monten bicicleta, triciclo o carritos de pedales en el sendero vehicular de la casa, este es un superconsejo de seguridad: coloque una **ESCALERA EXTENSIBLE** atravesada al final del sendero para evitar que los pequeños sigan hasta la calle.

LAS FÓRMULAS SECRETAS DE
la Abuela Putt

ENREJADO DE RUEDAS DE BICICLETA

¿Tiene alguna rueda de bicicleta vieja en el taller de trabajo? Entonces haga lo que hizo la abuela un verano: construya un enrejado para el deleite de los días soleados de sus hijos o nietos. Esto es todo lo que necesita hacer.

estaca de madera de 8 pies*
rueda de bicicleta
4 tornillos para madera de 2 pulgadas
10–12 estacas cortas (de metal o madera)
cuerda o cordel
semillas de la enredadera anual de su preferencia**

Inserte la estaca de madera de 8 pies entre 1 y 1½ pie en la tierra de un cantero y coloque la rueda arriba. Instale los tornillos debajo de la rueda para asegurarse de que quede bien. Ensarte las estacas cortas en la tierra alrededor del perímetro de la rueda. Pase tramos de cuerda o cordel desde las varillas de la rueda hasta la tierra y ate cada uno a una estaca. Siembre dos o tres semillas a la par de cada estaca. En menos tiempo del que cree, las enredaderas se dirigirán hacia arriba de las cuerdas y sobre la rueda.

* Use una estaca lo suficientemente ancha para que quepa estrechamente dentro del agujero ubicado en el centro de la rueda.

** Elija una enredadera ligera con flores, tal como la campanilla o la arveja dulce, o bien alguna verdura trepadora, como la arveja o el frijol. Evite las enredaderas perennes (como la glicina) y las verduras pesadas (como el ayote o tomates de variedad indefinida), que romperán el enrejado.

CONSEJO ¡Atención, organistas de iglesia! ¿Alguna vez han deseado tener ojos en la nuca para ver a la congregación o al director del coro mientras tocan el órgano? Esto es lo más parecido a tener un par adicional de ojos. Atornille un **ESPEJO DE AUTOMÓVIL** completo, con el soporte, a un bloque de madera y colóquelo en la consola para ver el espejo y la partitura al mismo tiempo.

CONSEJO Cuando su perro se moje bajo la lluvia, séquelo con una **GAMUZA**. El cuero suave absorberá el agua más rápidamente que una toalla, y su amigo lo sentirá suave en la piel.

CONSEJO A nosotros nos encantan los juegos de mesa. Y los cartones no se deterioraban debido a que, cuando eran nuevos, la abuela los recubría con **LACA** transparente.

CONSEJO ¿El gatito insiste en usar sus macetas con plantas como caja de arena? ¿Disfruta excavando la tierra? Para proteger a sus amigas, coloque **MALLA PROTECTORA** fina sobre la tierra. Por la malla pasarán el aire y el agua, pero no las garras del gatito.

CONSEJO Proteja contra golpes a los niños pequeños: cubra los bordes filosos de las patas de sillas y mesas con **MATERIAL DE AISLAMIENTO PARA TUBERÍA**. Córtelo para que se ajuste al largo correcto y deslícelo alrededor de la pata. Si el material no se queda fijo, asegúrelo con cinta de aislar.

CONSEJO Todo perro o gato tiene trastornos estomacales de vez en cuando. El proceso de limpieza nunca es agradable, pero será más rápido y fácil recoger las "galletas" tiradas si usa un **RASPADOR** ancho de plástico (en lugar de toallas de papel o un trapo viejo).

CONSEJO Mantenga las alacenas y las gavetas fuera del alcance de niños y mascotas: estire un tramo

UNA VEZ MÁS

Cuando vacíe una lata de **PINTURA** en aerosol, pásele la tapadera (limpia, por supuesto) a un niño. Estas tapas plásticas coloridas resultan excelentes juguetes para la tina de baño, la piscina o el arenero.

¡Ah, Esos Retazos!

Algunas veces, cuando termina un proyecto de renovación en el hogar, encuentra **RETAZOS** muy pequeños o escasos para guardar, así que piensa en tirarlos a la basura. ¡Reflexione! Nunca se sabe cuándo podrían resultar útiles esos retazos. Estos son algunos ejemplos.

Residuos del Taller	Qué Hacer con Ellos	Cómo Hacerlo
Azulejos de cerámica	Déselos a los niños para que los usen como material artístico.	Pídales a los niños que hagan dibujos en papel y péguelos a las baldosas. Luego rocíe la superficie con pintura acrílica transparente para proteger la obra de arte. Resultado: pisapapeles o portavasos.
Adoquín de concreto o rocas (por lo menos, 12 pulgadas de extensión)	Deshágase de los topos.	Coloque el adoquín en medio del césped. Luego, con el mango de un rastrillo o de una pala, aporree el adoquín por dos o tres minutos dos veces al día. Luego de tres o cuatro días de arremeter con este aporreo, las vibraciones subterráneas harán que los topos se dirijan a un territorio más silencioso.
Paneles de yeso	Haga un tablero para mensajes.	Busque un marco para fotografías viejo (o nuevo) y corte el panel de yeso para que quepa dentro. Luego corte un pedazo de tela que tenga 4 pulgadas más, por todos los lados, que el panel de yeso (por ejemplo, algodón pesado, lino o yute). Envuelva la tela alrededor del panel de yeso y fíjela a la parte posterior con una pistola engrapadora. Coloque el tablero cubierto con el paño dentro del marco y cuélguelo. Use tachuelas o chinchetas para colocar los mensajes.
Malla metálica	Mantenga secos sus zapatos de jardinería	Coloque un cuadrado de 12 a 14 pulgadas de malla sobre el suelo debajo del grifo para el jardín. La malla dejará pasar el agua hacia la tierra sin que se haga poza ni que se forme lodo.
Malla metálica, toma 2	Cierna el abono orgánico	Clave juntas tiras de madera de 1 x 2 pulgadas para elaborar un marco que llegue hasta la carretilla. Luego corte la malla metálica del tamaño exacto y fíjela al marco con clavitos inoxidables.

Residuos del Taller	Qué Hacer con Ellos	Cómo Hacerlo
Peldaño de escalera de caucho	Cubra un asiento de columpio.	Para lograr mejor tracción en un asiento de columpio metálico y evitar las astillas de un columpio de madera, pegue el peldaño al asiento.
Baldosas de piso vinílico	Confeccione cubiertas resistentes para estantes o gavetas.	Corte las baldosas según el tamaño, desprenda la protección posterior y colóquelas en el lugar.
Virutas de madera	Desodorice zapatos deportivos.	Coloque un puñado de virutas en cada zapato, luego colóquelos en una bolsa plástica durante una semana.

corto de **RESORTE** entre dos perillas de puerta o asas de gavetas.

CONSEJO La Madre Naturaleza recién ha dejado caer una capa profunda de nieve y usted tiene a un chico ansioso por salir a divertirse. Lamentablemente no cuenta con un trineo a la mano. Pero probablemente tenga un excelente sustituto: una **TAPADERA DE CUBO PARA RESIDUOS** de plástico con las manijas a los lados.

CONSEJO ¿Es hora de que practique la banda de músicos infantiles? Dele a la sección de percusión un par de **TAPADERAS DE CUBO PARA RESIDUOS** limpias y galvanizadas para usar como platillos.

El Mundo
EXTERIOR

CONSEJO Cuando una tormenta nocturna de hielo lo deje varado en el sendero vehicular, recurra al **ABSORBENTE INDUSTRIAL** de arcilla que tiene en el taller de trabajo. Distribuya una capa del crujiente material debajo de los neumáticos para darles tracción y continúe su feliz rumbo.

CONSEJO El **ABSORBENTE INDUSTRIAL** (de arcilla) puede reducir el "dolor de nariz" ocasionado por el cubo

LIMPIADOR DE BARRERAS PARA BABOSAS

Una minicerca de tiras de cobre, o tubería de cobre colocada de lado, es una de las mejores defensas contra babosas y caracoles. Eso se debe a que cuando las plagas intentan escabullirse sobre la barricada, algo en la baba reacciona ante el metal y genera un impacto fatal. Hay un solo problema: una vez que se acumula verdín en el cobre, deja de funcionar la barrera. Es por ello que, con el primer signo de verdín, la abuela limpiaba la barrera con esta simple fórmula.

1 cucharada de queroseno*
1 cucharada de bicarbonato

Mezcle los ingredientes, sumerja una esponja o paño suave y restriegue hasta eliminar el verdín. Luego enjuague con agua limpia y seque con un paño limpio.

* Esta fórmula funciona de maravilla sobre prácticamente cualquier superficie de cobre. Pero si la usa para interiores (por ejemplo, en utensilios de cocina de cobre), use queroseno desodorizado y enjuague muy bien.

para residuos del exterior. Espolvoree media pulgada del material en el fondo del cubo para que absorba la grasa y la humedad que generan los olores.

CONSEJO Antes de un largo paseo en bicicleta, rocíela de punta a punta con **ACEITE LUBRICANTE**. Apenas una fina capa del material viscoso evitará que se acumule suciedad y lodo en el metal.

CONSEJO El **ACEITE LUBRICANTE** en un paño suave es lo que necesita para quitar la brea de herramientas, su automóvil o cualquier otro objeto de metal.

CONSEJO Mantenga a las ardillas alejadas de una casita o un comedero para aves fijos; para lograrlo, rocíe el poste con **ACEITE LUBRICANTE**. Con ello evitará que se trepen los bichos esos.

CONSEJO Si podar árboles deja las tijeras cubiertas de savia, limpie las cuchillas con **ACEITE LUBRICANTE** y páseles un paño suave.

CONSEJO ¡Caramba! Es un día cálido de invierno, está

por salir a esquiar a campo traviesa, y se da cuenta de que acaba de quedarse sin cera para esquís. ¡Esa nieve pegajosa que se derrite podría detenerlo! No se preocupe. Tome la lata de **ACEITE LUBRICANTE** en aerosol y rocíe ligeramente la parte inferior de los esquís. Se desplazará sin ningún problema.

CONSEJO Antes de que vierta concreto en una formaleta nueva de madera, pase una brocha con **ACEITE PARA MOTOR** sobre la madera. Obtendrá formaletas más limpias y un concreto más nítido.

CONSEJO Cuando necesite quitar aceite o grasa de una superficie de concreto, no se apresure a comprar un sofisticado limpiador para trabajos de albañilería. Vierta **AGUARRÁS** sobre el concreto: sature las manchas y un área de 8 a 12 pulgadas más allá de ellas. Luego cubra con una capa de arenilla sanitaria para gatos lo suficientemente gruesa de modo que no pueda ver el concreto debajo (aunque la tradicional arenilla sanitaria para mascotas a base de arcilla será eficaz, la moderna que se aglutina absorberá la grasa mejor y más rápidamente). Déjela reposar una o dos horas. Luego barra la arenilla con una escoba. Si la mancha ha estado impregnada por algún tiempo, probablemente tenga que repetir el procedimiento. Atención: es fundamental la buena ventilación, así que si está trabajando en el garaje, mantenga la puerta abierta.

CONSEJO El abuelo Putt siempre tenía un saco pequeño de **CEMENTO** en el taller para parches de emergencia. Si le sobró de un proyecto más grande, cuenta con un excelente limpiador de grasa. Cuando tenga manchas antiestéticas de grasa en el sendero vehicular, el patio o en cualquier otra superficie de concreto, cubra la mancha con cemento seco, espere 20 minutos y bárralo. Si persiste algo de la mancha, repita el proceso.

CONSEJO Antes de cortar el césped, recubra la parte interior de la cortadora con **CERA PARA LUSTRAR AUTOMÓVILES**. Así impedirá que los recortes de césped se peguen a las cuchillas y a la parte inferior de la plataforma, y se ahorrará el esfuerzo de la limpieza posterior.

UNA CUBETA DE ROCAS PARA CAMINOS

La abuela ponía rocas para caminos en todos los canteros de flores y verduras, para trabajar entre las plantas sin quedarse atrapada en los huecos de tierra. Desde luego, las rocas para caminos también sirven para construir fabulosos senderos informales. Puede comprar estas rocas en cualquier centro de jardinería surtido, o puede hacerlas usted mismo con esta simple fórmula (estos materiales alcanzan para cinco piedras).

cinta métrica
cubeta plástica para 5 galones con los lados rectos
sierra de cinta o cuchillo de uso general
cobertor protector plástico
aceite lubricante
bolsa de mezcla para concreto de 60 libras
paleta de madera para revolver
regla rectificada
**lápiz viejo, palillo puntiagudo o material decorativo, tal como canicas o pedazos
de cerámica (opcional)**

Mida la altura de la cubeta y divida ese número por cinco (debería dar como resultado unas 3 pulgadas). Haga una marca del lado de la cubeta en cada uno de esos intervalos y repita el proceso en tres lugares más alrededor de la circunferencia de la cubeta. En cada uno de esos intervalos, corte o asierre la cubeta de forma transversal, de modo de producir cinco aros. Extienda el cobertor protector por una superficie plana (como un patio o una acera) y coloque los aros, también conocidos como moldes, en la parte superior del cobertor. Rocíe aceite lubricante en la parte interior de cada uno para que las piedras terminadas sean más fáciles de deslizar. Mezcle el concreto de acuerdo con las instrucciones de la bolsa, y viértalo en los moldes hasta una profundidad de 1 pulgada (o un tercio de la distancia hacia el costado).

Ahora viene la parte divertida: use una regla rectificada para nivelar la superficie de cada piedra y agregue cualquier ornamento que desee. Por ejemplo, escriba mensajes, dibuje o inserte pedazos de cerámica o canicas en el cemento blando. Cuando se haya endurecido el concreto, saque las piedras de los moldes. Luego llénelos de nuevo para hacer otro lote, o guárdelos para más adelante.

CONSEJO Antes de guardar las herramientas de jardín durante el invierno, páseles un paño con **CERA PARA LUSTRAR AUTOMÓVILES** para evitar el óxido y la corrosión.

CONSEJO Cuando era un muchacho, uno de mis quehaceres habituales en invierno era mantener el sendero vehicular y el camino peatonal despejados de nieve (¡y había en abundancia!). Afortunadamente la abuela sabía cómo facilitar mi tarea: me decía que frotara **CERA PARA LUSTRAR AUTOMÓVILES** sobre la cuchilla de la pala, de modo que la nieve se deslizara hacia fuera de la superficie metálica (también es eficaz con palas plásticas pero, desde luego, no existían en ese momento).

CONSEJO Para limpiar el alquitrán de los neumáticos de banda blanca, aplique con un paño o una esponja **CERA PARA LUSTRAR AUTOMÓVILES** tipo pasta. Lustre con un paño suave.

CONSEJO Los muebles de hierro fundido para exteriores sufren el desgaste natural. Desde luego, tiene que protegerlos contra su enemigo número uno: el óxido. Afortunadamente puede cumplir con ese cometido de la forma en que lo hacía la abuela. Al inicio de cada temporada, limpie los muebles minuciosamente. Sumerja un paño suave en **CERA PARA LUSTRAR AUTOMÓVILES** y frote cada mueble de arriba a abajo.

CONSEJO Una capa anual de **CERA PARA LUSTRAR**

UNA VEZ MÁS

Convierta un viejo **TUBO DE BAJADA PLUVIAL**, o un tramo de él, en una maceta vertical. Corte agujeros de unas 2 pulgadas de diámetro en un lado del tubo, con 6 pulgadas de separación, y fije el otro lado del tubo a una pared o cerca (asegúrese de que el extremo abierto haga contacto con el suelo, de modo que no salpique tierra). Llene los agujeros con mezcla de abono. Cuando la tierra llegue al nivel del primer agujero, coloque un almácigo sobre el costado, de modo que la parte superior salga por el agujero. Continúe llenando y sembrando hasta que alcance la parte superior del tubo. Luego riéguelos muy bien. Para esta maceta elevada, las mejores plantas son las que trepan y caen de forma natural. El vivero de su localidad le ofrecerá docenas de opciones. Le sugiero fresas, tomillo rastrero, lobelia, hiedra y petunia rastrera.

AUTOMÓVILES también mantendrá sin óxido bisagras de portones, pestillos y otros herrajes para exteriores.

La deficiencia de hierro puede causar problemas en plantas, al igual que en las personas, aunque los síntomas sean diferentes, desde luego. Las plantas que no reciben suficiente hierro tienden a atraer moho o un exceso de plagas de insectos (o ambos). El método de la abuela para administrar una dosis saludable de hierro era lanzar un puñado de **CLAVOS** oxidados a las raíces de la víctima desnutrida. Si no tiene clavos oxidados a la mano, moje algunos con agua y entiérrelos media pulgada en la tierra. ¡Se oxidarán y alimentarán con hierro a la tierra en un santiamén!

Si necesita un lugar para colgar la manguera del jardín, podría comprar un colgador especial, o bien probar este método sencillo que aprendí del abuelo Putt. Perfore tres agujeros con patrón triangular en la parte inferior de una **CUBETA** de acero galvanizado. Atorníllela o fíjela con pernos a la pared del garaje o del cobertizo, con el extremo abierto de la cubeta hacia fuera. Enrolle la manguera alrededor de la cubeta y use la parte interior para almacenar boquillas y aspersores adicionales para el extremo de la manguera.

¿No tiene espacio para una pila de compost o un depósito? ¡Seguro que sí! Prepare un depósito de abono orgánico con una **CUBETA** plástica de 5 galones (o más) con tapadera. Siga estos pasos. Si se ha usado la cubeta anteriormente, límpiela minuciosamente. Córtele el fondo e introdúzcala un pie en la tierra en uno de los canteros del jardín. Agregue unas cuantas tazas de abono orgánico (casero o comprado) para iniciar el pro-

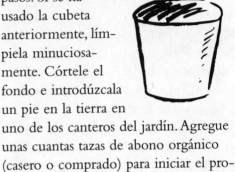

En la Época de la Abuela

Cuando era niño, me imaginaba que el **CONCRETO** (el material del que están hechas las aceras, los cimientos de las casas y las autopistas) había aparecido durante la época de la abuela o medio siglo antes de su nacimiento. ¡Cuán equivocado estaba! Resulta ser que los romanos inventaron el material a principios de la era cristiana. Comenzaron con cemento (que elaboraban de una ceniza volcánica conocida como *puzolana*), pero rápidamente descubrieron que al mezclarlo con agua, cal y trozos de piedra, podían construir paredes sólidas y tender caminos que cruzaban todo el imperio. Y, desde luego, así lo hicieron.

ceso de "cocción". Arroje a diario todo tipo de material orgánico, por ejemplo, flores marchitas, recortes de césped, vegetales y cáscaras de fruta, restos de café o bolsas de té, pero no carnes, grasas ni salsas. Mantenga herméticamente cerrada la cubeta cuando no la utilice, a fin de evitar atraer moscas y otros carroñeros. Cuando la cubeta esté casi llena, extráigala. Tendrá una pequeña pila de compost parcialmente lista. Cúbrala con tierra para que siga descomponiéndose; así suministrará a sus plantas los nutrientes esenciales (este método es especialmente eficaz para los productos de alto consumo, como los tomates y el ayote de invierno).

CONSEJO Atrape a los ratones devoradores de plantas con **CUBETAS** plásticas de 5 galones. Coloque cada cubeta en sentido ascendente cerca de un arbusto u otro dispositivo para subirse e introduzca la carnada en el fondo (parece que casi todos tienen una idea diferente sobre las mejores carnadas para ratones; la abuela prefería la mantequilla de maní en trozos). Los ratones merodearán por el borde de la cubeta, saltarán al interior para devorar la golosina y quedarán atrapados. Si no los libera, rápidamente morirán de hambre o serán devorados por depredadores.

CONSEJO Controle plantas invasivas, como la menta, la hierba gatera y el bambú con **CUBETAS** plásticas de 5 galones. Primero excave un agujero lo suficientemente grande para sostener una cubeta. Luego córtele el fondo y retire el asa. Introduzca la cubeta en el agujero, llénela con la cantidad de tierra apropiada para sembrar y plante su trotamundos. Las raíces crecerán hacia abajo en lugar de deambular por el jardín.

CONSEJO Este es otro consejo con el que ahorrará espacio en el jardín: si no dispone de espacio para cultivar tomates en tierra, cultívelos en cascada en **CUBETAS** plásticas de 5 galones. Para cada planta, corte un agujero de 3 pulgadas de diámetro en la parte inferior de la cubeta e inserte un almácigo, de modo que las hojas salgan por el agujero. Llene la cubeta con una mezcla en partes iguales de abono comercial y compost, y cuelgue la cubeta del asa. Antes de que se dé cuenta, ¡tendrá un jardín colgante de tomates! (Nota: para lograr mejores resultados, use una variedad pequeña para cubetas, como Pixie, Tiny Tim o Tumbler).

CONSEJO Antes de que la abuela guardara las herramientas de jardín durante el invierno, las limpiaba bien y afilaba las cuchillas. Luego llenaba con arena un **CUBO PARA RESIDUOS** hasta la mitad, le vertía un cuarto de galón de aceite mineral y metía todas las herramienta, con el extremo afilado primero. Así las mantenía afiladas y sin óxido ni corrosión hasta la primavera.

CONSEJO Cuando era niño, la abuela me enseñó que una gran bodega subterránea es el mejor lugar para almacenar muchas clases de verduras, no solo tubérculos como papas, cebollas y remolachas, sino también repollos, coles de Bruselas y ayote de invierno. Pero en estos tiempos, ¿quién tiene espacio para una bodega subterránea? ¿Yo? ¡No! Pero sí tengo espacio para un buen sustituto: un **CUBO PARA RESIDUOS** de plástico. Y el proceso de "construcción" no podría ser más sencillo. Antes de que se congele la tierra, excave un agujero de unas 2 pulgadas menos de profundidad que el recipiente. Así podrá colocarle la tapadera. Coloque el cubo (desde luego, nuevo y limpio) en el agujero, introduzca el producto y colóquele la tapadera. Cúbralo con una capa gruesa de material de aislamiento que sea fácil de retirar cuando desee tener acceso a su tesoro: ramas de árbol de hoja perenne, una bolsa de yute llena de paja o incluso un trozo de alfombra. Finalmente marque la ubicación de su minibodega, de modo que pueda encontrarla fácilmente en la nieve.

CONSEJO El almacenamiento de herramientas no es la única tarea de invierno del **CUBO PARA RESIDUOS**. Estos recipientes metálicos o plásticos también resultan perfectos para sal, arena, arenilla sanitaria para gatos o cualquier sustancia que use para mantener las escaleras y los caminos despejados de nieve. Vacíe su agente de deshielo preferido en el recipiente, incluya un cucharón grande y salga sin necesidad de manipular fastidiosas bolsas.

CONSEJO Cuando tenga que sacar maleza de lugares difíciles de alcanzar, como los que quedan entre una roca y otra de los caminos o fisuras en una acera, lo mejor es un **DESTORNILLADOR** resistente de punta plana.

CONSEJO Esta es una forma sencilla e infalible para saber si es el momento de regar el césped: empuje un **DESTORNILLADOR** largo en la tierra. Si tiene que batallar para insertarlo unas 6 pulgadas en la tierra, encienda los aspersores y refresque un poco el césped.

CONSEJO Agregue un toque rústico al jardín con este consejo

UNA VEZ MÁS

Si tiene algunos tramos viejos de **CANALETA**, ha encontrado una barrera de primera clase contra babosas. Cave una zanja alrededor del cantero, coloque las canaletas de modo que los bordes apenas alcancen la superficie de la tierra, y vierta en el fondo una capa de ½ pulgada de sal o vinagre. Cuando las babosas (o caracoles) intenten reptar sobre las plantas, caerán en la zanja y morirán.

de la abuela: coloque una **ESCALERA** de madera (o dos o tres) en el cantero y siembre hierbas, flores o verduras de hoja verde entre los peldaños. (No se preocupe si la madera no es añeja: la Madre Naturaleza la añejará en un santiamén).

CONSEJO ¿Necesita cargar algunos objetos pesados en una furgoneta o camioneta tipo pick-up? ¡No se arriesgue a lesionarse la espalda! Prepare una rampa: incline una **ESCALERA** contra la parte posterior del vehículo y apoye una tabla fuerte o dos. Coloque la carga sobre la rampa y deslícela.

CONSEJO Finalmente sucedió: sus guantes de cuero para el jardín comienzan a mostrar los resultados de años de ardua labor. No los tire a la basura. Corte parches de una **GAMUZA** y péguelos o cósalos a las partes desgastadas. ¡Y siga usándolos!

CONSEJO Las marmotas son adorables, pero el daño que provocan en un jardín no lo es. Afortunadamente, cuando Punxsutawney Phil y sus amigos se aparecieron a cenar en la casa de la abuela, ella conocía una forma sencilla de avisar: "¡Este restaurante está cerrado!". Ponía una lata del tamaño que envasan las sopas con **GASOLINA** en cada entrada de túnel. Rápidamente las marmotas empacaban para mudarse a un alojamiento menos

aromático (probablemente no se muden muy lejos al primer intento: use esta táctica varias veces para que se muden hacia horizontes más lejanos).

 Usted eligió neumáticos de banda negra en lugar

Cérquelos

Cuando necesite proteger el jardín de bichos devoradores, una **MALLA METÁLICA** resulta sumamente práctica. Cómo usar esta defensa metálica depende de quiénes sean las alimañas y cuál sea su objetivo. Este es el resumen (nota: use malla metálica con aberturas de no más de ¼ pulgada en el entramado).

Alimañas Revoltosas	Objetivos	Su Estrategia de Defensa
Ardillas rayadas y grises	Bulbos	Coloque la malla sobre la parcela al momento de sembrar. Una vez que el suelo se haya asentado, las ardillas perderán interés: puede retirar la malla y guardarla para el año próximo.
	Semillas	Coloque la malla sobre la parcela al momento de sembrar. Retírela a la primera señal de brotes verdes.
Topos	Bulbos	Forre el fondo y los costados de los agujeros (o todo el cantero). Para evitar que la malla limite el crecimiento de la raíz, colóquela 3 pulgadas por debajo de los bulbos más profundos.
	Flores o verduras	Coloque la malla sobre el fondo de los agujeros, o en toda la parcela, por lo menos 2 pies por debajo de la superficie del suelo. Forre todos los lados hasta llegar a 3 o 4 pulgadas por encima de la superficie.
Conejos	Flores o verduras	Cave una zanja alrededor del área que desea proteger y coloque la malla para que se extienda, por lo menos 3 pies por encima del suelo y 6 pulgadas por debajo, con otras 6 pulgadas que se doblen subterráneamente con un ángulo de 90° del jardín. Si le importa el aspecto estético, oculte la malla con una cerca más decorativa.

de los de banda blanca, porque pensó que se podían mantener limpios por más tiempo. Y así es, pero no permanecen limpios para siempre. Este es un consejo sencillo para mantener el buen aspecto del día que los estrenó: frote una capa fina de **LÍQUIDO DE FRENOS** con un paño suave y limpio. Luego seque con otro paño.

CONSEJO No es ningún secreto que los tomates son uno de los productos que más consumen nutrientes en el huerto. Pero hay algo que probablemente no sepa: no tiene que alimentar su cultivo si construye esta cafetería para atender a toda hora. Esto es todo lo que necesita hacer: primero excave un agujero que tenga 3 pies de diámetro y 10 pulgadas de profundidad. Coloque un cilindro de 2 pies de altura de **MALLA DE ALAMBRE** alrededor del agujero y llénelo con abono orgánico o estiércol bien putrefacto. Luego coloque seis tomateras en un círculo alrededor del cilindro, a 1 pie de distancia entre sí. Cuando riegue las plantas, riegue también la cafetería. ¡Cosechará los tomates más grandes y sabrosos de la ciudad!

CONSEJO Si los mapaches atacan su cultivo de maíz, fastídielos con tiras de **MALLA DE ALAMBRE** entre los tallos. Los mapaches tienen patas sensibles sin pelos y no les gusta caminar sobre superficies filosas o extrañas.

CONSEJO ¿Su problema no son los mapaches que husmean en el maizal, sino los felinos que retozan en su jardín de flores y le dejan recuerditos olorosos? Entonces pruebe este viejo consejo de la abuela: siembre alguna atractiva cubierta vegetal de bajo crecimiento (como tomillo rastrero o alisón fragante) en una tira de 2 a 3 pies de ancho alrededor del perímetro del jardín. Cubra el semillero con **MALLA DE ALAMBRE**. Cuando crezcan las plantas, ocultarán la cerca plana, así que no la notará. Pero cuando las patitas sensibles de los gatos toquen el alambre, ¡escaparán de prisa!

CONSEJO Los cultivos trepadores de rápido crecimiento (como los pepinos y el ayote de invierno) son blancos perfectos para plagas reptantes y hongos del suelo. Así que levante su cosecha para protegerla del peligro por medio de estos soportes sencillos que la abuela solía preparar. Por cada cultivo, corte **MALLA METÁLICA** en rectángulos de unos 3 por 5 pies, dóblela en forma de arco y colóquela en el cantero, con el lado abierto hacia abajo. Para agregar soporte, coloque algunas estacas o bloques de concreto en el centro del arco. Siembre las semillas a los costados y, a medida que crezcan las plántulas, colóquelas arriba de la malla. Además de mantener las plántulas alejadas del suelo, los soportes metálicos atraerán la electricidad estática del aire, lo que proporcionará una fuente adicional de nitrógeno (este proceso se conoce como electrocultivo. Consulte "En la Época de la Abuela", pág. 230).

CONSEJO Deshágase de las orugas: rodee cada almácigo con una barrera de **MALLA PROTECTORA** fina. Para cada minicorral, corte una franja de unas 5 pulgadas de ancho por 6 pulgadas de largo para producir una abertura de unas 2 pulgadas de diámetro. Inserte la malla 2 pulgadas en la tierra con unas 3 pulgadas que sobresalgan de la superficie (aunque para este consejo será eficaz tanto la malla protectora de metal como la de nailon, esta última tiene una ventaja: debido a que no se oxida, puede guardarla y usarla año tras año).

CONSEJO La abuela solía cultivar muchas plantas en tubos de drenaje de arcilla (son excelentes recipientes para las plantas que se cultivan, por lo general, en canastas colgantes, por ejemplo, fucsias, geranios con hojas tipo hiedra y begonias tuberosas). Para impedir que los bichos suban por la abertura, la abuela colocaba **MALLA PROTECTORA** fina debajo de cada tubo.

CONSEJO Las fresas de la abuela eran la sensación del lugar (y la atracción principal en la venta anual de crema helada de fresa para las obras benéficas de la iglesia). ¡Así que consentía a sus plantas! Al momento de sembrar, envolvía las raíces de cada planta en **MALLA PROTECTORA** fina antes de colocar la planta en el agujero. Las raíces podían crecer por la malla, pero las codiciosas larvas (la polilla de la fresa y los gorgojos de las raíces de la fresa) no podían pasar.

CONSEJO Una de las formas más rápidas de eliminar el óxido del metal es mediante una rueda de radios en el extremo de un taladro eléctrico: hágala girar hasta eliminar el óxido. ¿Y si recién ha encontrado un tesoro, como un antiguo portón de hierro para jardín, y no tiene una rueda de

Acaba de terminar un proyecto de construcción y le quedó gran cantidad de **ASERRÍN** en las manos y en el piso del taller de trabajo. Después de barrerlo, ¿qué puede hacer con tanto aserrín? ¡Muchas cosas! Estas son algunas sugerencias para inspirar su creatividad.

▷ **Reduzca la acidez (pH) del suelo.** Además de hacer más ácido el suelo, el aserrín añejo agregará valiosa materia orgánica.

▷ **Prepare abono orgánico.** El aserrín es un fabuloso componente integral o rico en carbono.

▷ **Cree encendedores.** Mezcle 1½ taza de aserrín con 1 taza de parafina derretida. Vierta la mezcla en un cartón de huevos o en vasitos desechables de papel (el tamaño de los dispensadores de baño es perfecto), y déjela que endurezca. Cuando encienda la chimenea o la parrilla, coloque una de las esferas en la leña o el carbón, y enciéndalo.

▷ **Repare una asa rota.** Para reemplazar el asa de un pocillo que se haya roto, rellene una caja de zapatos hasta la mitad con aserrín. Presione el pocillo (con el lado del asa hacia arriba) en el aserrín para que no vaya a rodar. Pegue el asa en el lugar y déjela secar durante la noche (este consejo también funciona con jarras y tazas de té).

▷ **Almacene manzanas para el invierno.** Después de cosecharlas, séquelas cuidadosamente (sin lavarlas), y empáquelas en cajas con aserrín seco. Manténgalas en un lugar fresco y seco.

▷ **Barra un piso de concreto.** Mezcle 6 tazas de aserrín cernido con 2 tazas de sal mineral y 1½ taza de aceite mineral, y guarde la mezcla en un cubo para residuos de plástico con tapadera hermética. Para usar esta mezcla como producto de limpieza, sumerja un cucharón, espolvoréela sobre el suelo, y bárrala junto con gran cantidad de polvo y suciedad.

Qué No Hacer con el Aserrín

A algunas personas les gusta usar el aserrín como mantillo para las semillas de césped, pero mi consejo es que lo evite. ¿Por qué? Porque cuando el aserrín se moja, forma una costra muy difícil y algunas veces casi imposible de penetrar para los pequeños almácigos de césped.

radios? Desde luego, puede salir corriendo a comprar una en la ferretería. O bien, podría armar varias con **MALLA PROTECTORA** metálica por mucho menos dinero. Para cada rueda, corte unos 12 círculos de 5 pulgadas de diámetro de malla protectora, y perfore un agujero de ¼ pulgada en el centro de cada uno. Coloque la pila de círculos sobre un perno, con una arandela a cada lado, y sujételos con una tuerca. Lleve el extremo del perno a la abertura en donde se colocaría la broca del

taladro y apriételo. ¡Presto! ¡Ya puede salir a pasear en su flamante creación!

CONSEJO Una de las herramientas más eficaces contra la maleza está colgada en el taller. ¿Cuál es? El **MARTILLO DE UÑA**. Deslice la uña al nivel del suelo alrededor del tallo del diente de león o cualquier otra maleza de raíz profunda. Luego mueva el cabezal del martillo hacia atrás como si estuviera haciendo palanca para sacar un clavo. La maleza saldrá de inmediato, con todo y raíz (por lo menos, la mayoría de las veces).

CONSEJO La abuela siempre mantenía **MOSQUITEROS** nuevos y limpios en el taller de trabajo. Así que, cuando deseaba poner a secar hierbas o flores, sacaba los mosquiteros, los ponía sobre ladrillos o bloques de concreto y colocaba encima las plantas.

CONSEJO Los **MOSQUITEROS** más antiguos y no tan limpios puestos en bloques resultan perfectos para cerner terrones de mantillo para el jardín.

CONSEJO ¿Los mapaches o zarigüeyas del vecindario se roban sus elotes y tomates? Pruebe esto: apoye los viejos **MOSQUITEROS** contra los tallos de la planta de maíz o las estacas de las tomateras. Los hambrientos pillos cenarán en otro lugar.

LAS FÓRMULAS SECRETAS DE
la Abuela Putt

REMOVEDOR DE RAYONES EN MADERA

La abuela tenía un clásico columpio de jardín en madera barnizada y, cuando tenía algún rayón, lo eliminaba con esta maravillosa receta.

1 parte de aceite de linaza hervido
1 parte de turpentina
1 parte de vinagre blanco

Mezcle todos los ingredientes en un frasco de vidrio de boca ancha. Sumerja en la mezcla lana de acero (Virulana) extrafina, y frote suavemente los rayones hasta eliminarlos. (Esta fórmula también elimina rayones de madera tratada con laca o cera, incluidos pisos y muebles).

Equipar el automóvil con **NEUMÁTICOS** nuevos puede hacerle un agujero en el bolsillo, pero no le dolerá tanto si piensa en todo lo que puede hacer con los neumáticos viejos. Considere estas posibilidades.

▷ **Proteja su llegada.** Fije un neumático a la pared final del garaje para suavizar el golpe cuando no recuerde detenerse a tiempo.

▷ **Cultive ayotes y pepinos sin plagas.** Coloque neumáticos encima del cantero listo para sembrar y lance dos o tres semillas en cada uno (posteriormente ralee los almácigos a uno por neumático, eligiendo el más fuerte, por supuesto). Nadie está muy seguro del porqué, pero algo en el hule repele tanto los bichos del ayote como los escarabajos del pepino.

▷ **Cultive fabulosos tomates.** En un lugar en donde reciban por lo menos ocho horas de sol al día en pleno verano, apile tres neumáticos por planta. Rellene el interior de esta torreta con una mezcla en partes iguales de marga para jardín y abono orgánico. En el centro, inserte una estaca de madera resistente o un poste metálico que se eleve por lo menos 6 pies sobre el nivel del suelo. Luego siembre el almácigo (solo uno por maceta). Los neumáticos captarán y mantendrán el calor del sol, con lo que suministrarán la calidez que ansían los tomates. Además la maceta de caucho almacenará agua durante días y la liberará a la planta según lo necesite.

▷ **Construya un arenero para un niño pequeño.** Coloque el neumático de lado, rellénelo con arena limpia de la playa y deje suelto al chiquillo (si consigue un neumático viejo de algún tractor agrícola o de un avión, será el superhéroe de los niños menores de siete años).

▷ **Construya una plataforma.** ¿Para qué? Para todo tipo de cosas. Rellene el centro del neumático con cemento y, mientras todavía esté húmedo, inserte un tubo de 3 a 4 pulgadas de diámetro. Luego inserte cualquier cosa que necesite sujetar, por ejemplo, un asta para bandera, un poste para el buzón, una cesta de baloncesto tamaño infantil, una bola para jugar atada a un poste o un comedero para pájaros. Nota: si desea que la plataforma sea más fácil de movilizar, corte plástico resistente para que se ajuste al tamaño del neumático y péguelo a la parte inferior antes de verter el cemento.

▷ **Diseñe un columpio.** La abuela creció columpiándose en un neumático y hoy en día sigue siendo tan divertido como entonces. Ate el extremo de una cuerda al neumático y el otro extremo a alguna rama resistente de árbol. ¡Disfrútelo!

CONSEJO Una de las herramientas de jardín preferidas de la abuela era una azada que el abuelo hizo con una **PALITA DE ALBAÑILERÍA**. Ponía la cabeza triangular en un torno y doblaba el mango en un ángulo de 90°. Listo: una azada para jalar en dirección a usted (como las que se venden en los centros de jardinería) por aproximadamente un quinto del costo (si no tiene una espátula de albañilería en el taller de trabajo, puede comprar una en la ferretería del vecindario por pocos dólares).

CONSEJO ¿Para qué usa un **RASPA-DOR DE HIELO**? ¡Para sacar el hielo de las ventanas del vehículo, desde luego! Pero allí no terminan los beneficios. Es ideal para quitar cera vieja de la parte inferior de los esquís.

CONSEJO ¿Anda en busca de un bebedero o un comedero para pájaros que resulte barato? Use una **TAPADERA DE CUBO PARA RESI-DUOS** limpia (plástica o de metal galvanizado). Para un bebedero o comedero al nivel del suelo, coloque la tapadera al revés sobre ladrillos colocados lo suficientemente lejos como para sujetar la parte curva. O bien, para una versión colgante, perfore tres agujeros a los costados de la tapadera, pase alambre de acero inoxidable o línea de pesca de nailon por los agujeros y cuelgue la unidad de servicios para sus amigos alados de la rama de un árbol.

CONSEJO No hay nada que a un gato vagabundo le guste más hacer o que pueda hacer más rápido que trepar a un grueso poste de madera con una casita o un comedero para pájaros. Si en su jardín tiene uno de estos puntos de atracción para felinos, lea esto: cubra parte del poste con **TUBO PARA CHIMENEA**. Para un poste cuadrado de 4 pulgadas, use un tubo estándar de 6 pulgadas de diámetro y unas 24 pulgadas de largo con una unión abierta (la mayoría la tiene). Des-

UNA VEZ MÁS

 Si ha cambiado algunas **VENTANAS** en su casa recientemente, puede construir ese cajón de vivero que siempre ha querido. Guarde una de las ventanas viejas (o más, si desea construir varios de estos prácticos cajones de cultivo) y quíteles el vidrio. También necesitará suficiente plástico transparente y resistente para cubrir el marco, cuatro tablas de madera y clavos inoxidables.

Corte las tablas del tamaño correcto y clávelas juntas para que el cajón sea media pulgada más pequeño que el marco de la ventana. Pegue el plástico sobre el marco, colóquelo encima del cajón y listo.

lice el tubo alrededor del poste entre unas 8 pulgadas y 1 pie por debajo de la casita o comedero para pájaros, y asegúrelo a la madera con clavos inoxidables. Si lo desea, pinte el metal para que combine con el poste. Cuando el gatito comience a merodear, se deslizará hacia abajo sobre esa superficie lisa.

CONSEJO Se muere de las ganas por armar un campo para practicar el lanzamiento de herraduras y acaba de encontrar un juego de estupendas herraduras en una venta de garaje. Hay un solo problema: faltan las estacas. ¡Prepare algunas! Necesita dos **TUBOS** galvanizados de ½ pulgada de diámetro; cada uno de 2½ pies de largo. Inserte los tubos unas 10 pulgadas en la tierra y estará listo para comenzar.

CONSEJO Cuando los mapaches desean algo (su maizal, las semillas del comedero para pájaros o el contenido del cubo para residuos), no se detienen hasta alcanzar el objetivo. Si ha probado sin suerte todos los consejos del libro, este debería ser la solución: reúna todos los **VENTILADORES** eléctricos que pueda pedir prestados o comprar, y póngalos alrededor del objetivo de los mapaches (use extensiones de cables aprobadas para uso en exteriores). Luego, antes de irse a dormir, encienda los ventiladores. Repita este procedimiento cada noche durante aproximadamente una semana, y con eso sus problemas deberían resolverse. (Digo "deberían" porque con estos pillos astutos, ¡no hay garantía de nada!).

CAPÍTULO OCHO

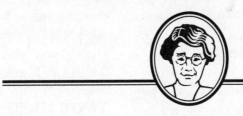

En el

DESVÁN

¡A su SALUD!

CONSEJO Tiene pie de atleta o pies muy cansados, y preparó una de las pócimas de la abuela para obtener algo de alivio. Olvidó una sola cosa: no tiene un molde lo suficientemente grande como para meter los dos pies.

Antes de cuadriplicar las cantidades de la receta en la tina, suba al desván. Si tiene suerte, encontrará una vieja **BAÑERA DE BEBÉ** para los pies (en los capítulos 3 y 4, encontrará varios tratamientos fabulosos para consentir los pies).

CONSEJO Si usa un andador, o tiene un amigo o pariente que use uno, sabe lo difícil que es transportar objetos de una habitación a otra. Hay una solución ingeniosa: busque una **CANASTA DE MIMBRE PARA BICICLETA** vieja (del tipo que se sujeta al manubrio) y cuélguela de la barra delantera del andador. Luego meta el libro, el periódico, los anteojos de lectura, las galletas para el perro o cualquier cosa que necesite llevar de un lado para otro.

TÓNICOS & PONCHES

SALES EFERVESCENTES PARA BAÑO

Cuando se sienta estresado hasta el límite, deprimido, o cansado y adolorido, es útil tener a la mano un gran frasco lindo de estas sales coloridas (también son prácticos regalos).

6 tazas de sal gruesa
½ taza de jabón líquido para manos o detergente para vajilla suave
1 cucharada de aceite vegetal
4–5 gotas de colorante artificial para alimentos

Coloque la sal gruesa en un tazón. En otro tazón, mezcle el jabón líquido, el aceite vegetal y el colorante, y vierta la solución sobre la sal. Revuelva para cubrir los cristales y espárzalos sobre papel encerado. Cuando estén completamente secos (en unas 24 horas), páselos a un frasco. A la hora del baño, vierta ¼ taza de los cristales en la tina bajo el chorro de agua.

CONSEJO La abuela Putt estaría muy contenta de que actualmente haya muchas menos personas que fuman que en su época. Pero le entristecería ver cuántos bellos **CENICEROS** están guardados, escondidos y olvidados en desvanes y bodegas. ¿Por qué no juntar unos lindos ceniceros y colocarlos en los estantes del gabinete de medicinas? Puede colocar botes de pastillas, tubos de ungüentos antisépticos, algunas curitas y toda clase de elementos para la buena salud.

CONSEJO La abuela sabía que no hay nada mejor para aliviar los nervios, relajar músculos o animar el espíritu que un largo baño en una tina caliente. Si tiene **FRASCOS DE VIDRIO** grandes y hermosos guardados, sáquelos del escondite y llénelos con las "Sales Efervescentes para Baño de la Abuela" (pág. 325). Con la combinación de los coloridos cristales a través del vidrio viejo, tendrá un bello adorno, incluso cuando no esté relajándose en la tina. Y como decía la abuela, los tratamientos de belleza aportan felicidad eterna.

CONSEJO Alivie su dolor de espalda o el de otra persona con **PELOTAS DE TENIS**. Meta tres o cuatro pelotas en un calcetín, y ate o cosa el extremo abierto. Acuéstese boca abajo o, si eso no es posible, siéntese al

revés en una silla, con los brazos contra el respaldo, y pídale a un amigo que pase el calcetín sobre la espalda. Sentirá cómo sus músculos suspiran de alivio (por así decirlo).

CONSEJO Si no logra dormir bien en la noche porque su pareja ronca (como lo hacía el abuelo Putt), resuelva el problema como lo hacía la abuela. Casi en el punto medio de la espalda de cada camisa de pijama del abuelo, la abuela cosía un bolsillo de tela de unas 8 pulgadas cuadradas. Luego, antes de ponerse su pijama en la noche, el abuelo metía una **PELOTA DE TENIS** en el bolsillo. Eso hacía que le fuera imposible dormir sobre la espalda, por lo que se veía obligado a dormir de lado; una posición en la que hasta las personas que roncan con más fuerza, pocas veces emiten sonido.

CONSEJO ¿Sus pies son propensos a estar cansados, adoloridos o lastimados? Entonces tenga a la mano un par de **PELOTAS DE**

BÉISBOL o de tenis viejas. Cuando lo ataque la incomodidad, pase el pie descalzo sobre cada pelota de tres a cinco minutos hasta sentirse mejor.

Para Su
BUEN ASPECTO

CONSEJO Si utiliza cosméticos de la cocina, como polvo para hornear, bicarbonato y almidón, mantenga estos antiguos aliados de la belleza en los clásicos frascos de tipo **CASTOR**: frascos de vidrio con tapaderas llenas de agujeros que se usaban para rociar azúcar sobre galletas y pasteles (en el capítulo 4, encontrará muchísimos consejos de la abuela para preparar cremas, pócimas y polvos con ingredientes de la cocina).

CONSEJO Ninguna ley dice que las **LICORERAS DE CRISTAL** tienen que contener licor. También sirven como bellos envases para enjuague bucal, aceite de baño o cremas cosméticas para el cuarto de baño o el tocador del dormitorio (¡tenga cuidado de no usarlas en el cuarto de baño que comparta con niños pequeños!).

CONSEJO ¿Acaso no le parece que nunca hay suficiente espacio en el cuarto de baño para guardar todos los suministros cosméticos? Esta es una idea novedosa: busque en su casa una **CANASTA DE MIMBRE PARA BICICLETA VIEJA**. Cuelgue los aros de un toallero, o de dos ganchos que haya atornillado a la pared. Luego meta en la canasta la secadora de cabello, los peines y cepillos, o cualquier cosa que tenga.

TÓNICOS & PONCHES

MASCARILLA FACIAL DE BAYAS

Cuando su piel necesite con urgencia humectación y nutrición, ¡esta mascarilla dará resultados fabulosos!

3–4 fresas medianas maduras
1 cucharada de leche evaporada
1 cucharada de miel
1 cucharadita de almidón (opcional)

En una licuadora o un procesador de alimentos, haga puré las fresas. En un tazón bonito, mezcle el puré con la leche y la miel. Si la mezcla queda demasiado líquida, agregue el almidón. Con las manos, unte la mezcla en el rostro y el cuello, deje actuar 10 minutos y enjuague con agua tibia.

LAS FÓRMULAS SECRETAS DE
la Abuela Putt

JOYERO EN UN MARCO

No deje un marco para fotografías bello y antiguo (y sin foto) en el desván. Conviértalo en un lugar artístico para guardar su colección de joyas de fantasía. Le explico.

marco para fotografías
cinta métrica
tijeras para hojalata o alambre
malla de alambre o metálica
pistola engrapadora y grapas
pintura en aerosol (opcional)
2 ganchos cerrados
gancho y cuerda para colgar
   cuadros
ganchos en S (opcional)

Quite el vidrio del marco, y los tornillos. Mida la abertura interior por la parte de atrás, corte malla a la medida y engrápela (píntela antes, si lo desea). Atornille los ganchos cerrados a la parte trasera del marco, un tercio hacia abajo desde la parte superior en ambos lados, coloque cuerda para colgar cuadros de un gancho a otro, y cuelgue el marco como colocaría cualquier cuadro. Sujete los broches de collares, brazaletes y aretes en la malla de alambre, o cuélguelos de los ganchos en S.

CONSEJO Cuando mi prima Betsy encontró muchos **SERVILLETEROS** viejos en el desván de la abuela Putt, los puso en uso de inmediato: organizó la colección de pañuelos de seda en una gaveta del tocador. Ató suavemente cada uno de los pañuelos a un servilletero, con lo que mantiene la pila sin arrugas y es fácil tomar uno en un instante.

CONSEJO Probablemente sea seguro decir que todos los desvanes (o el espacio de almacenamiento equivalente) tienen al menos unos cuantos **TAZONES** pequeños y bellos a los que nunca mira, mucho menos usa. Entonces, ¿por qué no incluirlos en su rutina de belleza regular? Conviértalos en recipientes para preparar y aplicar pociones caseras para la limpieza y suavidad de la piel (como la Mascarilla Facial de Bayas del recuadro en la página 327).

En los Alrededores de la
CASA

CONSEJO Cuando la abuela Putt preparaba jaleas, mermeladas y conservas especiales, las guardaba en la cocina, en una **ALACENA PARA JALEAS** alta, estrecha y de madera. Ahora ese bello mueble está en mi sala y sirve para guardar CD y DVD (¡quedan tan bien en los estantes que uno pensaría que fue hecha a la medida!).

CONSEJO Su cocina remodelada ya tiene un **ANAQUEL PARA VINOS** nuevo y empotrado. ¿Qué hace con el viejo? Úselo para guardar toallas enrolladas en el cuarto de baño.

CONSEJO Cuando la abuela ya no necesitó su **BARANDA DE SEGURIDAD PARA BEBÉS** para acorralar a los bisnietos que la visitaban, la convirtió en un secador de suéteres. Si desea imitar esta idea, coloque la baranda sobre una tina o lavadero, y extienda la ropa fina encima.

CONSEJO Si en el desván hay una **BARANDA DE SEGURIDAD PARA BEBÉS** que hace mucho no usa (de las expandibles, con un patrón entrecruzado), conviértala en un anaquel para la cocina, la entrada de la casa o cualquier lugar donde necesite

UNA VEZ MÁS

 Cuando necesite apoyalibros, no salga corriendo a comprar, al menos, no antes de "ir de compras" al desván. Esta es una muestra de posibles **SOSTENEDORES DE LIBROS** para su biblioteca (y recuerde, no es necesario que use juegos iguales).

▷ **planchas antiguas**

▷ **botas vaqueras**

▷ **pajareras decorativas**

▷ **muñecas**

▷ **topes de puerta**

▷ **patos de señuelo**

▷ **zapatos con botones hasta arriba**

▷ **frascos llenos de cuentas, botones, canicas, piedras o cajas de fósforos de recuerdo**

▷ **juguetes de metal o madera (como animales, autos, camiones, botes o trenes)**

▷ **alcancías**

▷ **animales de peluche**

▷ **trofeos**

▷ **ensanchadores de madera para zapatos**

más espacio de almacenamiento. Pinte la baranda, si lo desea, y coloque una madera de 1 pulgada de grosor en la parte trasera de cada esquina para que el anaquel quede separado de la pared, dándole así, suficiente profundidad para acomodar los ganchos. Atornille las esquinas para sujetar toda la estructura a la pared. Luego coloque los ganchos y cuelgue lo que necesite.

CONSEJO Como podría imaginarse, la abuela Putt tenía varias **BASES PARA MACETAS**, tanto de mimbre como de hierro. Algunas de ellas todavía cumplen su función original para algunos de los descendientes de la abuela. Pero en mi casa, usamos una para guardar toallas adicionales en el baño de visitas, y otra para colocar llaves, guantes y correas para perros en la puerta de entrada (antes de poner una de estas bases en el cuarto de baño, aplíquele una capa de pintura contra óxido o sellador transparente).

CONSEJO Aunque sus hijos se hayan ido a las grandes ligas de béisbol (o a una carrera no relacionada con los deportes), usted tiene un buen motivo para mantener por lo menos un **BATE DE BÉISBOL** fuera del desván: es una excelente arma de defensa contra ladrones y otros amigos de lo ajeno. Pero úselo correctamente. Mis amigos policías me dijeron que, cuando alguien lo ataque, no debe intentar golpear al sujeto en la cabeza, porque su respuesta instintiva será cubrirse con la mano y detener el bate en el aire. En cambio, levante el bate con el movimiento más fuerte que pueda. Esto tomará por sorpresa al agresor, y usted tendrá una mejor oportunidad de darle un buen golpe.

CONSEJO Algunas personas coleccionan camisetas de recuerdo de los lugares que visitan. Otros compran vasitos para medir licor, bolas de cristal con nieve o, como una prima mía, **BOLSAS DE LONA** con imágenes coloridas y dichos como "Yo ♥ el Gran Cañón". ¿Que si mi prima guarda estos tesoros en el desván? No, aunque encontró algunas de sus bolsas favoritas en el desván de la abuela Putt. En lugar de guardar las bolsas en el desván, hace almohadones. El proceso no podría ser más simple. Les corta las agarraderas, cose Velcro® en el extremo abierto de la bolsa y mete un almohadón. Mantiene su creciente colección en la cocina, sobre una banca gigante que rescató de una estación de ferrocarril abandonada. (Para leer más ideas con almohadones creativos, consulte el recuadro Una Vez Más en la página 342).

CONSEJO Cuando mi sobrina encontró una caja llena

LAS FÓRMULAS SECRETAS DE
la Abuela Putt

CAJA DE SEGURIDAD EN UN LIBRO

Convierta un libro supergrueso en un lugar para esconder pequeñas cosas de valor. Es un procedimiento sencillo.

**libro de tapa dura de 3 a 4 pulgadas de grosor
lápiz o bolígrafo
regla rectificada
cuchilla
pegamento**

Abra el libro y en la página 5, dibuje un rectángulo en el centro de la página, con un borde de entre 1 y 2 pulgadas a su alrededor. Tome unas cuantas hojas a la vez, use la cuchilla para cortar el rectángulo, quite lo que vaya cortando mientras avanza, y use una hoja previa como plantilla. Continúe cortando hasta que llegue a la contratapa. Pegue la contratapa a las hojas. Luego, si lo desea, y para mayor estabilidad, pegue las hojas en capas de ¼ pulgada. Guarde el dinero para emergencias o pequeñas cosas de valor en el compartimiento del centro, y coloque la caja de seguridad literaria en un estante con otros libros. Para que pase desapercibida, póngala entre volúmenes de más o menos el mismo tema, o por la letra del abecedario (según cómo organice la biblioteca).

de **BOTES DE GALLETAS** viejos en el desván de la abuela, sabía qué hacer con ellos. Se los llevó a casa y los puso en línea en el sillar de una ventana grande, cada uno con la tapadera al lado. Luego colocó una maceta

pequeña en cada bote de galletas (antes había agregado gravilla en el fondo para proporcionar drenaje, y para elevar la maceta por debajo del borde del bote de galletas). Para leer más ideas con envases creativos, consulte el recuadro Una Vez Más en la página 341.

CONSEJO Si una **CARRETA** no es de su gusto en la decoración del hogar, asigne a esa maravilla con ruedas un trabajo menos visible: cárguela de trapos, esponjas, aerosoles y polvos, y guárdela en el armario de escobas. Luego, el día de limpieza, en lugar de cargar los implementos de una habitación a otra, llévela rodando detrás de usted.

CONSEJO ¿Recuerda esa pequeña **CARRETA** roja (o de marco de madera) que le encantaba de niño? Si sigue escondida en el desván, ¿por qué no brindarle una nueva carrera en el "negocio" del almacenaje decorativo? Por ejemplo, puede usarla para guardar toallas en un cuarto de baño, revistas o CD en la sala, o almohadas extras en un dormitorio.

CONSEJO Cuando esté en busca de recipientes para organizar suministros de la oficina hogareña o la sala de pasatiempos de su casa, no pase por alto los **CENICEROS** guardados. Son perfectos para colocar cositas como clips, tachuelas, tubos de pegamento y rollos de cinta adhesiva.

CONSEJO En su última incursión en el desván encontró un montón de **CHAQUETAS DE PLUMA**

viejas y deshilachadas. ¿Qué lo motivó a guardar esas cosas? Probablemente sea un alma gemela de la abuela Putt, quien habría dicho: "¿Tienes idea de cuánto cuestan los muebles rellenos de pluma? Corta la tela y usa el relleno para retapizar el sofá o, al menos, el almohadón de una banca!".

CONSEJO Cuando la abuela ya era mayor, su alfiletero favorito era un pequeño **CONEJO DE PELUCHE** que alguna vez había sido mi juguete favorito. Dijo que lo había encontrado en una caja en el desván, y

---

UNA VEZ MÁS

 Encontró una caja de **MOLDES PARA GALLETAS** en el desván, pero tiene suficientes en la cocina, así que convierta su botín en una de estas útiles ayudas.

▷ **Decoraciones para el árbol de Navidad.** Ate un listón alrededor de cada molde y cuélguelos del árbol. O pase un listón más largo por los moldes para formar una guirnalda.

▷ **Etiquetas especiales para regalo.** Escriba en el metal un saludo del tipo "para" y "de" (¡con marcador

lavable!), y use un listón para atar el molde de galletas al paquete.

▷ **Moldes para adornos.** Úselos para hacer decoraciones de plastilina o arcilla. (Consulte "Adornos Aromáticos para el Árbol de Navidad" en la página 258).

▷ **Plantillas.** Trace alrededor de los moldes para crear diseños en papel, tela, metal y hasta concreto. O coloque el molde en un lugar y rocíe con cuidado pintura sobre él. Deje que la pintura se seque y luego retire la plantilla. Si usó un molde para galletas con la parte superior cerrada, tendrá una silueta. El tipo abierto le brindará un contorno delgado contra una aguada de color (como dicen los artistas).

Piense en la Cabecera de la Cama

Si desea una cabecera única para la cama, es muy probable que encuentre una **RELIQUIA FAMILIAR** que sea justo lo que necesita. Estos son algunos ejemplos de tesoros, y cómo transformarlos en parte de los muebles.

Futura Cabecera	Método de Transformación

Cosas blandas como:
  alfombra de nudos
  alfombra oriental
  trapo de piso decorado
  edredón de retazos
  tapiz
  mantel antiguo
	Cosa una tira de muselina de 2 pulgadas de ancho a la parte trasera de la tela, a lo largo del borde superior. Si la tela es valiosa, asegúrese de que las puntadas se limiten a la parte trasera del material y de que no se vean desde el frente (a menos que sea habilidoso para coser a mano, pida a un profesional que lo haga). Luego empuje una varilla de cortinas a través de la manga, y cuélguela de la pared en la cabecera de la cama con soportes para cortinas.

Cosas sólidas como:
  biombo plegable decorativo
  puertas de armario antiguo
  persianas bonitas paneles de
  celosía hierro adornado de
    balcones antiguos pedazo
  de cerca
	Sujete el material con pernos o tornillos a la pared en la cabecera de la cama.

que se veía tan solo que lo bajó para darle un buen uso.

 Ponga un **CORRALITO DE MALLA** como cesto al final de la rampa de ropa sucia.

 Probablemente el **CUBRECAMAS DE FELPILLA** de su infancia tenga unos

cuantos agujeros, pero todavía puede disfrutarlo por años. Imite a la abuela: corte los pedazos con agujeros y use las partes no dañadas para forrar una silla, una banca o algún otro mueble pequeño.

CONSEJO ¿Necesita una nueva canasta para ropa sucia? No salga a comprar una. Imite a la

En la Época de la Abuela

Se podría decir que uno de los pasatiempos preferidos del abuelo Putt, el **BILLAR,** fue el inicio de la industria plástica estadounidense. Fue en el año 1868, cuando una compañía de Nueva York llamada *Pheian and Collender* tenía problemas para conseguir suficiente marfil para su producto principal: bolas de billar. La empresa ofreció un premio de $10,000 a quien pudiera encontrar un sustituto adecuado. Y se presentó John Wesley Hyatt, un joven inventor que mostró una sustancia que llamó celuloide. La sustancia no era precisamente su creación. Un profesor británico llamado Alexander Parkes había inventado a su precursor en 1850. Cuando el producto no tuvo aceptación en el mercado, Parkes le vendió la patente a Hyatt, quien tomó la pelota y salió corriendo con ella. Hyatt abrió su propia empresa fabricante de bolas de billar en Newark, Nueva Jersey, pero rápidamente amplió sus horizontes. Para 1890, el primer plástico del mundo había conquistado a todo el país: las personas se abarrotaban a comprar cualquier objeto de celuloide, desde cuellos de camisas hasta dentaduras postizas. Se podría decir que el joven Sr. Hyatt había dado en el blanco.

abuela: reasigne la vieja **CUNA DE MIMBRE** de sus bebés como canasta para ropa sucia.

CONSEJO Nada le gustaba más al abuelo Putt que un juego de dardos después de cenar. Cuando el tío Art le regaló una nueva **DIANA PARA DARDOS** una Navidad, el abuelo guardó la vieja en el desván. Poco después de eso, la diana regresó a la cocina, porque a la abuela se le ocurrió que podía servir como un salvamanteles para las cacerolas que utilizaba en nuestras grandes reuniones familiares informales.

CONSEJO Si tiene una **ESCALERA** vieja de madera (de esas con peldaños redondeados) y puede usarla como colgador de ollas aéreo, ¡tiene suerte! Inserte ganchos cerrados

en la escalera y el techo. Luego cuelgue la escalera (limpia, por supuesto) con cadenas y un gancho en S en cada extremo. Cuelgue las ollas y sartenes de los peldaños, mediante ganchos grandes que puede comprar en tiendas y catálogos de utensilios de cocina. (Nota: la cantidad de ganchos cerrados y cadenas que necesita dependerá del tamaño de la escalera y del peso de los objetos que piense colgar. Si no está seguro de cómo instalar la escalera, contrate a un carpintero experimentado).

CONSEJO Hace no muchos años, los viejos **GABINETES DE MEDICINAS** de madera se apilaban en los desvanes de todo el país. Si usted es lo suficientemente afortunado de tener uno de estos tesoros y no quiere usarlo para propósitos medicinales, cuélguelo en otra habitación de la casa. Los estantes estrechos son del tamaño indicado para guardar hierbas y especias secas en la cocina, suministros pequeños en la oficina, o portavasos, velas y fósforos en la sala o el estudio.

CONSEJO ¿Tiene guardada una **HAMACA** vieja? Cuélguela del cielo raso del sótano,

garaje o desván, y úsela para guardar cosas livianas y que no se rompan, como bolsas de dormir, almohadas y ropa fuera de temporada.

CONSEJO Algunas de esas viejas **JABONERAS** que se cuelgan de la pared son demasiado atractivas como para dejar que se enmohezcan en una caja, especialmente cuando pueden cumplir una función importante como accesorios de un tablero de anuncios. Atornille la jabonera al marco del tablero o a la pared junto al tablero. Listo, ya tiene un lugar práctico para guardar tachuelas. (Si lo que tiene es una jabonera de metal y no de cerámica, cubra la malla del centro con un tazón o una canasta pequeños y poco profundos).

CONSEJO Algo que nunca encontraría en el desván de la abuela Putt era un **LIBRO**. No, señor. Todos los volúmenes estaban ordenadamente alineados en estantes en todas las habitaciones de la casa. Pero como muchos, lo más probable es que tenga un par de libros enmoheciéndose en el desván. En este caso, le recomiendo que los baje y los desempaque, aun cuando no piense leerlos. ¿Por qué? Porque además de darle a un hogar la sensación de calor humano, los estantes llenos de libros ofrecen el mejor aislamiento. En las paredes exteriores, mantienen el calor interno en los días de frío. En las paredes interiores, amortiguan el sonido entre una habitación y otra. ¡Cuántos beneficios!

CONSEJO ¿Está buscando un lugar para guardar la leña de la chimenea? Rescate una **MACETA DE CERÁMICA** grande y vieja, y asígnele esa tarea vital.

CONSEJO ¿Qué dice? ¿No tiene leña, pero sí tiene una

MACETA DE CERÁMICA en busca de un trabajo nuevo? Conviértela en cesta de basura para la sala, el dormitorio, el cuarto de baño o la oficina (o conviértala en una cesta para reciclar papel a fin de no estropear su atractivo con basura sucia o una fea bolsa plástica).

CONSEJO Si tiene un **MARCO DE VENTANA** viejo (preferi-

LAS FÓRMULAS
SECRETAS DE
la Abuela Putt

BROCHES DEL PASADO

Esta es una forma fácil y divertida de convertir potencial basura en preciados recuerdos.

lima de malla de alambre (en venta en ferreterías y tiendas de suministros para construcción)
fragmentos de cerámica livianos y planos, del tamaño de medio dólar
botones con gancho (en venta en tiendas de manualidades)
lápiz
pegamento superresistente de secado rápido
pintura acrílica
pincel pequeño

Con la lima, lime los bordes de cada fragmento hasta que estén lisos. Coloque un botón con gancho de modo que la pieza de metal quede centrada de lado a lado, justo debajo del borde superior del fragmento. Marque el punto con un lápiz. Aplique una gota de pegamento al metal, presione contra la cerámica y sosténgalo por el tiempo que indica la etiqueta. Cuando se haya secado el pegamento, pinte los bordes de la cerámica.

Si desea ampliar el repertorio de broches, consulte en el centro artístico o en las universidades locales. Muchos de ellos ofrecen clases para hacer mosaicos como recuerdos.

blemente uno con varias aberturas o "luces", como se conocen en el medio), imite a la abuela con un marco de su antigua casa de infancia: cree un tablero de anuncios único. Corte un trozo de corcho del tamaño del marco, y péguelo o clávelo con tachuelas a la parte de atrás. Luego cuelgue su creación de la pared y meta postales, fotografías y mensajes entre los bordes; no necesita tachuelas.

CONSEJO ¿No es coleccionista? Entonces puede usar esta idea de una amiga mía que vive en un apartamento pequeño. "Recicló" su vieja **MESA PEQUEÑA PARA NIÑOS** como mesita para servir café y usa las **SILLAS** para colocar macetas, libros y una escultura de arte popular.

CONSEJO La abuela convirtió un **PALO DE BILLAR** abandonado del abuelo en un aparato para recoger cosas del piso. Pegue un imán pequeño en el extremo angosto. Luego, cuando se le caigan clips, clavos, alfileres rectos u otros objetos metálicos pequeños, dirija el palo en la dirección correcta y recójalos.

CONSEJO ¿Recuerda los viejos **PATINES** de cuatro ruedas en los que se divertía de niño, antes de que aparecieran en escena esos sofisticados patines en línea? ¡Seguro que sí! Yo todavía tengo mis patines viejos, y

los saco cada vez que tengo que mover una caja o un mueble grande y pesado. Cubro cada patín con una toalla doblada para que la superficie quede pareja. Levanto un extremo de (digamos) la biblioteca, deslizo una de las "plataformas rodantes" por debajo, y la dejo caer. Después de repetir el proceso en el otro extremo, llevo rodando la carga a su destino.

CONSEJO Siempre es descorazonador abrir una caja que lleva mucho tiempo guardada y encontrar un montón de **PEDAZOS DE PORCELANA**, cuando esperaba encontrar (por ejemplo) la vajilla de bodas de sus padres, su colección de caballos de cerámica de la infancia o platos decorativos de un largo viaje por todo el país. Levante ese ánimo. No todo está perdido: podría encontrarles el gusto a todos esos pedazos si los transforma en obras de arte de mosaico

AROMATIZANTE EN GEL

Casi todos tenemos, por lo menos, una caja de vasos de vidrio guardada en el desván. Ya sean regalos de boda sin usar, vasos de gelatina con alguna imagen en particular o recuerdos de su viaje en auto en 1966, puede convertirlos en ingeniosos regalos con la ayuda de esta simple receta.

2 tazas de agua destilada
4 tazas de gelatina sin sabor
10–20 gotas de aceite esencial
colorante artificial para alimentos

Caliente 1 taza de agua hasta que casi hierva, luego agregue la gelatina y revuelva hasta que se disuelva. Retire del fuego y agregue la segunda taza de agua, el aceite y el colorante (suficiente para el tono deseado). Vierta la mezcla en vasos limpios, y déjelos a temperatura ambiente hasta que la mezcla tome consistencia. (Aunque es cierto que toman consistencia más rápido en el refrigerador, en el proceso compartirán su aroma con los alimentos, así que lo mejor es tener paciencia y enfriarlos a temperatura ambiente).

para usted o para regalar. Para comenzar con un proyecto fácil inicial, vea "Broches del Pasado" a la izquierda.

CONSEJO La vieja **PELOTA DE CAUCHO** que encontró en el desván probablemente ya no rebote, pero puede serle útil si piensa pintar con brocha el cielo raso o la madera superior (asumiendo que la pelota sea hueca). Corte la esfera a la mitad, haga un corte en una de las mitades y meta el mango de la brocha, con el lado hueco hacia arriba. La pelota recibirá las gotas que caigan de arriba para evitar que el cabello y los brazos se llenen de pintura.

CONSEJO No pierda esa mitad de **PELOTA DE TENIS**, porque podría volver a necesitarla pronto. Le servirá como un práctico protector de manos si necesita cambiar una bombilla quemada todavía caliente.

CONSEJO ¿No encuentra su abre-frascos? Corte a la mitad una **PELOTA DE TENIS** vieja para sostener esa tapadera difícil de abrir.

CONSEJO Cuando meta una chaqueta rellena de pluma a

Una Vez Más

 Si usted es como la mayoría de las personas que conozco, tiene un par de esas **LATAS GIGANTES DE REGALO** que alguna vez tuvieron palomitas de maíz o galletas. ¡No las deje olvidadas en el desván! Aunque estén cubiertas con muñecos de nieve, duendes de Halloween u otras figuras de temporada, pueden ser útiles durante todo el año. Cubra la lata y la tapadera con pintura, tela o papel de contacto, y asígnele uno de los siguientes papeles de reparto:

▷ **Caja de arena para gatos.** Si no tiene mucho espacio cerrado de almacenamiento y no le gusta dejar una bolsa o caja de arena para gatos a la vista, vierta el contenido en una lata. Agregue una taza de medir vieja o un pocillo plástico como pala.

▷ **Organizadores de artículos de temporada.** Use latas para guardar accesorios de temporada, como adornos navideños, huevos de Pascua pintados o lo necesario para coser disfraces de Halloween. No altere la superficie de la lata; puede servirle como una etiqueta inconfundible de lo que hay dentro.

▷ **Estuche para manguera.** Abra tres o cuatro agujeros en la parte inferior de la lata y atorníllela a la pared del garaje o del cobertizo. Enrolle la manguera en el exterior de la lata, y guarde boquillas de aspersores y otros accesorios dentro.

▷ **Recipiente para leña.** Coloque una lata junto a la chimenea o estufa a leña, y meta los palitos y las ramas dentro.

▷ **Recipiente de alimento para mascotas.** Abra la bolsa y vierta el alimento en la lata. Además de verse mejor que una vieja bolsa desgarbada, la lata mantiene crujiente por más tiempo la comida de su gato o perro.

▷ **Maceta.** Rocíe el interior con un sellador impermeable. Luego proceda de una de dos formas. Con un taladro, perfore cinco o seis agujeros de ½ pulgada en el fondo de la lata, agregue abono para macetas y meta las plantas, o vierta una pulgada o dos de gravilla en el fondo y coloque una maceta sobre la gravilla.

▷ **Paragüero.** Busque una lata de, al menos 18 pulgadas de alto. Rocíe el interior con un sellador impermeable. Cubra el fondo con una bolsa plástica, o coloque un plato de maceta plástico que quede justo. Vierta 2 o 3 pulgadas de arena o gravilla y coloque el paragüero junto a la puerta.

▷ **Cubo para residuos.** Si piensa usarlo para desechos sucios, recúbralo con una bolsa mediana. De lo contrario, rocíe el interior con un sellador impermeable y olvídese del forro desechable.

la secadora de ropa, meta un par de **PELOTAS DE TENIS** viejas. Las pelotas esponjarán las plumas mientras la prenda da vueltas y vueltas (este consejo también se aplica a las almohadas de pluma).

CONSEJO Después de buscar por mucho tiempo, unos amigos míos por fin encontraron una cabaña a la orilla de un lago que les encantó y a un precio que podían pagar. Pero tenía un problema: sabían que iban a tener muchas visitas y el cuarto de visitas no tenía armario. La solución vino del desván de la casa. Encontraron varias **PERSIANAS**, las fijaron a la pared y colgaron perchas de madera en las aberturas entre las tablillas. ¡Suficiente espacio para que las visitas del fin de semana colgaran camisas, abrigos y vestidos!

CONSEJO ¿Quisiera dormir a veces en un jardín? La verdad es que puede (o algo así): convierta el bello y bien mantenido **PORTÓN DE JARDÍN** en una cabecera para la cama. Limpie el portón si es necesario, píntelo si lo desea, y atorníllelo a la pared detrás de la cama. Luego vaya a dormir y sueñe con rosas y malvarrosas. Para leer más opciones creativas de cabeceras, consulte "Piense en la Cabecera de la Cama" en la página 333.

CONSEJO Para la limpieza de primavera (y también de otoño), la abuela Putt solía colgar las alfombras de paso en el lazo y sacudirlas con un batidor de alfombras. Hoy es difícil conseguirlo, pero probablemente tenga un elemento que haga el trabajo: una vieja **RAQUETA DE TENIS**.

CONSEJO Las **SILLAS Y MESAS PEQUEÑAS PARA NIÑOS** participaron en muchas fiestas de té. Pero ahora esos muebles pequeños están olvidados en el desván recibiendo polvo. Y no tiene que ser así. Por ejemplo, son el lugar perfecto para exponer la colección de osos de peluche, muñecas u objetos de porcelana en miniatura (o todos) de un adulto.

CONSEJO ¿Qué obtiene cuando combina una **SOMBRILLA** que no usa con una araña de cristal? Una combinación celestial. ¡Al menos, así es como la abuela llamaba al combo en el día de limpieza! Abría la sombrilla y colgaba el mango en el centro de la araña. En un frasco con aspersor, mezclaba 2 cucharaditas de alcohol para frotar en 2 tazas de agua tibia, rociaba la solución sobre la araña y dejaba que las gotas cayeran en cualquier lugar.

Algunos de los recipientes más útiles y decorativos no fueron diseñados para ese propósito. Estos son ejemplos de **RECIPIENTES MULTIUSO** que pueden contener cualquier cosa, desde ropa fuera de temporada hasta el control remoto del televisor.

▷ **teteras de hierro fundido o esmaltadas**

▷ **cajas de habanos**

▷ **maletines de doctor**

▷ **vestidores y alacenas para muñecas (no casas de muñecas)**

▷ **cajas de sombreros**

▷ **joyeros**

▷ **armarios militares o cajas de municiones**

▷ **cajas de frutas o verduras con etiquetas originales**

▷ **baúles**

▷ **maletas (si tienen calcomanías de viaje antiguas o etiquetas de equipaje, ¡mucho mejor!)**

CONSEJO Si sus **TACITAS PARA CAFÉ** no han visto la luz del día desde que abrió la caja en su despedida de soltera, saque esas bellezas de donde las tenga guardadas y bautícelas con un nombre nuevo: candelabros. Coloque cada tacita sobre el platillo, agregue una vela gruesa dentro de cada una y agrúpelas sobre una mesa o alinéelas en un sillar de ventana o sobre la repisa de la chimenea.

CONSEJO ¿Abrió una vieja caja de papeles y encontró, entre otras cosas, unas cuantas **TARJETAS DE CRÉDITO**? No las corte en pedacitos para tirarlas. Guárdelas para usarlas como raspadores miniatura. Son ideales para limpiar gotas de pintura o cera seca de las mesas de vidrio o madera, u otras superficies delicadas, como las paredes interiores del congelador.

CONSEJO Rescate un **TAZÓN** grande y poco profundo del desván y colóquelo sobre una mesa en la entrada para colocar llaves, correo saliente y otras cosas que no deben olvidarse.

CONSEJO Un día que la abuela Putt hurgaba en el desván encontró una **TETERA** antigua que había pertenecido a su abuela. ¡Qué suerte! Pero tenía un problema: la vieja

Los almohadones originales agregan un toque personal a cualquier habitación. Puede comprar unos muy bonitos en las galerías de manualidades, pero pueden ser caros. Puede hacer los propios con retazos de tela, cordones y listones, pero eso insume mucho tiempo. O puede buscar en el desván si tiene **TELAS ANTIGUAS** que ya tengan el tamaño de un almohadón y que se adapten a su estilo elegante, rústico o divertido. Coloque dos pedazos de tela del mismo tamaño uno frente al otro, cosa tres de los lados y coloque un cierre, broches de presión o Velcro® en el cuarto lado. Voltee la bolsa de adentro hacia fuera, inserte un almohadón y cierre. ¡Eso es todo lo que necesita hacer! Las siguientes son algunas telas instantáneas para buscar.

▷ **pañuelos para la cabeza**

▷ **tapetitos de crochet o encaje (cósalos a un fondo de tela lisa)**

▷ **toallas para secar platos**

▷ **pañuelos**

▷ **servilletas**

▷ **bufandas o chales de seda, lino o lana**

▷ **retazos de edredones**

Córtelos

Si en su búsqueda de tela encuentra una muy linda (antigua o no) llena de agujeros de polillas o con las manchas cafés que pueden dejar los envoltorios de papel, no suponga que no se puede usar. Aunque no pueda usar todo el material, lo más probable es que pueda cortar suficientes retazos para hacer fundas de almohadones. Los siguientes son algunos artículos dañados que vale la pena salvar.

▷ **cubrecamas (especialmente de felpilla con diseños ricamente decorados)**

▷ **frazadas de casimir o lana liviana**

▷ **mantas o colchas de crochet o tejidas a mano**

▷ **cortinas**

▷ **vestidos de brocado de seda u otra tela pesada**

▷ **velos o cortinas de encaje**

▷ **alfombras orientales o estilo navajo**

▷ **edredones y retazos de edredones sin terminar**

▷ **kimonos, batas o chaquetas de seda**

▷ **manteles**

tetera de porcelana tenía una rajadura mínima. Pero eso no impidió que mi abuela pusiera la reliquia familiar en uso. La convirtió en un lugar para poner cordel. Metió la bola dentro de la tetera y sacó el extremo por el pico. Luego, cuando necesitaba atar un paquete o amarrar un pavo, jalaba tanto cordel como necesitara y lo cortaba.

CONSEJO ¿Dice que la bella **VITRINA DE PINO** de su abuela ha estado olvidada en el desván durante años porque no tiene espacio para ponerla en la cocina o el comedor? ¡Qué vergüenza! Use su imaginación. No es obligatorio que esa antigüedad sirva para guardar cristalería y porcelana. Pásela a un lugar donde pueda admirarla todos los días y llénela con cualquier cosa que necesite guardar, como ropa, libros, CD y DVD, suministros de oficina, o toallas y artículos de tocador.

Familia y
AMIGOS

CONSEJO La abuela convertía mucha de nuestra ropa vieja en **ALFOMBRAS DE RETAZOS**. Por supuesto, cuando había alfombras nuevas, las viejas generalmente terminaban en el desván. Pero cuando llegaban

de visita niños pequeños, la abuela bajaba una o dos alfombras viejas, de los colores más vivos que pudiera encontrar, para que los pequeños pudieran hacer un viaje en alfombra mágica.

CONSEJO Todos sabemos que a los niños pequeños les encanta imitar lo que sea que sus padres hagan, aunque sea sentarse en un escritorio para pagar las cuentas u ordenar papeles. La abuela Putt encontró una forma ingeniosa de ayudarme en ese sentido. Bajó del desván una **BANCA DE PIANO** y la convirtió en un escritorio con tapa elevable para mí. En el interior guardaba mis "papeles importantes" y mantenía una de mis sillas pequeñas cerca. Luego, cuando la abuela o el abuelo se sentaban en su escritorio grande, yo me sentaba en el mío y me ponía a trabajar.

CONSEJO Como ya lo sabrá si tiene un perro alto, como un gran danés o un galgo lobero irlandés, estos amigos comen de platos que estén prácticamente a la altura de sus pechos. Eso es porque agacharse al suelo para consumir su comida no solo daña los

Popurrí de Albahaca Maravilloso

Cuando encontré una caja de frascos con tapa hermética en el desván de la abuela, me trajo recuerdos de este popurrí que solía hacer con hierbas y flores secas del jardín.

4 tazas de hojas y flores de albahaca dulce

2 tazas de hojas y flores de albahaca ópalo oscuro

2 tazas de pimpollos de rosas

2 tazas de pétalos de rosas

2 tazas de hojas de geranio rosado

1 taza de flores de lavanda

1 onza de raíz de orris*

1 onza de polvo de cálamo aromático*

En un tazón grande, mezcle con cuidado las hojas y flores secas. Agregue la raíz de orris y el polvo de cálamo aromático y vuelva a mezclar. Guarde el popurrí en frascos u otros envases herméticos, en un lugar fresco y oscuro. Vierta la creación colorida y con aroma dulce en una canasta o un tazón, y exhíbala para que la admiren.

*En venta en tiendas de suministros de manualidades, tiendas de hierbas y viveros especializados en hierbas.

músculos de sus patas y cuello, sino que también causa graves problemas digestivos. Incluso razas más pequeñas pueden beneficiarse con un plato de comida elevado. Puede comprar mesas para perros, también conocidas como comederos, en las tiendas y catálogos de artículos para mascotas, pero es muy fácil hacer una de un viejo **BAÚL** de madera. Mida los platos de su amigo y corte dos agujeros en la tapa del baúl, de modo que los platos quepan y cuelguen de los bordes (los platos de acero inoxidable son ideales para esto). Use el espacio interior para guardar golosinas para mascotas, comida y otros suministros. Nota: si el baúl no es lo suficientemente alto, póngale patas de madera o ruedas con freno en la parte inferior.

CONSEJO Cuando una joven amiga mía restauró un tocador para la habitación de su hijo pequeño, usó **BLOQUES** de juguete de madera como manijas de las gavetas. Si desea tomar prestada esta idea ingeniosa, abra un agujero en el centro de cada bloque y atorníllelo en lugar de la manija original.

CONSEJO Hace un tiempo encontré una de las viejas **CAÑAS DE PESCAR** del abuelo Putt. Ahora es el juguete favorito de mi gata. Y todo lo que tuve que hacer fue atar un pez cubierto de plumas y relleno de menta de gato en el extremo de la línea (sin anzuelo, por supuesto). Cuando estoy en casa, jugamos con la caña y el gatito se divierte muchísimo persiguiendo la "carnada". Cuando salgo, el gatito pesca por su cuenta. Dejo la caña sobre una mesa, hago peso con unas pilas de revistas, y dejo que el pez cuelgue a un lado.

CONSEJO ¡Atención, exfumadores (y parientes cercanos de exfumadores)! ¿Todavía tiene algunos

CENICEROS guardados? Esos recipientes de vidrio o cerámica sirven como elegantes platos de comida para mascotas. Busque algunos del tamaño apropiado, lávelos bien y llénelos de comida para su perro, gato, o incluso conejo o conejillo de Indias.

CONSEJO Si encuentra una **CUBA DE LAVAR** vieja como la que tenía la abuela, conviértala en un

Elaborados con Esto

¡Atentos, coleccionistas incurables! ¿Tiene en el desván una cantidad considerable de **JUEGOS, ROMPECABEZAS Y JUGUETES** a los que les faltan piezas importantes? No los tire ni los mantenga en cajas. Inspírese. Use una pistola de pegamento para convertir esos pequeños objetos en recuerdos atesorados para alguien de su lista de regalos de cumpleaños o Navidad. ¿Cómo? Saque los recursos valiosos del tema apropiado y péguelos a un marco de fotos que tenga una superficie ancha y plana. Inserte un espejo (los amigos de la vidriería del vecindario gustosamente le cortarán uno a la medida). A continuación encontrará algunos ejemplos.

Destinatario	Minucias Adecuadas
arquitecto o constructor	piezas de LEGO®, Lincoln Logs® u hoteles y casas de Monopoly®
banquero o inversionista entusiasta	dinero de Monopoly
jugador de canasta, bridge o póquer	naipes, fichas de póquer
fashionista o dueño de una tienda de ropa	ropa y accesorios de una muñeca Barbie® clásica
diseñador de interiores o flamante propietario de una casa	muebles y accesorios de casas de muñecas
entusiasta de rompecabezas	piezas de un rompecabezas (¡claro!)
escritor, editor o ávido lector	letras de Scrabble®

centro de entretenimiento para un niño pequeño en días de lluvia. Llénela casi hasta el borde con frijoles secos, y agregue tazas de medir, un embudo y unas cuantas tapaderas bien lavadas de botes de detergente o latas de pintura en aerosol. Luego désela a cualquier niño de entre 3 y 6 años (grandes para no tragarse los frijoles, pero pequeños para disfrutar el juego).

CONSEJO Cuando su bebé se mude a su primer apartamento, sorpréndalo convirtiendo su **CUNA** en un sofá para 2. Quítele la baranda lateral, cambie el colchón por un cojín más suave si lo prefiere, y coloque almohadones para el respaldo.

CONSEJO Usted solía comprar pantis empacadas en **HUEVOS PLÁSTICOS** grandes y los guardó

Su Tienda de Manualidades en una Caja

¿Cuántas veces ha tenido que batallar para encontrar materiales para el proyecto escolar de su hijo o ha tenido que salir corriendo a la tienda de manualidades cuando tenía mil y una cosas que hacer? ¡No permita que esto se repita! Busque un **BAÚL** viejo y desígnelo "armario" de manualidades. Colóquelo en un lugar donde los niños tengan fácil acceso y llénelo con suministros, tanto cosas que haya comprado en la tienda como minucias con las que no sepa exactamente qué hacer. Este es un inventario sugerido para principiantes, pero recuerde: ¡el cielo es el límite!

Suministros	Minucias
Pinceles y pintura acrílica	joyas de fantasía rotas
cartulina	envoltorio de burbujas y bolitas de poliestireno
crayones y marcadores de punta de felpa	botones y cierres rotos
pegamento (blanco y superresistente)	correo publicitario colorido
goma en barra	fotografías duplicadas o no muy bue nas
lápices y bolígrafos	
reglas	retazos de tela
tijeras	tarjetas de felicitación
hojas de cartulina y cartón	mapas y atlas de carreteras viejos
plantillas	sellos postales viejos
cinta adhesiva	resortes pequeños, sujetadores de metal y otros accesorios prácticos

todos porque sabía que algún día le serían útiles. ¡Y ese día llegó! Sáquelos del desván y decórelos con pintura, papel, tela o lentejuelas. Luego llénelos con caramelos, conejos de malvaviscos y pequeños tesoros, y póngalos en las canastas de Pascua. O úselos como cajas de regalo curiosas en cualquier momento del año (¡después de todo, ninguna ley dice que los huevos son solo para la Pascua!).

CONSEJO ¿Qué puede hacer con sonajas, mordedores y **JUGUETES DE BEBÉ** similares? Le contaré lo que la abuela Putt hacía con los que encontraba: se los daba a su loro, Jake, un bebé en muchos aspectos. El loro se entretenía agitando, sacudiendo y mordiendo los juguetes por horas.

CONSEJO Hace mucho que no están la mesa, la red y las raquetas, pero todavía tiene una caja de **PELOTAS DE PING-PONG**™. Corrección: para la abuela, lo que tiene es una caja de juguetes para gato. Para cada una, corte un cuadrado de de celofán de 6 por 8 pulgadas, y agregue ¼ cucharadita de menta de gato en el centro. Envuelva el celofán alrededor de la pelota y enrolle el extremo suelto para cerrarlo. Sujételo con un listón o

un pedazo de hilo, y presénteselo a su felino. Luego aléjese y vea cómo empieza la diversión (los gatos se vuelven locos con la combinación de su aroma favorito y el sonido del celofán).

CONSEJO El espacio debajo de la cama de un niño parece hecho a la medida para guardar juguetes, juegos, artículos para manualidades e incluso ropa que se puede doblar. No es necesario que salga a comprar cajas especiales. Aproveche el consejo de la abuela y recicle una **PISCINA INFANTIL** plástica abandonada.

CONSEJO Una **PISCINA INFANTIL** plástica recubierta con una capa gruesa de periódico es ideal para ubicar gatitos o perritos recién nacidos. Los lados son lo suficientemente altos como para mantener a los recién nacidos dentro (al menos, por un tiempo), pero lo suficientemente bajos para que la mamá pueda entrar y salir fácilmente. Y debido a que la piscina es impermeable, puede ponerla en cualquier lugar sin riesgo de dañar pisos de madera o alfombras.

El Mundo
EXTERIOR

CONSEJO ¿Tiene una **BAÑERA DE BEBÉ** que ya no se usa para su propósito original? Entonces haga lo que hizo la abuela cuando todos los pequeños de su familia se habían pasado a la tina. Use esa bañera de bebé para consentir frutas y verduras recién cosechadas. Cuando salga al jardín a cosechar vegetales, lleve la bañera de bebé y llénela con agua fría de la manguera. Mientras cosecha arvejas, frijoles o lo que quiera, déjelos caer en el agua. Se mantendrán crujientes por más tiempo y servirá como un lavado previo.

CONSEJO A pesar de sus nombres, los gorgojos del ciruelo y los enrolladores de hojas de árboles frutales no limitan su destrucción al ciruelo o a los árboles frutales. Además del ciruelo, los gorgojos del ciruelo atacan a casi cualquier árbol frutal bajo el sol, incluidos los arándanos. Los

¿Los comensales alados llegan antes que usted a su cosecha de frutas? No se rinda sin antes poner resistencia. Y recuerde: la victoria podría estar en el desván (o el de su abuela). Busque cualquiera de estos **OBJETOS BRILLANTES Y RESPLANDECIENTES**. Y colóquelos en el suelo entre los objetivos de los pájaros, o cuélguelos de las ramas de árboles y arbustos frutales.

▷ **moldes de aluminio para tartas y pasteles**

▷ **campanas**

▷ **oropel del árbol de Navidad o guirnaldas plateadas brillantes**

▷ **estatuas tamaño real de gatos, búhos, zorros o perros**

▷ **rehiletes**

▷ **banderines escolares**

▷ **banderitas**

▷ **espejitos**

▷ **tiras de Mylar®**

▷ **molinetes**

▷ **campanillas de viento**

▷ **mangas de viento**

enrolladores de hojas van tras las zarzas y prácticamente cualquier árbol y arbusto de hoja caduca que pueda nombrar, incluidos los rosales. Si estos villanos están haciendo estragos en su jardín, atáquelos con el arma preferida de la abuela: un **BATE DE BÉISBOL**. Este es el plan de acción: cuando aparezcan las primeras flores en el árbol, extienda sábanas viejas sobre el suelo debajo de las ramas. Envuelva el bate en una toalla grande y gruesa o un acolchado similar, y golpee las ramas. Según la plaga en cuestión, se desplomarán (los gorgojos) o caerán al piso en hilos de seda (los enrolladores de hojas). Su misión es recoger las sábanas y sacudir a los vándalos en una cubeta con vinagre. Pero tenga cuidado: si aplica este consejo a arbustos o árboles frutales pequeños, sacuda los tallos y las ramas con cuidado, ¡no trate de batear un jonrón!

CONSEJO ¿Tiene un par de **BOLAS DE BOLICHE** por ahí? Sáquelas al jardín y métalas en los lechos de flores (en caso de que no esté al día con las revistas satinadas, ¡las coloridas bolas de boliche son lo último en diseños de jardín!).

CONSEJO Una de mis "herramientas" favoritas del jardín es una vieja **BOLSA DE GOLF CON RUEDAS** que vino del desván. Coloco azadones, rastrillos y palas en los tubos plásticos, y herramientas pequeñas, paquetes de semillas y toda clase de minucias en los bolsillos con cierre. Lo mejor de todo es que gracias a las ruedas es muy fácil llevar la bolsa.

CONSEJO Cuando las frazadas eléctricas se hicieron populares en la década de 1950, muchas de las **BOLSAS PARA AGUA CALIENTE** (incluida la de la abuela) se guardaron en el desván y en las partes de arriba de los armarios de ropa blanca de todo el país. ¿Y si saca del retiro a ese útil calefactor y lo convierte en una almohadilla para hincarse cuando hace trabajos de jardinería? Abra un extremo y llene la bolsa de hule con paños suaves, pantis viejos o trozos pequeños de espuma. Con una aguja para tejer o palillos chinos, meta el material hasta el fondo. Pero no la llene en exceso. La idea es tener suficiente relleno para crear un acolchado cómodo, pero no tanto para que la bolsa se ponga rígida.

CONSEJO Ya casi no se ven pizarrones negros. Casi todos han sido reemplazados por pizarras blancas y lisas y marcadores de punta de fieltro. Y aquellos de nosotros que aún recordamos el ensordecedor sonido de

Los mejores enrejados no solo sostienen plantas enredaderas; también agregan un atractivo visual al jardín. Si le gustan los toques fuera de lo común para el jardín (ya sea que cultive flores o plantas ornamentales comestibles), podría encontrar la **RELIQUIA DECORATIVA** perfecta en su desván (o el de alguien más). A continuación encontrará algunas posibilidades.

▷ **verjas de hierro de jardín**

▷ **balcones de hierro de ventanas**

▷ **marcos para ventanas de varios paneles (menos el vidrio, ¡por supuesto!)**

▷ **puertas viejas**

▷ **escaleras viejas de madera**

▷ **cabeceras o pieceras de bronce o hierro sueltas**

▷ **persianas**

Cómo Convertir su Tesoro en un Enrejado

Todas las enredaderas crecen en una de cuatro formas y, según el tipo que tenga y la estructura de apoyo, es posible que deba hacer ciertas adaptaciones. Estos son algunos ejemplos.

▷ **Enredaderas que se adhieren.** Estas trepadoras (como la hiedra de Boston, la hortensia trepadora y las trompetas trepadoras) producen raicillas o "pedúnculos" que se aferran a cualquier superficie que encuentren. Siémbrelas en la base del soporte que eligió, y aléjese: ¡pronto estarán por todos lados!

▷ **Enredaderas rastreras.** Esta categoría, que incluye la asarina, tomates indeterminados y algunas variedades de madreselva y jazmín, no cuenta con un mecanismo de soporte. Eso significa que usted tendrá que sujetarlas al enrejado (la rosa trepadora, que técnicamente hablando no es una enredadera, debe tratarse de la misma forma). Afortunadamente es un trabajo sencillo. Si usa una estructura de diseño abierto, como una verja de hierro tipo encaje o un marco de ventana,

use cuerda o amarres de alambre para sujetar los tallos en crecimiento a varias piezas verticales y horizontales. En el caso de una superficie plana, como una puerta, inserte tornillos o clavos, y ate los tallos.

▷ **Enredaderas con zarcillos.** La campana de convento, la arveja dulce (y la de huerta) y el frijol escarlata entran dentro de esta categoría. Se sostienen con raicitas que salen del tallo principal. Si el enrejado tiene muchas aberturas rodeadas por piezas delgadas (verticales, horizontales o diagonales), las enredaderas de este tipo no deberían tener problemas si usted no les proporciona ayuda especial. Para darles un toque personal a persianas, puertas u otras superficies planas, coloque una pieza de red de nailon o pedazos de cuerda a lo largo para que las plantas trepen.

▷ **Enredaderas que se enroscan.** Entre estas, se incluyen la campanilla, la flor de luna y las capuchinas trepadoras, y hacen lo que su nombre implica: se enroscan alrededor de los soportes mientras crecen. Para este tipo de enredaderas, el plan de acción es el mismo que para las enredaderas con zarcillos.

la tiza rechinando sobre el pizarrón decimos: "¡Qué bueno que se deshicieron de ellos!". Pero no debería pensar así sobre los **BORRADORES DE PIZARRONES NEGROS**. Si todavía tiene uno en su casa (de los originales de fieltro), métalo a la guantera del auto. Luego, cuando las ventanas se empañen, saque el borrador y límpielas (aprendí este práctico consejo de una maestra de escuela jubilada que era amiga de la abuela).

CONSEJO Créalo o no, mi **CARRETA** de la infancia nunca ha visto un desván. Cuando ya fui muy grande para ese pequeño vehículo rojo, la abuela lo adoptó y lo convirtió en uno de sus ayudantes de jardín preferidos. Todas las primaveras, usaba la carreta para aclimatar las plántulas que había sembrado en el interior. Ahora "vive" en mi casa, donde la uso para el mismo propósito. (Si usted no habla el idioma de los jardineros, "aclimatar" significa sacar todos los días las plantas pequeñas al aire fresco y la luz del sol por períodos breves y luego cada vez más largos para que se acostumbren a la vida al aire libre).

CONSEJO Más adelante en la temporada, la abuela convertía mi **CARRETA** en un exhibidor móvil para cuidar macetas. Además de darle un atractivo visual al jardín, era

En la Época de la Abuela

En todas las barbacoas de la familia, había algo con lo que se podía contar: un ciclo ininterrumpido de juegos de **BÁDMINTON**. Era una parte tan normal de nuestra rutina de verano que, de pequeño, ¡pensaba que la abuela y el abuelo habían inventado el juego para nosotros! Cuando crecí un poco, la abuela me contó la verdadera historia de este pasatiempo perenne de los Putt (o, al menos, una versión de la historia). La historia empezó hace miles de años en la antigua Babilonia, como ritual para adivinar el futuro. Dos personas le pegaban a una pelota liviana con punta de pluma de un lado para otro, y el tiempo que la mantuvieran en el aire predecía cuánto iban a vivir los jugadores. Con el pasar de los siglos, la ceremonia evolucionó para convertirse en un juego que se extendió a muchos lugares, incluida la India, donde se le llamaba poona. Cuando los oficiales del Ejército inglés llegaron a la India en la década de 1860, se volvieron locos por el juego y se lo llevaron de regreso a Inglaterra. Ahí, en 1873, fue la sensación en una fiesta que ofreció el Duque de Beaufort en su mansión, llamada (sí, adivinó) Bádminton. Unos cuantos años después, el deporte llegó hasta la Gran Manzana, donde se formó el Club de Bádminton de Nueva York en 1878.

una forma fácil y rápida de llevar las macetas a un lugar protegido cuando se acercaba una tormenta o amenazaba una helada temprana (o tardía).

CONSEJO Una **CARRETA** también puede ser muy útil para tareas que no sean de jardinería. Por ejemplo, es el vehículo perfecto para acarrear las compras del supermercado del auto a la casa, o para acarrear la leña de la pila de madera a la chimenea.

CONSEJO A medida que la abuela envejecía, encontró un nuevo interés de jardinería: coleccionar diferentes tipos de menta. Tenía docenas de variedades que olían delicioso: desde chocolate hasta manzana y piña. Las cultivaba en macetas y las exhibía en **CARRETILLAS PARA TÉ** con ruedas que encontró en su desván (y en los de sus amigas). Las macetas evitaban que la menta liberara sus raíces por todo el jardín, y las carretillas con ruedas cumplían un cuarteto de buenas acciones: agregaban un toque decorativo al paisaje, mantenían alejadas a las plagas y enfermedades del suelo, y hacían que para la abuela fuera más fácil entrar a sus amigas verdes cuando llegaba el tiempo frío. Y lo mejor de todo, las carretillas ponían las plantas a una altura que facilitaba que la abuela las cuidara, incluso en los días en los que su espalda estaba más rígida.

CONSEJO Acaba de encontrar una vieja caja de **CINTAS DE AUDIO** rayadas (o rotas). ¿Quién querría guardarlas? Pues, si quiere alejar a los pájaros de sus parcelas recién sembradas, ¡los asustará con esas cintas! Para iniciar su campaña de miedo, abra los casetes, o desenrolle la cinta si tiene de los tradicionales de carrete. Luego inserte una estaca en el suelo en cualquier extremo de la parcela, más o menos en el centro, y amarre la cinta entre las estacas, a 1 pie del suelo. Estírela bien, de modo que produzca un zumbido cuando vibre en el viento. A los pájaros no les gusta ese sonido: cuando lo escuchan, ¡salen volando!

CONSEJO ¿Todavía tiene los **COLUMPIOS** que sus hijos dejaron de usar hace 20 años? Sáquelos del desván y úselos para colocar una hamaca. Quite los tornillos que sostienen el resbaladero, los columpios y lo demás. Pinte el metal de un color que armonice con la decoración exterior. Luego cuelgue la hamaca entre los extremos en forma de A.

CONSEJO Cuando ya no necesite un **CORRALITO DE MALLA** para sus pequeños, llévelo al cobertizo del jardín y acarréelo por el jardín cuando rastrille hojas en el otoño. Es perfecto para las hojas: espacioso, liviano y (gracias al tejido abierto) resistente al viento.

CONSEJO No deseche las **CORTINAS BLANCAS DE VENTANAS.** Úselas, como la abuela, para proteger las plantas de heladas leves y bichos dañinos. Son tan útiles como las cubiertas plásticas para sembradíos. Y se sujetan mejor. Cuando ya hayan cumplido su trabajo (al principio o al final de la temporada), métalas a la lavadora y guárdelas en el cobertizo hasta

UNA VEZ MÁS

¡Llamando a todos los guerreros del fin de semana! La próxima vez que necesite estacas resistentes para las plantas, busque en su **EQUIPO DEPORTIVO ANTICUADO.** Cualquiera de estos ganadores servirá para mantener a flores u hortalizas débiles bien sostenidas.

▷ **palos de golf**

▷ **palos de hockey (ensarte el extremo de la pala en la tierra)**

▷ **palos de billar**

▷ **postes de redes de bádminton o voleibol**

▷ **palos de esquí**

▷ **estacas de un juego de croquet (para plantas más pequeñas)**

▷ **bastones**

que vuelva a necesitarlas (tenga cuidado de no rasgar la tela en rosales y zarzales).

CONSEJO Si usted, como yo, les tiene miedo a las culebras, incluso una **CULEBRA DE HULE** puede darle un susto cuando se la topa de repente. Y asusta mucho más a ardillas, ratones y otras plagas de jardín: ¡las asusta de muerte! Así que si tiene culebras guardadas, libérelas en el césped para mantener alejadas a las alimañas pequeñas.

CONSEJO La abuela siempre buscaba formas ingeniosas de exhibir plantas en macetas. En una esquina del porche, tenía una **ESCA-LERA DE MANO** vieja de madera que había pintado para que combinara con las molduras de la casa.

UNA VEZ MÁS

 Cuando una **HAMACA** de lona de puro algodón está demasiado andrajosa para las tareas del jardín, córtela en tiras angostas y láncelas a la pila de compost o entiérrelas en el jardín. La tela se descompondrá para convertirse en humus.

CONSEJO Anhela tener su propia mesa de trabajo de jardinero, pero no quiere comprarla en las tiendas ni en los catálogos de jardinería. ¿Y ese **ESCAPARATE** que está ocupando espacio en el desván? La parte de arriba puede servirle como una buena superficie de trabajo. Los estantes interiores pueden guardar recipientes, abono para macetas y fertilizante. Puede atornillar ganchos en los extremos del gabinete y colgar herramientas pequeñas. ¡Y no encontrará un mejor precio! ¿No tiene un escaparate? También puede servir un escritorio, un tocador o un gavetero bajo.

CONSEJO La abuela guardaba las semillas de casi todas las hortalizas, hierbas y flores anuales. Por eso tenía un sistema para organizar todas las semillas. En el otoño, después de secar las semillas, ponía cada clase en un frasco pequeño y limpio que alguna vez había tenido especias, pastillas o condimentos de una canasta de regalo. En cinta protectora, escribía datos importantes, como el nombre de la planta y la fecha de recolección de la semilla. Luego la pegaba al frasco. Después guardaba los envases en viejos **ESPECIEROS** de madera que colgaban de la pared del cobertizo, donde el aire se mantenía frío, pero no congelado, y la luz solar directa no llegaba a las semillas. Cuando llegaba la siembra en la primavera, ¡esas semillas estaban ansiosas por crecer!

CONSEJO Decidió comprar una **HAMACA** nueva de lona y mandar la vieja al desván, porque pensó que algún día podría serle útil. Si está pasando una ola de calor insoportable, y sus plantas delicadas se marchitan al sol, ese día es ahora. Busque unas estacas de la longitud que necesite, insértelas en el suelo alrededor de la parcela y extienda la hamaca encima. ¡Alivio inmediato!

CONSEJO Una **HAMACA** de lona vieja es perfecta para cubrir una carga en la parrilla del techo del auto o en la parte trasera de una camioneta tipo pick-up.

CONSEJO Cuando las hojas de otoño empiecen a caerse, use la técnica favorita de la abuela para recogerlas: júntelas con un rastrillo, póngalas en una **HAMACA** de lona vieja y arrástrelas hasta la pila de compost.

Póngalas Aquí

Los viveros y catálogos ofrecen infinitos tipos de macetas. Pero cuando se trata de darle vitalidad a un jardín, nada es mejor que unas cuantas plantas acomodadas en recipientes (digamos) originales, tales como estos **TESOROS IDEALES PARA TIERRA** de todos los tamaños que podría tener en el desván. Según la composición y el valor del recipiente, probablemente desee usarlo como cobertura externa y colocar una o varias macetas.

Pequeño	Mediano	Grande y Extragrande
juegos de frascos	bebederos pára	tinas
tazones de cerámica	pajaros	canoas o botes de remos
cubetas de arena	canastas	maltrechos
para niños	gavetas de cómodas	areneros y piscinas
capuchones de	cubetas galvanizadas	infantiles
chimenea	teteras de hierro	cubas de lavar
baldes para carbón	fregaderos	abrevaderos
latas decorativas	cajas de herramientas	barriles de madera
botas de hule	cajas de madera	carretas de madera de
regaderas	para vino	huerto

¡Qué Estructura!

Si ha visto **ESTRUCTURAS PARA ARBUSTOS RECORTA-DOS ARTÍSTICAMENTE** en un vivero últimamente, sabe que estos elegantes soportes para plantas son caros. Pero podría haber algo en el desván que pueda usarse como estructura de una "escultura" tridimensional de jardín. Estas son algunas posibilidades y las formas de convertirlas en arte de jardín. En cuanto a la planta, para obtener gratificación instantánea, siembre en la base de la estructura semillas o trasplantes de una enredadera anual. La planta trepará por la estructura de inmediato. Son buenos candidatos la campanilla, la calabaza, la batata o los frijoles de Egipto. Si desea un espectáculo más permanente, siembre una planta perenne como la vid plateada, la madreselva, la aristoloquia o la hiedra común.

Hallazgo Fabuloso	Proceso de Conversión
Árbol de Navidad artificial	Arranque las hojas falsas y entierre la base en una parcela o maceta grande.
Marco de carpa para niños	Arme la estructura de postes, cúbrala con red de nailon, y sujétela al suelo con ganchos de metal en U.
Silla de jardín decrépita	Quite cualquier tela o malla (pero deje los resortes o el respaldo de la silla). Entierre las patas 2 o 3 pulgadas en la parcela o sujete las barras inferiores al suelo con ganchos de metal en U.
Pantalla de lámpara	Quite la tela o el pergamino que quede, y coloque la estructura de metal en una maceta sobre la tierra.
Sombrilla de jardín vieja	Quite lo que quede de la tela. Entierre un trozo de 6 a 8 pulgadas de tubo de PVC e inserte el asta de la sombrilla. Si tambalea dentro del tubo, estabilícela con piedras o cuñas de madera.
Marco de cama de hierro oxidado	Acarréelo, colóquelo en una parcela grande, y entierre los bordes unas pulgadas. Extienda malla de alambre o metálica entre las barandas de la cama para formar el "colchón" y sujételo con lazos de alambre.
Marco de puerta con cedazo con inserto ornamental	Sujételo a postes enterrados.
Reno de alambre de adorno navideño	Sujete las patas al suelo con ganchos de metal en U en una parcela o recipiente grande (según el tamaño del animal).

CONSEJO Una vez que los mapaches han reclamado el derecho sobre su territorio, pueden ser casi imposibles de sacar. Pero hay un truco que funcionaba de maravilla para la abuela cuando el objetivo de los mapaches eran sus cubos para residuos, el comedero para pájaros del porche o cualquier cosa que estuviera cerca de una toma de corriente eléctrica. Busque **LUCES NAVIDEÑAS INTERMITENTES** y amárrelas en el poste del comedero o en la pared junto a los cubos para residuos. Las luces que se encienden y apagan asustarán a las fastidiosas alimañas.

CONSEJO Nada puede arruinar una barbacoa en el jardín tanto como un montón de bichos volando por todos lados y aterrizando en su comida, dejando todo tipo de gérmenes desagradables a su paso. Podría proteger los alimentos con esas carpas de malla que venden en los catálogos. O podría alejar a los sinvergüenzas como lo hacía la abuela: limpie algunas **PANTALLAS DE LÁMPARA** viejas, cubra cada una con muselina (de modo que la abertura superior quede cubierta) y colóquelas sobre los platos de servir.

CONSEJO Su viejo juego de croquet parece haber desaparecido; excepto por las preciosas **PELO-TAS DE CROQUET** de madera. No deje que se desperdicien. Ábrales agujeros con un taladro y úselas como pináculos coloridos en un cerco de jardín.

CONSEJO Algunas de las mejores etiquetas de plantas que he tenido vinieron del desván de la abuela. No, no eran "etiquetas" viejas que ella había usado; eran tablillas de **PERSIANAS VENECIANAS**. Solo tenía que cortar las cuerdas que sostenían todas las tablillas juntas, luego cortaba esas tablillas en pedazos de unas 8 pulgadas. Las tiras anchas me daban suficiente espacio para escribir los nombres de las plantas y cualquier dato útil, como la fecha de siembra, la fecha estimada de germinación y la fecha probable de cosecha (usaba un marcador indeleble, por supuesto). Ensartaba las etiquetas en la tierra y se mantenían en su lugar con lluvia, viento, granizo, y hasta un par de nevadas tempranas.

CONSEJO Hace mucho que sus hijos no usan la **PISCINA INFANTIL**. Acaba de instalar una piscina en el jardín trasero, así que lo mejor es que tire esa reliquia plástica poco profunda. ¡Incorrecto! Colóquela junto a la piscina grande y pídales a las personas (adultos y niños por igual) que metan los pies en ella para limpiarse la tierra y el césped antes de meterse a aguas más profundas.

UNA VEZ MÁS

 Las **TAZAS PARA TÉ Y CAFÉ** sin asas siguen siendo útiles: especialmente cuando los bebedores son insectos beneficiosos que combaten a los bichos del jardín. Entierre las tazas hasta ¼ pulgada del borde y llénelas de agua. ¡Sus miniprotectores con muchas patas se lo agradecerán!

CONSEJO ¿Las babosas están devorando su jardín? No tiene por qué aguantar sus travesuras. Vigile el lugar con su arma corta de confianza: una **PISTOLA DE AGUA** llena de vinagre; y cuando vea uno de los villanos resbaladizos, ¡apunte a la espalda! (Después de todo, cuando se trata de la guerra contra las plagas, ninguna ley dice que tiene que cumplir el Código del Oeste).

CONSEJO Una carretilla es una de las herramientas más útiles para un jardinero, excepto en los días en que el suelo está fangoso y la carretilla está cargada con abono orgánico, trasplantes y desechos del jardín. La carretilla se hunde tanto que usted apenas puede moverla. Le cuento que encontré la solución para ese problema. En los días húmedos, dejo la carretilla en el cobertizo y uso un viejo **PLATILLO PLÁSTICO PARA LA NIEVE**. Sin importar el peso de la carga, ese platillo de fondo redondeado se desliza sobre el lodo y el césped húmedo.

CONSEJO ¿Tiene una **PUERTA CON CEDAZO** vieja con un marco arruinado? ¡Entonces disfrute el nuevo cernidor extragrande para el jardín! Cuando necesite grandes cantidades de mantillo o compost fino para una nueva parcela, apoye la puerta en el lugar sobre cajas plásticas de botellas de leche, cubetas para 5 galones o cajas de cartón resistentes. Luego cierna el material por el cedazo.

CONSEJO Probablemente no vea las **RAQUETAS DE BÁDMINTON** como herramientas para el control de plagas, pero si tiene una invasión de escarabajos, un par de estas raquetas puede salir al rescate. Cubra el frente de cada raqueta con una bolsa plástica, estírela bien y sujétela con cinta adhesiva o átela. Unte el plástico con vaselina o rocíelo con un adhesivo comercial como Tanglefoot® para que esté superpegajoso. Luego sujete la raqueta a ambos lados de una planta infestada con escarabajos y sacuda cuidadosamente el follaje con la rodilla. Los bichos saltarán de las hojas a las trampas. Luego lo único que tiene que hacer es quitar las bolsas y tirarlas a la basura.

CONSEJO Si tiene una **RED DE BÁDMINTON** vieja guardada en el desván, tiene un enrejado de lujo instantáneo para enredaderas de flores anuales o futuros vegetales como pepinos, melones pequeños y arvejas. Ensarte un par de postes en el suelo y amarre la red. ¡Ya tiene un jardín deportivo! (Si prefiere un enrejado más decorativo, consulte las sugerencias del recuadro Una Vez Más de la página 350).

CONSEJO Cuando le regalé a la abuela para el Día de la Madre un **RODILLO PARA AMASAR** de mármol, llevó el viejo rodillo de madera al cobertizo del jardín y le asignó un nuevo trabajo: plantador para trasplantes. Todo lo que tenía que hacer era empujar uno de los mangos en la tierra preparada: ¡listo!, un agujero perfecto para sembrar.

LAS FÓRMULAS
SECRETAS DE
la Abuela Putt

UNA MESA PARA SEMBRAR

Si en el desván hay una carreta vieja bonita, conviértala en una mesa portátil de plantas para su *deck*, patio o jardín. Esto es todo lo que necesita hacer.

taladro con broca de ½ pulgada (opcional)
carreta vieja de metal*
barniz antióxido transparente en aerosol
abono para macetas
2–4 azulejos de cerámica o vidrio
plantas de poca altura y que se expandan**

Con el taladro, perfore seis u ocho agujeros para drenaje en el fondo de la carreta, si lo desea.*** Rocíe el fondo y los lados con el barniz. Cuando se seque (controle el tiempo de secado en la etiqueta), llene la carreta hasta unas 3 pulgadas del borde con abono para macetas. Coloque los azulejos sobre la superficie para colocar bebidas y meriendas. Luego coloque las plantas en la tierra y riéguelas un poco.

* Puede sustituirla por una carretilla antigua, un jeep o camión para niños con suficiente espacio en la parte trasera.

** Son buenas opciones: polea, musgo irlandés, menta de Córcega o alisón blanco fragante (para disfrutar de un aroma dulce y una vista agradable por la noche).

*** Si riega frecuentemente con poca cantidad de agua, este paso no es necesario.

ÍNDICE

Extracto, 169

de hierro fundido, 136, 165, 178
limpieza, 169, 215, 221, 236
tapas de, 171
Olor a humo, 183
Olor a moho, 289-290
Olor a orina, 222-223
Olor a zorrillo, 15, 191, 203
Onagra, 83
Ortiga, 114, 143
Orugas nocturnas de la col, 118
Orugas, 114-115, 318
Óxido
limpieza, 99, 182, 210, 320
prevención, 4, 40, 110, 179, 309, 311, 313

P

Pájaros (mascotas), 21, 191, 345-346
Pájaros (plagas), 40, 54, 113, 172, 247, 348
Palas para nieve, 129, 311
Palas para recoger basura, 291
Palas, 129, 232, 311
Paletas Popsicle®, 136
Palillos de dientes, 185
Palita de albañilería, 322
Palos de billar, 337
Pan
cómo mantenerlo caliente, 174
cómo rebanarlo, 23
para salud y belleza, 123, 136
para usos domésticos, 171, 174, 192
Pantallas de lámpara, 215, 255, 293, 357
Pantis, 42, 52, 64–67, 178
Pañaleras, 51
Pañales, 51, 303
Paños para sacudir polvo, 54, 288, 296
Paños suavizantes, 35, 235–236
Paños, 7, 35
Pañuelos desechables, 258, 272–273
Pañuelos, 51
Papas, 83-84, 103–104, 114, 126
Papel aluminio, 157, 174-175, 188, 192, 201-202
Papel Contact®, 42, 269
Papel encerado, 157, 175, 193
Papel lija, 298-299
Papel maché, 169-170, 271
Papel para regalo, 57, 61, 192, 253-254, 258, 279
Papel secante, 259
Papel tapiz
cómo despegarlo, 182
manchas de grasa en, 220
mapas como, 272
marcas de crayón en, 42, 262, 281-284
retazos de, 300
Paquetes de hielo, 2-3, 44, 130
Parafina, 177, 202
Paragüeros, 21-22, 339
Paredes
abolladuras y rayones en, 23, 257, 265-266, 297
limpieza, 4, 65, 208, 212
manchas por roce en, 27, 255
protección, 49, 283
Parrillas, limpieza, 129, 201, 226–227
Partitura, sujeción, 274
Pasta dental, 26-27
Pasteles, 23, 42
Patines, 337
Pecas, 91, 93
Peceras, 273
Pedazos de porcelana, 337-338
Pegamento de hule, 262
Pegamento
almacenamiento, 290
limpieza, 290
para el control de plagas, 278
para proyectos de manuali-dades, 273
para salud y belleza, 238–239

para usos domésticos, 259–262
Peines, 10, 20, 151, 206
Película de humo, limpieza, 100
Pelos de mascota, limpieza, 18, 26, 235
Pelotas de béisbol, 326-327
Pelotas de caucho, 338
Pelotas de croquet, 357
Pelotas de golf, 38, 226, 276
Pelotas de Ping-Pong™, 347
Pelotas de tenis, 38, 326, 338–340
Pelotas, 287, 338
Peltre, limpieza, 97, 126, 210
Pelusa de la secadora, 222, 224
Pepinos, 84–85, 93–94, 103
Peras, 96
Perchas, 48, 51–52, 60, 63, 259, 297
Percheros para toallas, 329
Perejil, 85–86, 88
Perfumes, 63, 94
Perillas de gavetas, 344
Permanentes caseros, 12, 45–46
Peróxido de hidrógeno, 7, 15, 28–29, 191, 302
Perros calientes, cómo servirlos, 165
Perros, repelentes, 114, 189. *Lea también Cuidado de mascotas*
Persianas venecianas, 232, 357
Persianas, 340
Picaduras de medusa, 122
Pie de atleta, 69, 139, 144, 206
Piedra, limpieza, 169, 183
Pimienta de cayena, 36, 136–137, 141, 202
Pimientos verdes, 114
Pimientos. *Lea Pimientos verdes; Chiles picantes*
Pimpollos, impulso, 225
Pino, 101, 107, 114–115
Pintura para aplicar con los dedos, 14
Pintura
almacenamiento, 249, 255
historia de, 296

en objetos con grabados complicados o trabajos en relieve, 41, 213, 290
en objetos frágiles, 255
Tela, 24, 46, 216, 342
Telas para el suelo, 173
Televisores, limpieza, 16, 209
Tenazas puntiagudas, 300
Termostato, ajuste, 21
Teteras, 214, 341-343
Tijeras, 274, 297
Tijeretas, 196
Tinta, invisible, 15, 188
Tiña, 138
Tirantes, 53
Títeres, 49, 54
Tiza, 244, 265-266, 278
Toallas, 32-33, 187, 197, 223-224
Toallitas húmedas, 4
Tomacorrientes, protección para los niños, 267
Tomates
    crecimiento, 282, 312-314, 316-317, 321
    usos para, 88, 95-96, 106, 118
Tomillo, 96
Topos, 225
Torceduras o esguinces, 71, 75-76, 130, 147
Tornillos, 21, 26, 128, 169, 210
Toronja, 96, 109
Tos, 79, 83, 86, 122, 131
Trapos suavizantes, 289
Tratamientos con vapor, 9
Tratamientos faciales. *Lea Agentes para el cuidado de la piel*
Tratamientos para el dolor de garganta
    ajo, 71-72
    lima, 80
    miel, 134
    peróxido de hidrógeno, 7-8
    sal, 140
    té, 141
    tónico de piña, 141
    zanahoria, 88

Tratamientos para la erupción cutánea por contacto con hiedra venenosa
    alcohol, 3
    baño de avena, 124
    baño de sal, 139, 154-155
    caldo de cocción, 126
    lejía, 206
    limón, 81
    tomates, 88
    vinagre, 143
Trineos y paseos en trineo, 129, 301-302, 307
Tubería de cobre, 300-301
Tuberías, 34, 41, 179, 323
Tubos de bajada pluvial, 311
Tubos de cartón, 34, 157, 254
Tubos de papel de baño, 34
Tubos de papel para regalo, 254
Tubos de rollos fotográficos, 270-271
Tubos para chimenea, 323
Tubos, presión para extraer el contenido, 239
Turpentina, 299, 301

U

Ungüento mentolado, 7
Uñas. Lea Cuidado de manos y uñas
Urticaria o erupciones, 126-127, 155, 205, 280
Utensilios de cocina de hierro fundido, 136, 165, 179
Utensilios de cocina, 184, 190, 197
Uvas, 96

V

Varas, 265-266
Varillas de cortina, 106
Vaselina, 9-10, 12-13, 33-35, 40
Vegetales, 142, 348, 359
Velas
    colocación en recipientes, 295
    elaboración, 270

encendido, 223
lustre, 262
para usos domésticos, 181, 245
quemaduras en alfombra de, 299
Vello facial, decoloración, 206
Venas varicosas, 73, 145-146
Vendajes, 42, 172-173, 280
Vendas adhesivas, 23, 42, 173, 280
Ventanas
    heladas, 29-30
    limpieza, 17, 31, 52, 164, 221, 292, 299
    preparación para el invierno, 42
    rotas, 294
Ventiladores, 323
Verdolaga, 104
Verjas de jardín, 340
Verrugas, 92, 102, 145, 286
Viajes en auto, 60-61, 272, 277
Vinagre
    casero, 183
    en actividades para días de lluvia, 194-195
    para el cuidado de mascotas, 195
    para salud y belleza, 142-147, 156
    para usos domésticos, 181-187
    para usos en exteriores, 198, 203
Vino de diente de león, 76
Vino, 147, 156, 164
Violetas, 97
Vitamina E, 6
Vitrinas de pino, 343
Vitrinas para porcelana, 343

Y

Yesos (en fracturas), 172-173
Yodo, 10, 35
Yogur, 157, 187, 195, 203

Z